多媒体全景拓展教学光盘使用说明

本书配套多媒体同步视频教学光盘中收录了本书部分章、节知识点视频讲解，读者可以一边看书，一边观看多媒体教学视频同步进行学习。

光盘运行环境

建议运行本光盘前，关闭360安全卫士等相关工具软件。

CPU P4 2.0以上、内存1GB以上、硬盘空间2GB以上、Windows XP/Vista/Windows 7操作系统，屏幕分辨率不低于1024×768，16倍速以上DVD光驱。

操作方法

将光盘放入光驱，几秒钟后光盘将自动运行。如果光盘没有自动运行，可在桌面上双击【我的电脑】图标，在打开的窗口中双击光驱所在盘符，然后双击AutoRun.exe文件即可运行光盘。

❶ 在光盘主界面中，单击准备学习的模块按钮，即可选择要学习的内容。例如，单击【基础入门】按钮，在打开的菜单中选择【本书配套多媒体视频教程】命令，即可进入本书配套的视频教学。

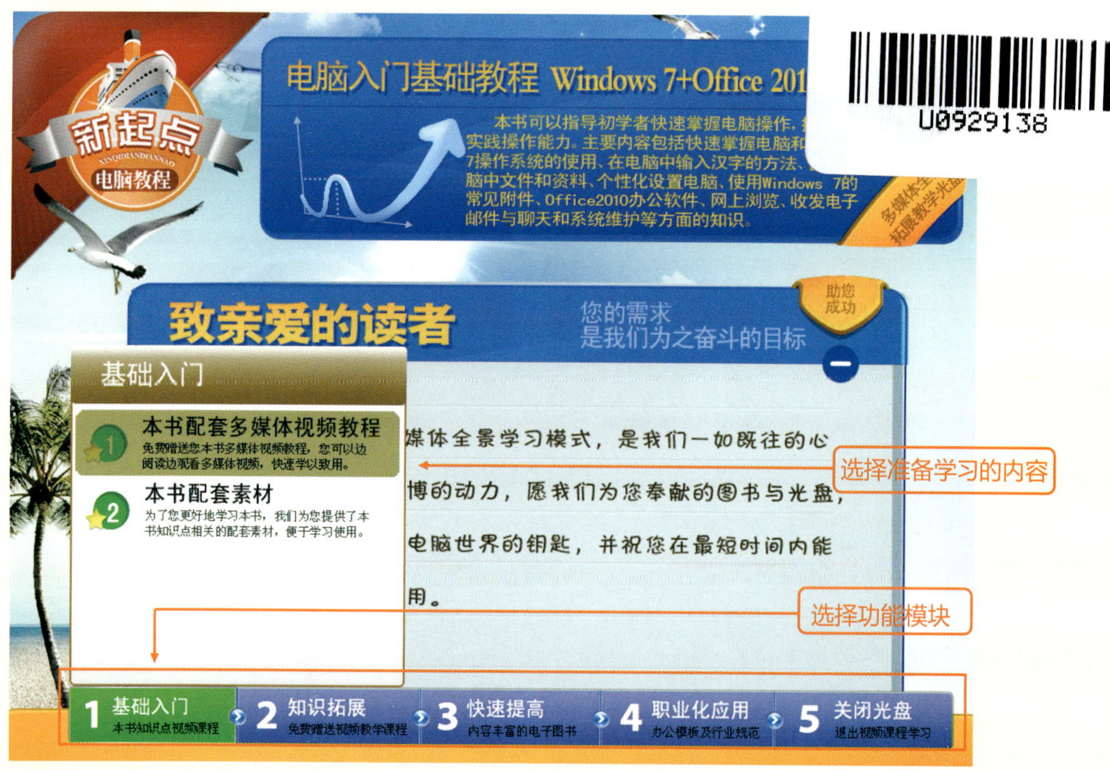

操作提示

- 【基础入门】模块为您提供本书的视频教学课程和相关内容的配套素材。
- 【知识拓展】模块为您免费赠送4套与本书知识相关的多媒体视频教学课程。
- 【快速提高】模块为您免费赠送6本电脑应用技巧类电子图书。
- 【职业化应用】模块为您免费提供相关领域和行业的Office办公模板、合同，以及资格认证考试信息等。

❷ 在视频教学主界面中，单击章节名称选择要学习的内容，开始学习视频教学课程。

❸ 在视频教学模式中可以观看知识点的操作讲解。通过单击界面下方的控制按钮可以调整视频的播放进程。例如，单击【章节选择】按钮，在弹出的菜单中选择本书各章节的视频教学课程。

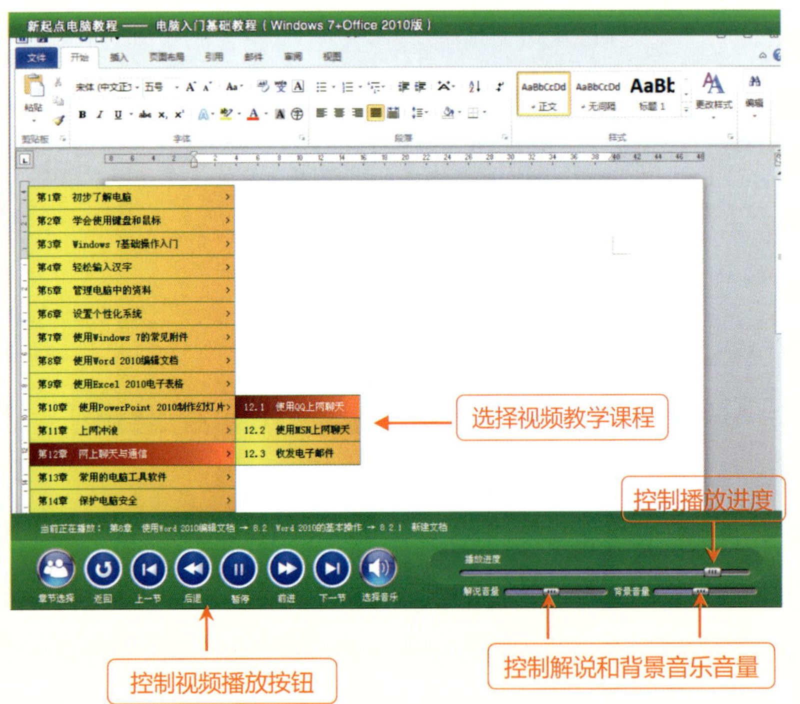

新起点电脑教程

Dreamweaver CS5
网页设计与制作基础教程

文杰书院　编著

清华大学出版社
北　京

内 容 简 介

Dreamweaver CS5 是一款集网页制作和管理网站于一身的所见即所得网页编辑器，是针对专业网页设计师特别开发的视觉化网页开发工具。本书作为“新起点电脑教程”系列丛书的一个分册，以通俗易懂的语言、精挑细选的实用技巧、翔实生动的操作案例，全面介绍了初学者学习 Dreamweaver CS5 必须掌握的基础知识和操作技巧，具体内容有 Dreamweaver CS5 网页制作基础知识、创建与管理站点、使用图像与多媒体丰富网页内容、超级链接的应用、使用表格布局页面、应用 CSS 样式美化网页、使用 AP Div 元素布局页面、使用框架布局网页、利用模板和库创建网页、使用 JavaScript 行为创建动态效果和站点的发布与推广等具体操作。

本书附带一张全景互动式多媒体教学光盘。通过学习光盘视频教程，读者可以快速掌握电脑的操作，轻松解决使用电脑过程中常见的问题。

本书面向学习该软件的初、中级用户，也可作为初、中级电脑短训班的电脑培训教材，同时对有经验的 Dreamweaver CS5 使用者也有较高的参考价值。

图书在版编目(CIP)数据

Dreamweaver CS5 网页设计与制作基础教程/文杰书院编著. --北京：清华大学出版社，2012.1(2019.3 重印)

(新起点电脑教程)
ISBN 978-7-302-27826-9

Ⅰ. ①D…　Ⅱ. ①文…　Ⅲ. ①网页制作工具，Dreamweaver CS5—教材　Ⅳ. ①TP393.092

中国版本图书馆 CIP 数据核字(2012)第 002572 号

责任编辑：魏　莹　杨作梅
装帧设计：杨玉兰
责任校对：周剑云
责任印制：李红英

出版发行：清华大学出版社
网　　址：http://www.tup.com.cn, http://www.wqbook.com
地　　址：北京清华大学学研大厦 A 座　　邮　　编：100084
社 总 机：010-62770175　　邮　　购：010-62786544
投稿与读者服务：010-62776969, c-service@tup.tsinghua.edu.cn
质量反馈：010-62772015, zhiliang@tup.tsinghua.edu.cn
课件下载：http://www.tup.com.cn, 010-62791865
印 装 者：北京密云胶印厂
经　　销：全国新华书店
开　　本：185mm×260mm　　印　张：18.25　　字　数：438 千字
(附 DVD 1 张)
版　　次：2012 年 1 月第 1 版　　印　次：2019 年 3 月第 16 次印刷
定　　价：39.00 元

产品编号：043349-01

致　读　者

"全新的阅读与学习模式 + 多媒体全景拓展教学光盘 + 全程学习与工作指导"三位一体的互动教学模式，是我们为您量身定做的一套完美的学习方案，为您奉上的丰盛的学习盛宴！

创造一个多媒体全景学习模式，是我们一直以来的心愿，也是我们不懈追求的动力，愿我们为您奉献的图书和光盘可以成为您步入神奇电脑世界的钥匙，并祝您在最短时间内能够学有所成、学以致用。

全新的阅读与学习模式

如果您是一位初学者，当您从书架上取下并翻开本书时，将获得一个从一名初学者快速晋级为电脑高手的学习机会，并将体验到前所未有的互动学习的感受。

我们秉承"打造最优秀的图书、制作最优秀的电脑学习软件、提供最完善的学习与工作指导"的原则，在本系列图书编写过程中，聘请电脑操作与教学经验丰富的老师和来自工作一线的技术骨干倾力合作编著，为您系统化地学习和掌握相关知识与技术奠定扎实的基础。

轻松快乐的学习模式

在图书的内容与知识点设计方面，我们更加注重学习习惯和实际学习感受，设计了更加贴近读者学习的教学模式，采用"基础知识讲解+实际工作应用+上机指导练习+课后小结与练习"的教学模式，帮助读者从初步了解与掌握到实际应用，循序渐进地成为电脑应用高手与行业精英。"为您构建和谐、愉快、宽松、快乐的学习环境，是我们的目标！"

赏心悦目的视觉享受

为了更加便于您学习和阅读本书，我们聘请专业的图书排版与设计师，根据读者的阅读习惯，精心设计了赏心悦目的版式，全书图案精美、布局美观，读者可以轻松完成整个学习过程，"使阅读和学习成为一种乐趣，是我们的追求！"

更加人文化、职业化的知识结构

作为一套专门为初、中级读者策划编著的系列丛书，在图书内容安排方面，我们尽量摒弃枯燥无味的基础理论，精选了更适合实际生活与工作的知识点，帮助读者快速学习，快速提高，从而达到学以致用的目的。

- 内容起点低，操作上手快，讲解言简意赅，读者不需要复杂的思考，即可快速掌握所学的知识与内容。
- 图书内容结构清晰，知识点分布由浅入深，符合读者循序渐进与逐步提高的学习习惯，从而使学习达到事半功倍的效果。
- 对于需要实践操作的内容，全部采用分步骤、分要点的讲解方式，图文并茂，使读者不但可以动手操作，还可以在大量的实践案例练习中，不断提高操作技能和经验。

精心设计的教学体例

在全书知识点逐步深入的基础上，根据知识点及各个知识板块的衔接，我们科学地划分章节，在每个章节中，采用了更加合理的教学体例，帮助读者充分了解和掌握所学知识。

- 本章要点：在每章的章首页，我们以言简意赅的语言，清晰地表述了本章即将介绍的知识点，读者可以有目的地学习与掌握相关知识。
- 知识精讲：对于软件功能和实际操作应用比较复杂的知识，或者难于理解的内容，进行更为详尽的讲解，帮助您拓展、提高与掌握更多的技巧。
- 考考您：学会了吗？让我们来考考您吧，这对于您有效充分地掌握知识点具有总结和提高的作用。
- 实践案例与上机指导：读者通过阅读和学习此部分内容，可以边动手操作，边阅读书中所介绍的实例，一步一步地快速掌握和巩固所学知识。
- 思考与练习：通过此栏目内容，不但可以温习所学知识，还可以通过练习，达到巩固基础、提高操作能力的目的。

多媒体全景拓展教学光盘

本套丛书首创的多媒体全景拓展教学光盘，旨在帮助读者完成“从入门到提高，从实践操作到职业化应用”的一站式学习与辅导过程。

配套光盘共分为“基础入门”、“知识拓展”、“快速提高”和“职业化应用”4个模块，每个模块都注重知识点的分配与规划，使光盘功能更加完善。

基础入门

在基础入门模块中，为您提供了本书重要知识点的多媒体视频教学全程录像，同时还提供了与本书相关的配套学习资料与素材。

知识拓展

在知识拓展模块中，为您免费赠送了与本书相关的 4 套多媒体视频教学录像，读者在学习本书视频教学内容的同时，还可以学到更多的相关知识，读者相当于买了一本书，获得了 5 本书的知识与信息量！

快速提高

在快速提高模块中，为您提供了各类电脑应用技巧的电子图书，读者可以快速掌握常见软件的使用技巧、故障排除方法，达到快速提高的目的。

职业化应用

在职业化应用模块中，为您免费提供了相关领域和行业的办公软件模板或者相关素材，行业应用标准电子图书，以及相关法律、法规，甚至合同、文案模板，给读者一个广阔的就业与应用空间。

图书产品与读者对象

“新起点电脑教程”系列丛书涵盖电脑应用各个领域，为各类初、中级读者提供了全面的学习与交流平台，帮助读者轻松实现对电脑技能的了解、掌握和提高。本系列图书第一批共计 12 本，具体书目如下。

分　类	图　书	读者对象
电脑操作基础入门	电脑入门基础教程(Windows 7+Office 2010 版)	适合刚刚接触电脑的初级读者，以及对电脑有一定的认识、需要进一步掌握电脑常用技能的电脑爱好者和工作人员，也可作为大中专院校、各类电脑培训班的教材
	五笔打字与排版基础教程(2012 版)	
	Office 2010 电脑办公基础教程	
	Excel 2010 电子表格处理基础教程	
	计算机组装·维护与故障排除基础教程(2012 版)	
	计算机常用工具软件基础教程(2012 版)	
图形图像与设计	SolidWorks 2011 中文版基础教程	适合对电脑基础操作比较熟练，在图形图像及设计类软件方面需要进一步提高的读者，适合图像编辑爱好者、准备从事图形设计类的工作人员，也可作为大中专院校、各类电脑培训班的教材
	Dreamweaver CS5 网页设计与制作基础教程	
	Photoshop CS5 图像处理基础教程	
	Flash CS5 动画制作基础教程	
	AutoCAD 2012 中文版基础教程	
	3ds Max 2011 中文版基础教程	

全程学习与工作指导

为了帮助您顺利学习、高效就业，如果您在学习与工作中遇到疑难问题，欢迎来信与我们及时交流与沟通，我们将全程免费答疑。希望我们的工作能够让您更加满意，希望我们的指导能够为您带来更大的收获，希望我们可以成为志同道合的朋友！

您可以通过以下方式与我们取得联系：

QQ 号码：18523650

读者服务 QQ 群号：185118229

电子邮箱：itmingjian@163.com

文杰书院网站：www.itbook.net.cn

最后，感谢您对本系列图书的支持，我们将再接再厉，努力为读者奉献更加优秀的图书。衷心地祝愿您能早日成为电脑高手！

编　者

前　　言

Dreamweaver CS5 是一款超强的集网页制作和管理网站于一身的网页编辑器，利用它可以轻而易举地制作出跨越平台限制的充满动感的网页。Dreamweaver CS5 可以满足用户制作高品质网页的需要，受到设计师们的喜爱。为帮助读者快速掌握与应用 Dreamweaver CS5 软件，以便在工作中学以致用，我们编写了本书。

本书为读者快速入门 Dreamweaver CS5 提供了一个崭新的学习和实践平台，无论从基础知识安排还是实践应用能力的训练，都充分地考虑了用户的需求，可以快速达到理论知识与应用能力的同步提高。

本书在编写过程中根据电脑初学者的学习习惯，采用由浅入深、由易到难的方式讲解，读者还可以通过随书赠送的多媒体视频光盘学习。全书结构清晰、内容丰富，主要内容包括以下四大方面。

基础入门

第 1～2 章，介绍关于 Dreamweaver CS5 的一些基础知识、网页的基本要素、网页中的色彩特性以及 Dreamweaver CS5 的工作环境等具体操作方法。

网页制作与设计

第 3～7 章，全面介绍创建与管理站点、在网页中创建文本、使用图像与多媒体丰富网页内容、网页中超级链接的应用和使用表格布局页面的操作方法与技巧。

CSS 样式布局页面

第 8～11 章，介绍认识 CSS 样式表、创建 CSS 样式、将 CSS 应用到网页、应用 CSS+Div 灵活布局网页、CSS 布局方式和使用 AP Div 元素布局页面、使用框架布局网页、应用 IFrame 框架等方面的方法与技巧。

动态网页设计

第 12～14 章，介绍利用模板和库创建网页、使用 JavaScript 行为创建动态效果和使用 Dreamweaver 内置行为的方法与技巧，在最后一章还讲解了站点的发布与推广方面的知识。

本书由文杰书院组织编写，参与本书编写工作的有李军、袁帅、许媛媛、梁晨、王超、李强、蔺丹、高桂华、李统财、安国英、蔺寿江、刘义、贾亚军、蔺影、高金环、宋艳辉、李伟、李博、闫宗梅、贾亮等。

我们真切希望读者在阅读本书之后，不但可以开阔视野，同时也可以增长实践操作技能，并从中学习和总结操作的经验和规律，达到灵活运用的水平。鉴于编者水平有限，书中纰漏和考虑不周之处在所难免，热忱欢迎读者予以批评、指正，以便我们日后能为您编写更好的图书。

如果您在使用本书时遇到问题，可以访问网站 http://www.itbook.net.cn 或发邮件至 itmingjian@163.com 与我们交流和沟通。

编　者

新起点 电脑教程

目　录

第 1 章

网页制作基础知识

本章要点

- 网页制作基础
- 网页的基本要素
- 网页中的色彩特性

本章主要内容

本章主要介绍静态网页和动态网页的含义等知识，同时还讲解了网页的基本要素，最后还针对实际的工作需求，讲解了网页中相近色的应用、对比色的应用、网页安全色和色彩模式。通过本章的学习，读者可以掌握网页制作基础方面的知识，为深入学习 Dreamweaver CS5 知识奠定基础。

1.1 网页概述

网页是构成网站的基本元素，也是网站信息发布的一种最常见的表现形式，主要由文字、图片、动画、音频、视频等信息组成。在学习制作网页之前，要先了解网页的基础知识。

1.1.1 静态网页的含义

在网站设计中，纯粹 HTML 格式的网页通常被称为“静态网页”，早期的网站一般都是由静态网页组成的，一般以.htm、.html、.shtml、.xml 等为后缀。在 HTML 格式的网页中，可以出现各种动态效果，如 GIF 格式的动画、Flash 动画、滚动字母等，如图 1-1 所示。

图 1-1

静态网页的特点简要归纳如下。

- 每个静态网页都有一个固定的 URL，且网页 URL 以.htm、.html、.shtml 等常见形式为后缀，而不含有“？”。
- 网页内容一经发布到网站服务器上，每个网页都是一个独立的文件。
- 静态网页的内容相对稳定，因此容易被搜索引擎检索。
- 静态网页没有数据库的支持，在网站制作和维护方面工作量较大，因此，当网站信息量很大时，完全依靠静态网页制作方式比较困难。
- 静态网页的交互性较差，在功能方面有较大的限制。

1.1.2 动态网页的含义

动态网页的 URL 以.aspx、.asp、.jsp、.php、.perl、.cgi 等形式为后缀。动态网页可以是纯文字内容的，也可以是包含各种动画的内容，这些只是网页具体内容的表现形式。无论网页是否具有动态效果，采用动态网站技术生成的网页都称为动态网页。

从网站浏览者的角度来看，无论是动态网页还是静态网页，都可以展示基本的文字和图片信息，但从网站开发、管理、维护的角度来看就有很大的差别，如图 1-2 所示。

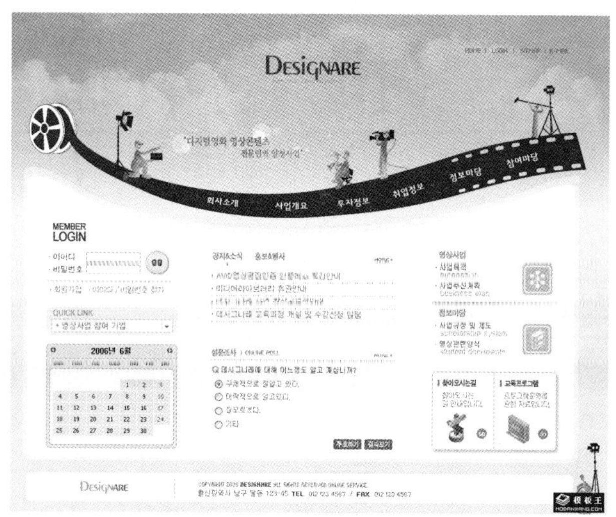

图 1-2

动态网页的特点简要归纳如下。

- 动态网页一般以数据库技术为基础，可以大大降低维护网站的工作量。
- 采用动态网页技术制作的网站可以实现更多的功能，如用户注册、用户登录、在线调查、用户管理、订单管理等。
- 动态网页实际上并不是独立存在于服务器上的网页文件。只有请求时服务器才返回一个完整的网页。
- 动态网页中的“?”对搜索引擎检索存在一定的问题，采用动态网页的网站在进行搜索引擎推广时，需要做一定的技术处理才能适应搜索引擎的要求。

考考您

请根据本节学习的网页制作基础方面的知识，全面了解并认识静态文本，测试一下学习效果。

1.2　网页的基本要素

互联网正在飞速改变着人们的生活，已经充分参与到通信、娱乐、商业贸易、办公等各个方面。那么，网页是如何构成的呢？本节将详细介绍构成网页的基本要素。

1.2.1　Logo

Logo 是代表企业形象或栏目内容的标志性图片，一般位于网页的左上角，通常有 3 种尺寸：88×31 像素、120×60 像素和 120×9 像素，是一个站点的象征，也是一个站点是否正规的标志之一。好的 Logo 应能体现该网站的特色、内容及其内在的文化内涵和理念，有着独特的形象标识，并在网站的推广和宣传中可以起到事半功倍的效果，如图 1-3 所示。

图 1-3

1.2.2 Banner

Banner 是用于宣传网站内某个栏目或活动的广告，一般要求制作成动画形式，动画能够吸引更多注意力，将介绍性的内容简练地加在其中，达到宣传的效果。Banner 一般位于网页的顶部或底部，有一些小型的广告还会被适当地放在网页的两侧。

网站 Banner 常见的尺寸是 480×60 像素或 233×30 像素，它使用 GIF 格式的图像文件，既可以使用静态图形，也可以使用动画图像，如图 1-4 所示。

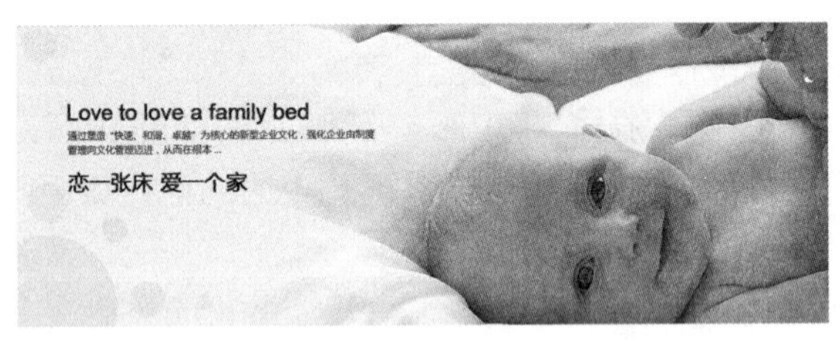

图 1-4

1.2.3 导航栏

导航栏就是一组超链接，用来方便地浏览站点。导航栏可能是按钮或者文本超链接，是网页的重要组成元素。导航栏一般用于网站各部分内容之间相互链接的指引。

导航栏的形式多样，可以是简单的文字链接，也可以是设计精美的图片或是丰富多彩的按钮，还可以是下拉菜单导航。一般来说，网站中的导航在各页面中出现的位置是比较固定的，而且风格也较为一致。导航的位置一般有 4 种：在页面的左侧、右侧、顶部和底部，如图 1-5 所示。

图 1-5

1.2.4 文本

网页中的信息主要是以文本为主的，良好的文本格式可以创建出别具特色的网页，激发读者的兴趣。在网页中可以通过字体、大小、颜色、底纹、边框等来设计文本的属性。

这里指的文字是文本文字，并非图片中的文字。在网页制作过程中，文字都可以方便地设置成各种字体和大小，如图 1-6 所示。

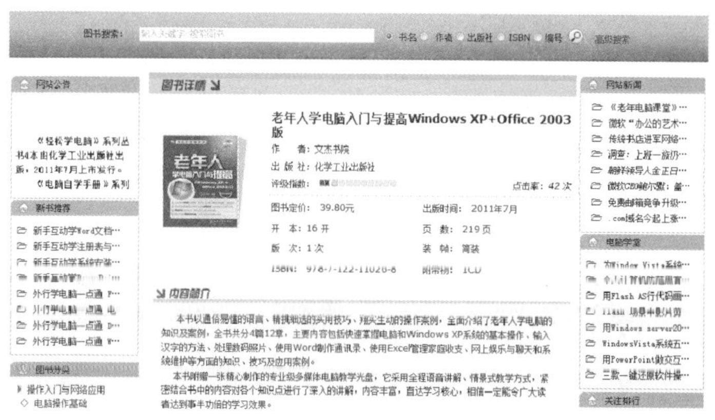

图 1-6

1.2.5　图像

图像在网页中具有提供信息、展示形象、装饰网页、表达个人情趣和风格的作用。图像是文本的说明和解释，在网页适当位置放置一些图像，不仅可以使文本清晰易读，而且使得网页更加有吸引力。

现在几乎所有的网站都会使用图像来增加网页的吸引力，可以在网页中使用 GIF、JPEG 和 PNG 等多种图像格式，其中使用最广泛的是 GIF 和 JPEG 两种格式，如图 1-7 所示。

图 1-7

1.2.6　Flash 动画

常见的网页动画包括 GIF 动画和 Flash 动画。GIF 动画的标准简单，在各种类、各版本的浏览器中都能播放。

随着 ActionScript 动态脚本编程语言的发展，Flash 已经不再局限于简单的交互式动画，通过复杂的动态脚本编程可以制作出各种各样有趣、精彩的 Flash 动画，如图 1-8 所示。

图 1-8

考考您

请根据本节学习的网页的基本要素方面的知识，全面了解并认识网页的各个构成要素，测试一下学习效果。

1.3 网页中的色彩特性

色彩的运用在网页中的作用非常重要，有些网页看上去十分典雅、有品位，令人赏心悦目，但是页面结构却很简单、图像也不复杂，这主要是色彩运用得当。只有掌握了配色的要领，才能设计出令人心旷神怡的美丽页面。本节将详细介绍网页中的色彩特性方面的知识。

1.3.1 相近色的应用

相近色是在网页设计中常用的色彩搭配，它的特点是画面统一和谐。下面主要讲解暖色调与冷色调中相近色的操作方法。

暖色主要由红色调组成，比如红色、橙色和黄色。暖色调可给人温暖、舒适和有活力的感觉，因此在网页设计中可以突出视化效果。

在网页中应用相近色时，要注意色块的大小和位置，例如，设置三种暖色调(R:120、G:40、B:15、R:160、G:90、B:40 和 R:180、G:130、B:90)，如图 1-9 所示。

图 1-9

不同的亮度会对人的视觉产生不同的影响，颜色重的会显得面积小，颜色浅的会显得面积大。将同样面积和形状的三种颜色摆放在画面中，会使画面显得单调、乏味，这种过于平均化的摆放在网页设计中是不可取的，如图 1-10 所示。

设定颜色最重的褐色为主要色，因此面积最大，中间色稍小，浅色面积最小，画面马上就显得丰富了，如图 1-11 所示。

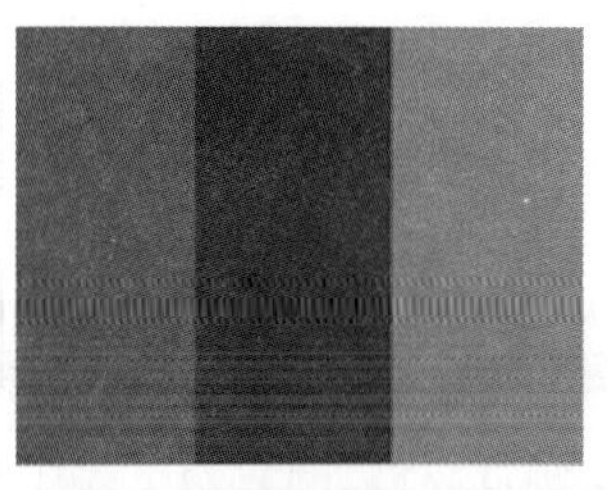

图 1-10

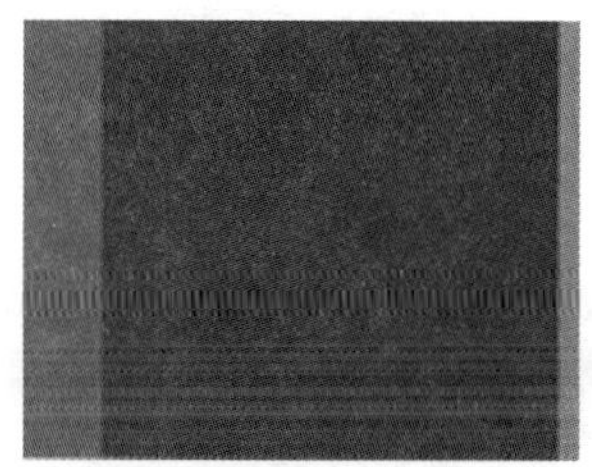

图 1-11

1.3.2　对比色的应用

对比色在网页中的应用是很普遍的，其特点是使画面生动、有活力，视觉效果更加强烈。下面将详细介绍对比色应用的操作方法。

人们通过生活中的经验积累，对色彩有一种心理上的冷暖感觉，一般把橘红色定为暖色极、天蓝色定为冷色极。凡与暖色极相近的色和色组为暖色，如橙色、黄色、红色等；而与冷色极相近的色和色组为冷色，如蓝绿、蓝、蓝紫等。黑色偏暖，白色偏冷，灰、绿、紫为中性色。

在网页中应用对比色时，首先要注意的是定下整个画面的基本色调，是以暖色调为主还是以冷色调为主。

例如：在颜色块中，设定两种对比色(R:255、G:207、B:0 和 R:0、G:96、B:208)，如图 1-12 所示。

图 1-12

在色彩上两种颜色的衔接有些生硬，所以需要使用灰色进行中和，使整个画面和谐统一。在网页的中间画一条曲线，这就定下了整个画面构图的版式，所有网页元素的布局必须围绕该版式来排列，注意要考虑好标题的位置、大小和颜色，内文的大小和灰度。最终效果如图 1-13 和图 1-14 所示。

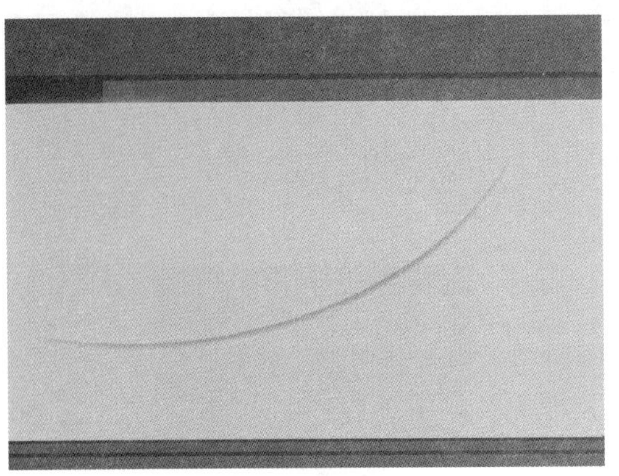

图 1-13

图 1-14

1.3.3 网页安全色

不同颜色会使人感受到不同的效果，网页安全色是在不同的硬件环境、不同的操作系统、不同的浏览器中都能够正常显示的颜色集合(调色板)，也就是说这些颜色在任何终端浏览，显示设备上的显示效果都是相同的。

网络安全色是当红色(Red)、绿色(Green)、蓝色(Blue)颜色数字信号值(DAC Count)分别为 0、51、102、153、204、255 时构成的颜色组合，共有 6×6×6 = 216 种颜色(其中彩色为 210 种，非彩色为 6 种)，如图 1-15 和图 1-16 所示。

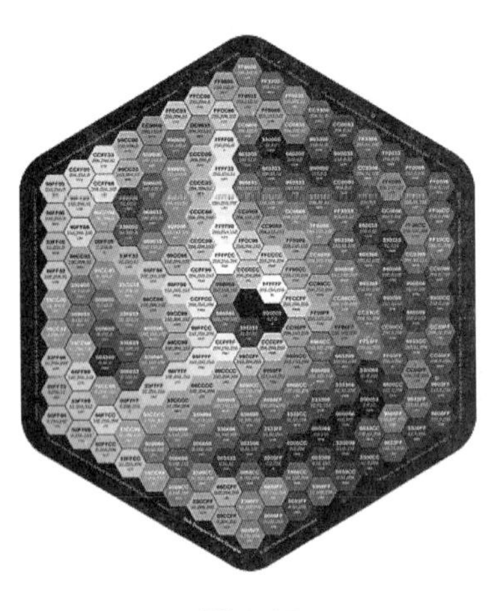

图 1-15

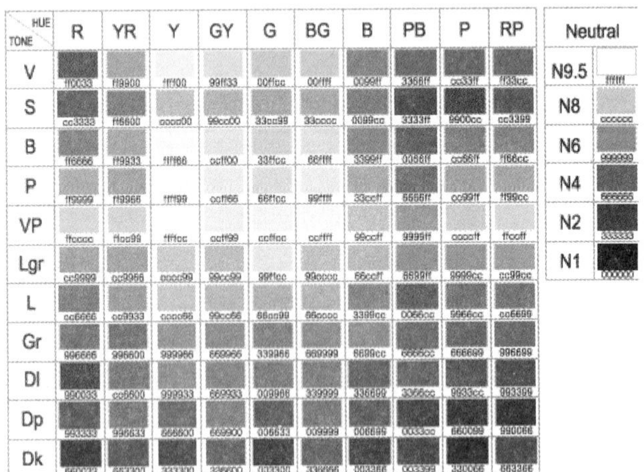

Hue & Tone 116 Palette

TONE \ HUE	R	YR	Y	GY	G	BG	B	PB	P	RP	Neutral	
V	ff0033	ff9900	ffff00	99ff33	00ffcc	00ffff	0099ff	3366ff	cc33ff	ff33cc	N9.5	ffffff
S	cc3333	ff6600	cccc00	99cc00	33cc99	33cccc	0099cc	3333ff	9900cc	cc3399	N8	cccccc
B	ff6666	ff9933	ffff66	ccff00	33ffcc	66ffff	3399ff	0066ff	cc66ff	ff66cc	N6	999999
P	ff9999	ff9966	ffff99	ccff66	66ffcc	99ffff	33ccff	6666ff	cc99ff	ff99cc	N4	666666
VP	ffcccc	ffcc99	ffffcc	ccff99	ccffcc	ccffff	99ccff	9999ff	ccccff	ffccff	N2	333333
Lgr	cc9999	cc9966	cccc99	99cc99	99ffcc	99cccc	66ccff	6699ff	9999cc	cc99cc	N1	000000
L	cc6666	cc9933	cccc66	99cc66	66cc99	66cccc	3399cc	0066cc	6666cc	cc6699		
Gr	996666	996600	999966	669966	339966	669999	6699cc	6666cc	666699	996699		
Dl	990033	cc6600	999933	669933	009966	339999	336699	3366cc	9933cc	993399		
Dp	993333	996633	666600	669900	006633	009999	006699	0033cc	660099	990066		
Dk	660033	663300	333300	336600	003300	336666	003366	003399	330066	663366		

图 1-16

1.3.4 色彩模式

在进行图形图像处理时，色彩模式以建立好的描述和重现色彩的模型为基础。每一种模式都有它自己的特点和适用范围，可以根据需要在不同的色彩模式之间转换。下面将详细介绍场景的几种色彩模式。

1. RGB 色彩模式

自然界中绝大部分的可见光谱可以用红、绿和蓝三色光按不同比例和强度的混合来表示。RGB 分别代表着 3 种颜色：R 代表红色，G 代表绿色，B 代表蓝色。RGB 模型也称为加色模型，通常用于光照、视频和屏幕图像编辑。RGB 色彩模式使用 RGB 模型为图像中每一个像素的 RGB 分量分配一个 0~255 范围内的强度值，如图 1-17 所示。

2. CMYK 色彩模式

CMYK 色彩模式以打印油墨在纸张上的光线吸收特性为基础，图像中的每个像素都是由靛青(C)、品红(M)、黄(Y)和黑(K)色按照不同的比例合成的。由于 C、M、Y、K 四种成分的增多，反射到人眼的光会越来越少，光线的亮度会越来越低，所以 CMYK 模式产生颜色的方法又被称为色光减色法，如图 1-18 所示。

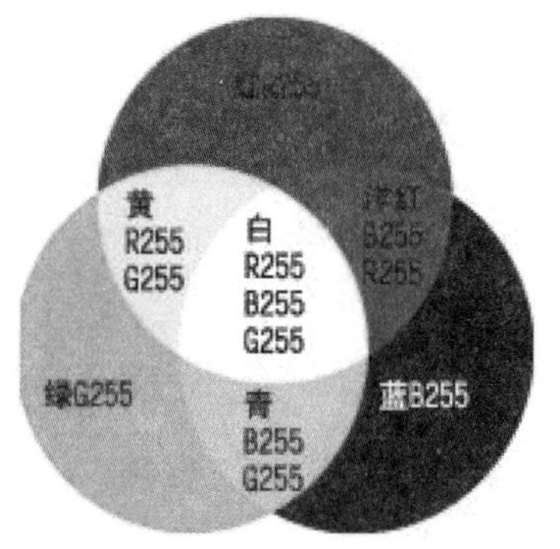

图 1-17

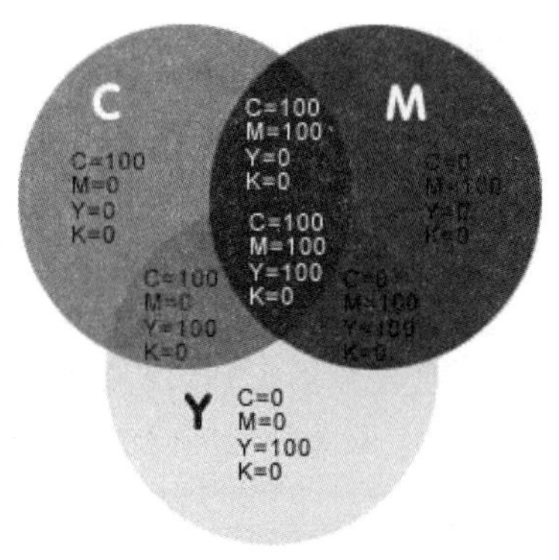

图 1-18

3. Bitmap(位图)色彩模式

位图模式的图像由黑色与白色两种像素组成，每一个像素用“位”来表示。“位”只有两种状态：0 表示有点，1 表示无点。位图模式主要用于早期不能识别颜色和灰度的设备，通常用于文字识别。

4. Grayscale(灰度)色彩模式

灰度模式最多使用 256 级灰度来表现图像，图像中的每个像素有一个 0(黑色)到 255(白色)之间的亮度值。灰度值也可以用黑色油墨覆盖的百分比来表示(0%表示白色，100%表示黑色)。

在将彩色图像转换成灰度模式的图像时，会扔掉原图像中所有的色彩信息。与位图模式相比，灰度模式能够更好地表现高品质的图像效果。

5. 索引色彩模式

索引(Indexed Color)色彩模式是网上和动画中常用的图像模式，当彩色图像转换为索引色彩模式的图像后包含近 256 种颜色。这种模式主要在使用网页安全色彩和制作透明的 GIF

图片时使用。在 Photoshop 中，必须使用索引色彩模式，才能制造出透明的 GIF 图片。

1.4 思考与练习

一、填空题

1. ________是构成网站的基本元素，也是网站信息发布的一种最常见的表现形式，主要由文字、图片、动画、音频、视频等信息组成。

2. 在网站设计中，纯粹 HTML 格式的网页通常被称为________，早期的网站一般都是由________制作的。

3. 动态网页的 URL 以.aspx、________、.jsp、.php、________、.cgi 等形式为后缀。

4. __________是用于宣传网站内某个栏目或活动的广告，一般要求制作成动画形式。

二、判断题

1. 静态网页的特点是内容相对稳定，因此容易被搜索引擎检索。 (　　)

2. 静态网页可以是纯文字内容的，也可以是包含各种动画的内容，这些只是网页具体内容的表现形式。无论网页是否具有动态效果，采用动态网站技术生成的网页都称为动态网页? (　　)

3. Logo 是代表企业形象或栏目内容的标志性图片，一般位于网页的左上角，通常有 3 种尺寸：88 × 31 像素、120 × 60 像素和 120 × 9 像素。 (　　)

三、思考题

1. 什么叫导航栏?

2. 什么叫文本?

第 2 章

Dreamweaver CS5 快速入门

本章要点

- Dreamweaver CS5 的工作环境
- 【插入】栏
- 使用可视化助理布局

本章主要内容

本章主要介绍 Dreamweaver CS5 的工作环境，包括菜单栏、工具栏、【属性】面板等知识与技巧，同时还讲解了【插入】栏、使用可视化助理布局等，最后还针对实际的工作需求，讲解了使用标尺、网格、辅助线和跟踪图像的基本方法。通过本章的学习，读者可以掌握 Dreamweaver CS5 快速入门方面的知识，为深入学习 Dreamweaver CS5 知识奠定基础。

2.1 Dreamweaver CS5 的工作环境

启动 Dreamweaver CS5，进入 Dreamweaver CS5 工作界面，其中包括标题栏、菜单栏、工具栏、插入栏、编辑窗口、属性面板和浮动面板组七个部分，如图 2-1 所示。

标题栏
工具栏
菜单栏
插入栏
编辑窗口
浮动面板组
属性面板

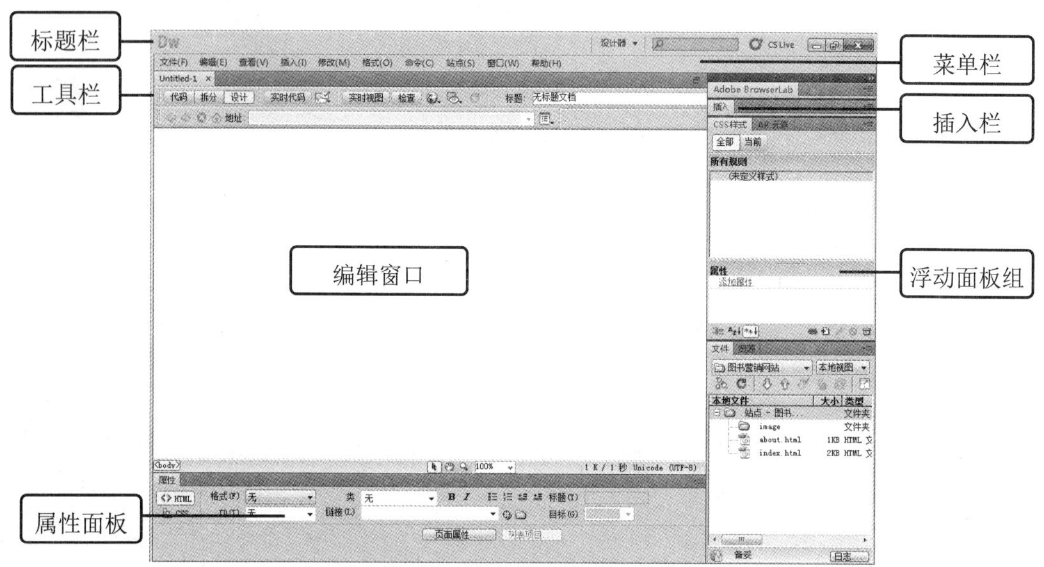

图 2-1

2.1.1 菜单栏

菜单栏包括多个菜单，如【文件】、【编辑】、【查看】、【插入】、【修改】、【格式】、【命令】、【站点】、【窗口】和【帮助】等。单击任意一个菜单将弹出下拉菜单，从中选择不同的命令可以完成不同的操作，如图 2-2 所示。

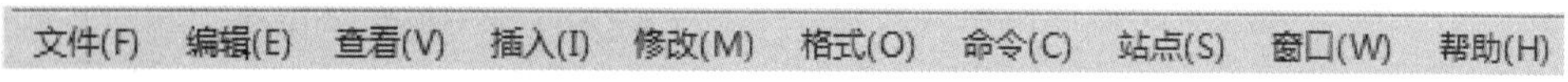

文件(F) 编辑(E) 查看(V) 插入(I) 修改(M) 格式(O) 命令(C) 站点(S) 窗口(W) 帮助(H)

图 2-2

- 【文件】菜单：包含【新建】、【打开】、【保存】、【保存全部】命令，还包含各种其他命令，用于查看当前文档或对当前文档执行操作。
- 【编辑】菜单：包含选择和搜索命令，例如【选择父标签】和【查找和替换】。
- 【查看】菜单：可以看到文档的各种视图，如【设计】视图和【代码】视图，并且可以显示和隐藏不同类型的页面元素和 DW 工具及工具栏。
- 【插入】菜单：提供【插入】栏的替代项，用于将对象插入到文档中。
- 【修改】菜单：可以更改选定页面元素或项的属性。单击此菜单，可以编辑标签属性，更改表格和表格元素，并且为库项和模板执行不同的操作。
- 【格式】菜单：用来对文本进行操作，包括字体、字形、字号、字体颜色、HTML/CSS

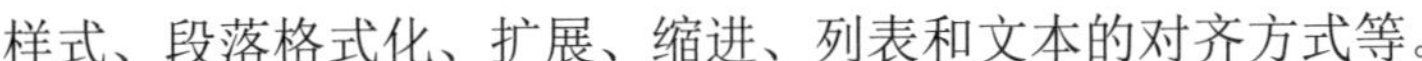

样式、段落格式化、扩展、缩进、列表和文本的对齐方式等。

- 【命令】菜单：提供对各种命令的访问，包括设置代码格式的命令、一个创建相册的命令等。
- 【站点】菜单：提供用于管理站点以及上传和下载文件的命令。
- 【窗口】菜单：提供对 DW 中的所有面板、检查器和窗口的访问。
- 【帮助】菜单：提供对 Dreamweaver 文档的访问，包括关于使用 Dreamweaver 以及创建 Dreamweaver 扩展功能的帮助系统，还包括各种语言的参考材料。

知识精讲

除了菜单栏中的菜单外，Dreamweaver 还提供多种右键显示上下文菜单，可以方便地访问与当前选择或区域有关的有用命令。若要显示上下文菜单，右击窗口中的某一项即可完成。

2.1.2　工具栏

【文档】工具栏中包含各种工具按钮，单击左侧【代码】/【拆分】/【设计】按钮 代码 | 拆分 | 设计 可以在文档的不同视图间快速切换，【代码】视图、【设计】视图、同时显示【代码】和【设计】视图的拆分视图，工具栏中还包含一些与查看文档、在本地和远程站点间传输文档有关的常用命令和选项，如图 2-3 所示。

代码 | 拆分 | 设计 | 实时代码 | 实时视图 | 检查 | 标题: 无标题文档

图 2-3

- 【代码】按钮：单击此按钮，可以在【文档】窗口中显示【代码】视图。
- 【拆分、设计】按钮：在【文档】窗口的一部分中显示【代码】视图，而在另一部分中显示【设计】视图。当选择这种组合视图时，【视图选项】菜单中的【在顶部查看设计视图】选项变为可用。
- 【实时代码】按钮：显示浏览器用于执行该页面的实际代码。
- 【浏览器的兼容性】按钮：可以检查所设计的页面对不同类型浏览器的兼容性。
- 【实时视图】按钮：显示不可编辑的、交互式的、基于浏览器的文档视图。
- 【检查】按钮：单击该按钮，可以打开实时视图和检查模式。
- 【在浏览器中预览/调试】按钮：单击此按钮，可以在浏览器中预览或调试文档。从弹出式菜单中选择一个浏览器。
- 【可视化助理】按钮：可以使用不同的可视化助理来设计页面。
- 【刷新设计视图】按钮：在【代码】视图中进行更改后刷新文档的【设计】视图。在执行某些操作之前，在【代码】视图中所做的更改不会自动显示在【设计】视图中。
- 【标题】文本框：可以为文档输入一个标题，将显示在浏览器的标题栏中，如果文档已经有了一个标题，则该标题将显示在该区域中。

2.1.3 【属性】面板

在【属性】面板中，主要用于查看和更改所选择对象的各种属性。其中包含两个选项，即 HTML 选项和 CSS 选项，HTML 选项为默认格式，单击不同的选项可以设置不同的属性，如图 2-4 所示。

图 2-4

2.1.4 面板组

面板组是一组停靠在某个标题下面相关面板的集合，如果要展开一个面板组，单击该组名称左侧的展开箭头即可，这些面板集中了网页编辑和站点管理过程中的按钮，如图 2-5 所示。

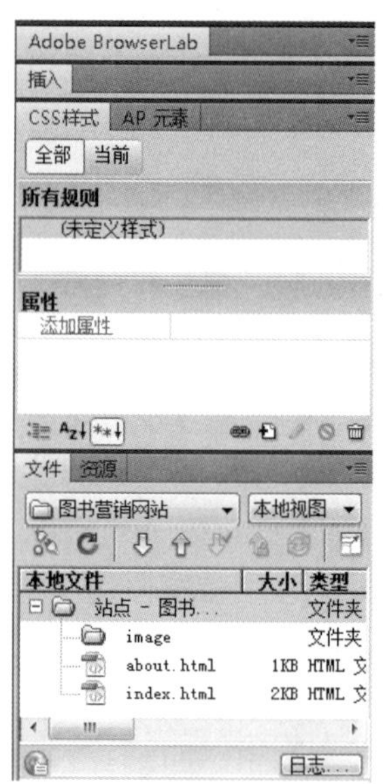

图 2-5

考考您

请根据本节学习的 Dreamweaver CS5 工作环境方面的知识，全面了解并认识【属性】面板，测试一下学习效果。

2.2 【插入】栏

【插入】栏包含用于创建和插入对象(如表格、层和图像)的按钮，当鼠标指针滚动到一个按钮上时，会出现一个工具提示，其中含有该按钮的名称。本节将详细介绍【插入】栏方面的知识。

2.2.1 【常用】插入栏

在【常用】插入栏中，可以创建和插入最常用的对象，如图像和表格，如图 2-6 所示。

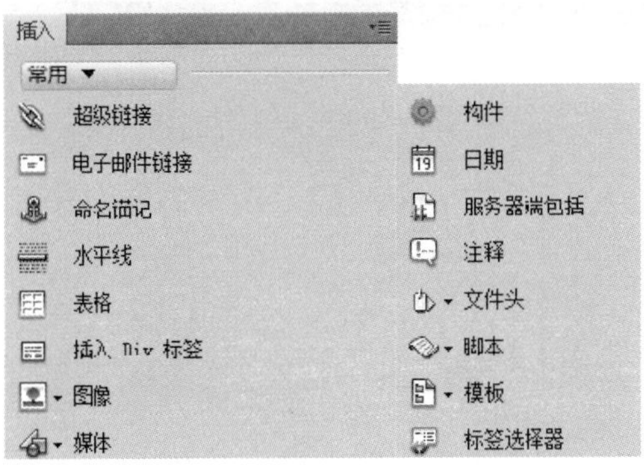

图 2-6

- 【超级链接】：此项工具主要用来制作文本链接。
- 【电子邮件链接】：在【文本】文本框中输入 E-mail 地址或其他文字信息，然后在 E-mail 文本框中输入准确的邮件地址，就可以自动插入邮件地址发送链接。
- 【命名锚记】：单击该按钮，可以设置链接到网页文档的特定部位。
- 【水平线】：单击该按钮，可以在网页中插入水平线。
- 【表格】：单击该按钮，可以在主页的基础上构成元素。
- 【插入 Div 标签】：单击该按钮，可以使用 Div 标签创建 CSS 布局块，并进行相应的定位。
- 【图像】：单击该按钮，可以在文档中插入图像。
- 【媒体】：单击该按钮，可以插入相关的媒体文件。
- 【构件】：单击该按钮，可以将 widget 添加到 Dreamweaver 中。
- 【日期】：单击该按钮，可以插入当前的时间和日期。
- 【服务器端包括】：单击该按钮，指示 Web 服务器在将页面提供给浏览器时在 Web 页面中包含指定的文件。
- 【注释】：单击该按钮，可以插入注释。
- 【文件头】：单击该按钮，可以按照指定的时间间隔进行刷新。
- 【脚本】：包含几个与脚本有关联的按钮。
- 【模板】：单击该按钮，弹出下拉列表，从中可以选择与模板相关的按钮。

- 【标签选择器】：可用于查看、指定和编辑标签的属性。

2.2.2 【布局】插入栏

在【布局】插入栏中，包括【标准】表格和【扩展】表格两个选项卡。下面详细介绍【布局】插入栏中的各选项，如图 2-7 所示。

图 2-7

- 【标准】：默认选项卡，可以插入和编辑图像、表格和 AP 元素。
- 【扩展】：单击该选项卡，可以扩展表格的样式。
- 【插入 Div 标签】：单击该按钮，可以插入 Div 标签。
- 【绘制 AP Div】：单击该按钮，在文档窗口中单击并拖动鼠标，绘制层。
- 【Spry 菜单栏】：单击该按钮，可以创建横向或纵向的网页下拉菜单。
- 【Spry 选项卡式面板】：单击该按钮，可以实现选项卡式面板的功能。
- 【Spry 折叠式】：单击该按钮，即可添加折叠式菜单。
- 【Spry 可折叠面板】：单击该按钮，即可添加折叠式面板。
- 【表格】：单击该按钮，可以在当前光标的位置插入表格。
- 【在上面插入行】：单击该按钮，在当前行的上方插入一个新的行。
- 【在下面插入行】：单击该按钮，在当前行的下方插入一个新的行。
- 【在左边插入列】：单击该按钮，在当前列的左侧插入一个新的列。
- 【在右边插入列】：单击该按钮，在当前列的右侧插入一个新的列。
- 【框架】：在光标所在位置插入框架。

2.2.3 【表单】插入栏

在 Dreamweaver 中，表单输入类型称为表单对象，是动态网页中最重要的元素对象之一，如图 2-8 所示，其中主要功能的介绍如下。

图 2-8

- 【表单】：在文档中插入表单。任何其他表单对象，如文本域、按钮等，都必须插入表单中，这样所有浏览器才能正确处理这些数据。
- 【文本区域】：在表单中插入文本域。文本域可接受任何类型的字母数字项，输入的文本可以显示为单行、多行或者显示为项目符号或星号(用于保护密码)。
- 【复选框】：在表单中插入复选框。可以选择任意多个适用的选项。
- 【单选按钮】：代表互相排斥的选择，选择一组中的某个按钮，就会取消选择该组中的所有其他按钮。例如，可以选择“是”或“否”。
- 【单选按钮组】：插入共享同一名称的单选按钮的集合。
- 【选择(列表/菜单)】：可以在列表中创建用户选项。
- 【跳转菜单】：插入可导航的列表或弹出式菜单。跳转菜单允许用户插入一种菜单，在这种菜单中的每个选项都链接到文档或文件。
- 【图像域】：可以在表单中插入图像。可以使用图像域替换“提交”按钮，以生成图形化按钮。
- 【文件域】：在文档中插入空白文本域和“浏览”按钮。可以浏览到硬盘上的文件，并将这些文件作为表单数据上传。
- 【按钮】：在表单中插入文本按钮。在单击按钮时执行任务，如提交或重置表单，可以为按钮添加自定义名称或标签，或者使用预定义的“提交”或“重置”标签之一。
- 【标签】：在文档中给表单加上标签，以<label></label>形式开头和结尾。
- 【字段集】：在文本中设置文本标签。

2.2.4 【数据】插入栏

在【数据】插入栏中，可以插入各种数据，如 Spry 数据对象、记录集和插入记录等。单击某个按钮，即可完成相应的操作，如图 2-9 所示。

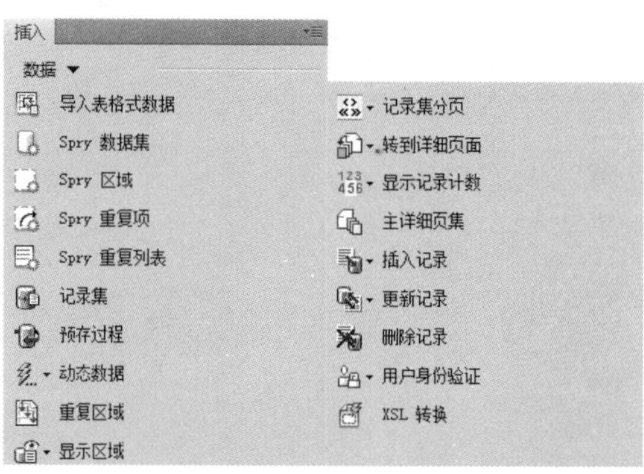

图 2-9

2.2.5 Spry 插入栏

在 Spry 插入栏中，包括 Spry 数据对象和构件等按钮，Spry 插入栏与【数据】插入栏和【表单】插入栏的功能一致，如图 2-10 所示。

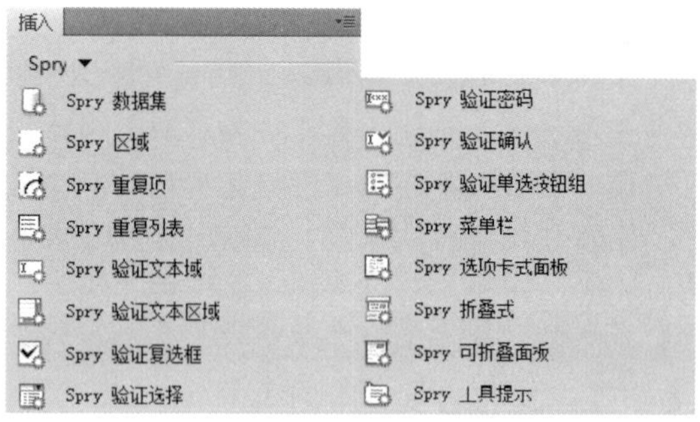

图 2-10

2.2.6 【文本】插入栏

文本是网页中最常见、运用最广泛的元素之一，是网页内容的核心部分。在网页中添加文本与在 Word 等文字处理软件中添加文本一样方便。下面详细介绍【文本】插入栏方面的知识，如图 2-11 所示。

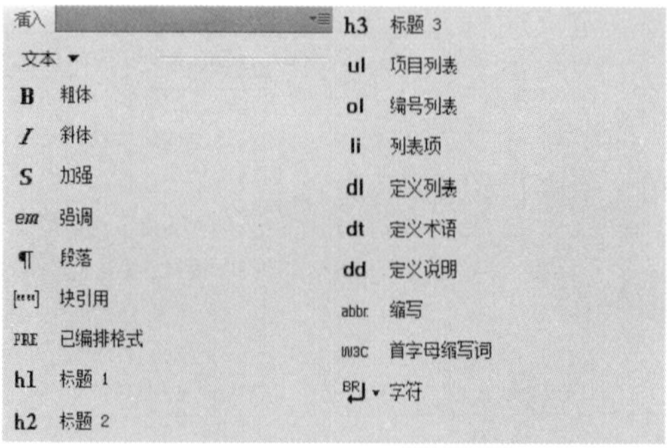

图 2-11

- 【粗体】：单击此按钮，将文字设置为粗体。
- 【斜体】：单击此按钮，将文字设置为斜体。
- 【加强】：单击此按钮，增强文本厚度。
- 【强调】：单击此按钮，以斜体表示文本。
- 【段落】：为文本设置一个新的段落。
- 【块引用】：单击此按钮，将所选文字设置为引用文字，一般采用缩进效果。
- 【已编排格式】：单击此按钮，所选文本区域可以保留多处空白，在浏览器中显示其中的内容时，按照原有文本格式显示。
- 【标题】：单击此按钮，可以设置标题。
- 【项目列表】：单击此按钮，可创建无序列表。
- 【编号列表】：单击此按钮，可创建有序列表。
- 【列表项】：单击此按钮，可设置列表项目。
- 【定义列表】：单击此按钮，可创建包含定义术语和定义说明的列表。
- 【定义术语】：单击此按钮，可定义专业术语等。
- 【定义说明】：单击此按钮，在定义术语下方标注说明。
- 【缩写】：单击此按钮，为当前选定的缩写添加说明文字。
- 【首字母缩写词】：指定与 Web 内容有类似含义的同义词，用于音频合成程序。
- 【字符】：单击此按钮，可插入特殊字符。

2.2.7 【收藏夹】插入栏

在【收藏夹】插入栏中右击，即可自定义收藏夹对象，如图 2-12 所示。

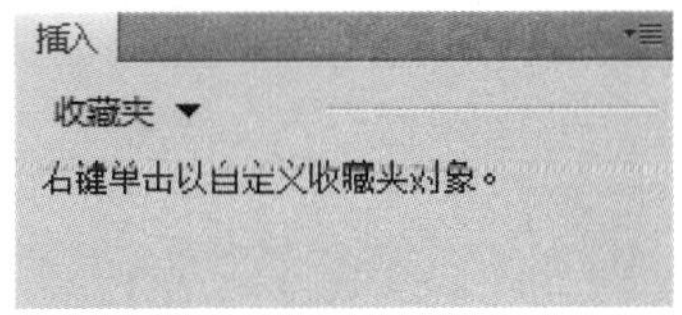

图 2-12

考考您

请根据本节学习的【插入】栏方面的知识，全面了解并认识【插入】栏中各项的功能，测试一下学习效果。

2.3 使用可视化助理布局

使用可视化助理布局(包括使用标尺、网格的设置等)，可以更加准确地制作出精美的网页。本节将详细介绍使用可视化助理布局方面的知识。

2.3.1 使用标尺

在制作网页时，从【属性】面板上可以得到层的坐标，但还有一个更形象的方法，那就是标尺。下面详细介绍使用标尺的操作方法。

启动 Dreamweaver CS5 程序，在菜单栏中选择【查看】→【标尺】→【显示】命令，即可将标尺显示在 Dreamweaver CS5 窗口的左侧和上部，如图 2-13 和图 2-14 所示。

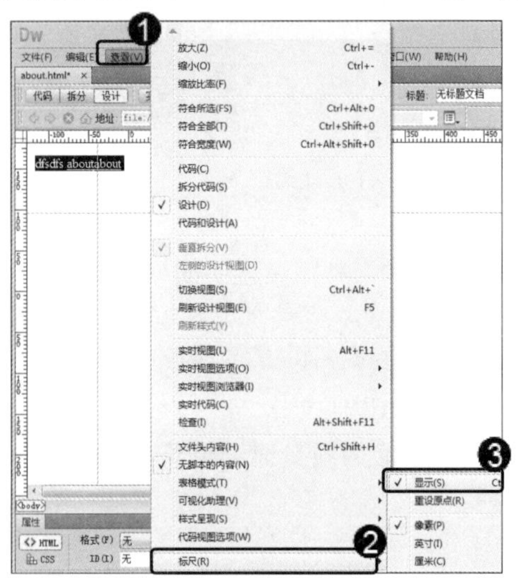

图 2-13

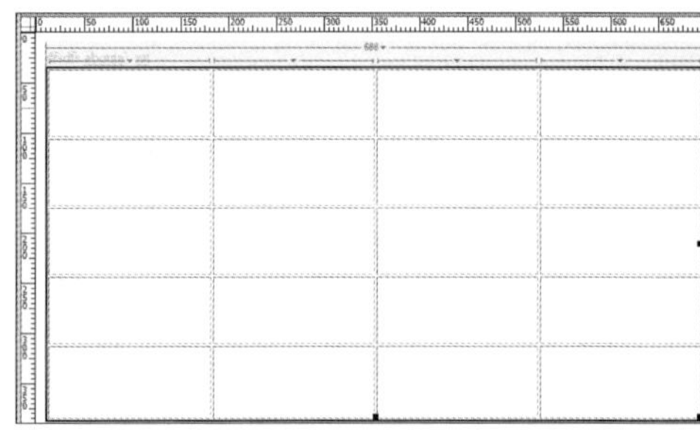

图 2-14

设置标尺的原点。可在标尺的左上角单击，然后拖至设计区中的适当位置。释放鼠标按键后，该位置即成为新标尺的原点。

如果要恢复标尺的初始位置，可以在窗口左上角标尺交点处双击，或者在菜单栏中选择【查看】→【标尺】→【重设原点】命令，即可完成。

如果要更改度量单位，可在菜单栏中选择【查看】→【标尺】命令；然后在子菜单中选择【像素】、【英寸】或【厘米】等选项，如图 2-15 所示。

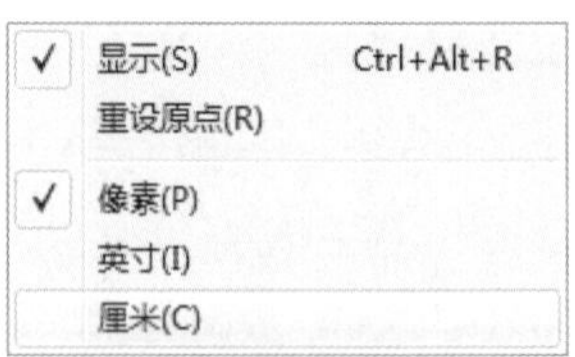

图 2-15

2.3.2 网格的设置

利用【网格】命令，可以在设计视图中对层进行绘制、定位或大小调整做可视化向导，还可以对齐页面中的元素。下面详细介绍设置网格的操作方法。

在菜单栏中选择【查看】→【网格】→【显示网格】命令，可以在网页文档中显示网格；重复操作，可以隐藏显示网格，如图 2-16 所示。

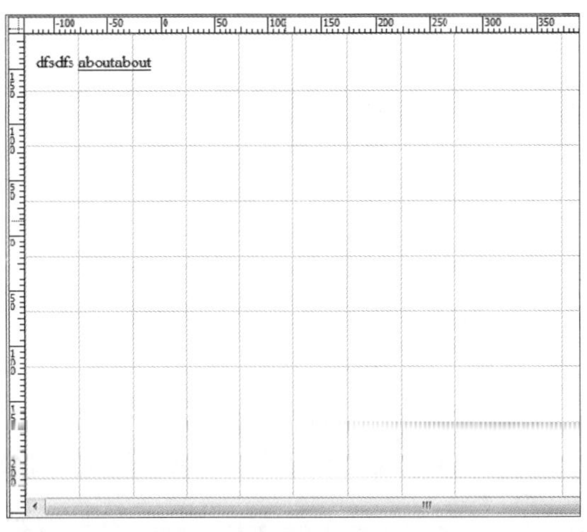

图 2-16

如果要设置网格，如网格的颜色、间隔和显示方式等，可以在菜单栏中选择【查看】→【网格】→【网格设置】命令，即可打开【网格设置】对话框，在其中进行设置，如图 2-17 所示。

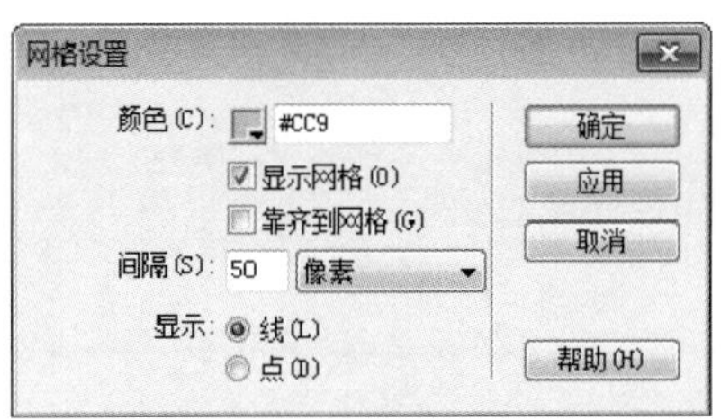

图 2-17

【网格设置】对话框中各参数的具体作用如下。

- 【颜色】：可以在该文本框中输入网格线的颜色，或者单击【颜色框】按钮，打开调色板选择网格线的颜色。
- 【显示网格】：选中该复选框，可以显示网格线。
- 【靠齐到网格】：选中该复选框，可以在移动对象时自动捕捉网格。
- 【间隔】：可以在文本框中输入网格之间的间距，在右边的下拉列表框中选择网格单位，从中可以选择【像素】、【英寸】和【厘米】。
- 【显示】：选中【线】单选按钮，网格线以直线方式显示；选中【点】单选按钮，网格线以点线方式显示。

考考您

请根据本节学习的使用可视化助理布局方面的知识，使用标尺，测试一下学习效果。

2.4 实践案例与上机指导

通过本章的学习，读者基本可以掌握 Dreamweaver CS5 快速入门以及一些常见的操作方法。下面通过练习操作，以达到巩固学习、拓展提高的目的。

2.4.1 使用辅助线

在 Dreamweaver CS5 中，辅助线功能可以在创建网页时，用于辅助的定位。下面详细介绍使用辅助线的操作方法。

在菜单栏中选择【查看】→【辅助线】→【显示辅助线】命令，可以在网页文档中显示辅助线，然后在左侧和上侧的标尺上单击并拖动鼠标，即可拖曳出辅助线，如图 2-18 所示。

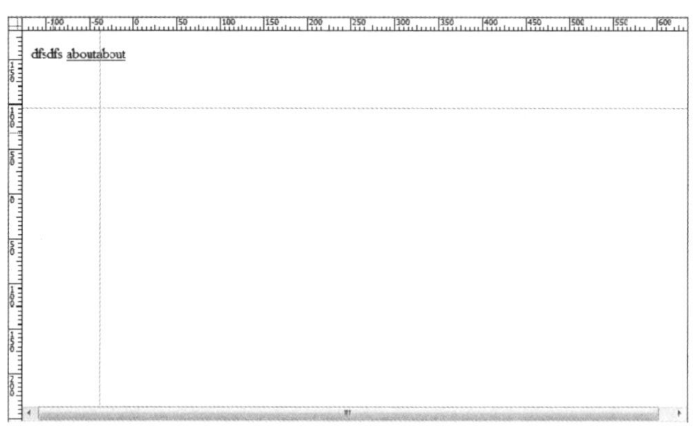

图 2-18

如果要使网页中的层能够自动靠齐到辅助线，更加方便层的定位，可以在菜单栏中，选择【查看】→【辅助线】→【靠齐辅助线】命令，即可完成。

在 Dreamweaver CS5 中，还可以对辅助线的属性进行设置。只需在菜单栏中选择【查看】→【辅助线】→【编辑辅助线】命令，即可弹出【辅助线】对话框，从中可对辅助线的属性进行设置，如图 2-19 所示。

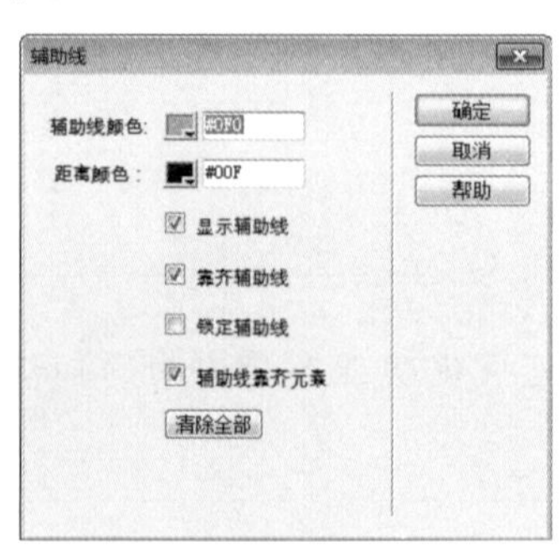

图 2-19

- 【辅助线颜色】：可以设置辅助线颜色。
- 【距离颜色】：可以作为距离指示器出现的线条的颜色。
- 【显示辅助线】：选中该复选框，可以使辅助线在设计视图中可见。
- 【靠齐辅助线】：使在窗口中移动的对象能够靠齐辅助线。
- 【锁定辅助线】：可以将辅助线锁定在适当位置。
- 【辅助线靠齐元素】：单击并拖动辅助线时，将辅助线靠齐页面上的元素。
- 【清除全部】：清除页面中的所有辅助线。

2.4.2　使用跟踪图像

在菜单栏中选择【查看】→【跟踪图像】→【载入】命令，即可打开【选择图像源文件】对话框，选择要载入的图片文件，单击【确定】按钮，即可载入图像，如图 2-20 所示。

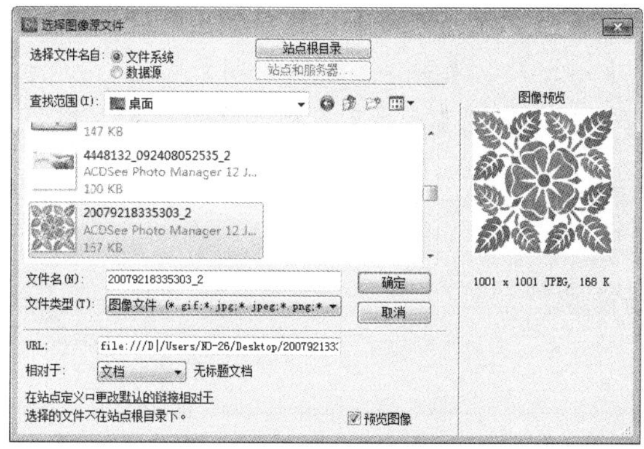

图 2-20

打开【页面属性】对话框，默认打开的是【跟踪图像】选项卡。在【跟踪图像】选项卡中，可以设置跟踪图像的【透明度】值，单击【确定】按钮，即可将图像载入文档窗口中，如图 2-21 所示。

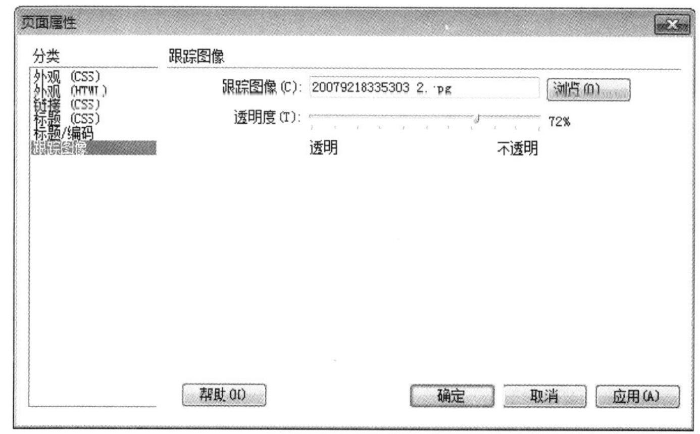

图 2-21

2.5 思考与练习

一、填空题

1. 启动 Dreamweaver CS5，进入 Dreamweaver CS5 工作界面。Dreamweaver CS5 的工作界面包括_______、菜单栏、_______、编辑窗口、________和浮动面板组六个部分。

2. 在【属性】面板中，主要用于查看和更改所选择的对象的各种属性。在【属性】面板中，包含两个选项，即___________选项和___________选项。

3. 在__________插入栏中，可以创建和插入最常用的对象。

二、判断题

1. 菜单栏包括多个菜单项，如【文件】、【编辑】、【查看】、【插入】、【修改】、【格式】、【命令】、【站点】、【窗口】和【帮助】等。 (　　)

2. 在【布局】插入栏中，包括【标准】表格和【扩展】表格两个选项卡。 (　　)

三、思考题

1. 如何使用标尺？

2. 如何进行网格的设置？

新起点 电脑教程

第 3 章

创建与管理站点

本章要点

- 创建本地站点
- 管理站点
- 管理站点中的文件

本章主要内容

本章主要介绍创建本地站点的方法，如使用【管理站点】向导搭建站点、使用【高级】面板创建站点的知识与技巧，同时还讲解了管理站点的操作，如打开站点、编辑站点、删除站点和复制站点等，最后还针对实际的工作需求，讲解了创建文件夹、创建和保存网页文件、移动和复制文件的基本方法。通过本章的学习，读者可以掌握创建与管理站点方面的知识，为深入学习 Dreamweaver CS5 知识奠定基础。

3.1 创建本地站点

所谓站点，可以看作一系列文档的组合，这些文档之间通过各种链接关联起来，并拥有相似的属性。本节将详细介绍创建本地站点方面的知识。

3.1.1 使用【管理站点】向导搭建站点

下面详细介绍使用【管理站点】向导搭建站点的操作方法。

第 1 步 启动 Dreamweaver CS5 程序，在菜单栏中选择【站点】→【管理站点】命令，如图 3-1 所示。

第 2 步 弹出【管理站点】对话框，在该对话框中单击【新建】按钮，如图 3-2 所示。

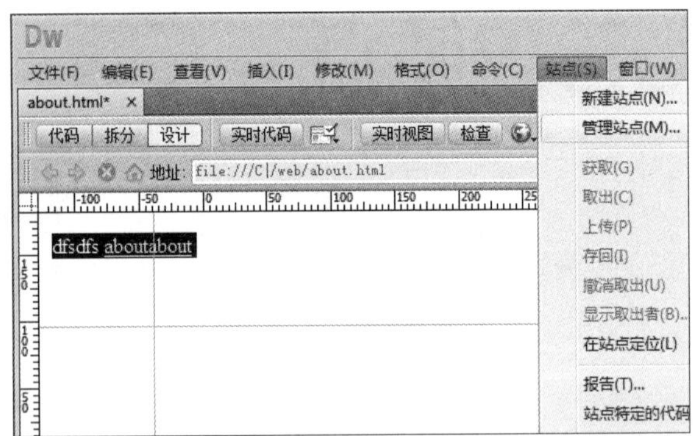

图 3-1

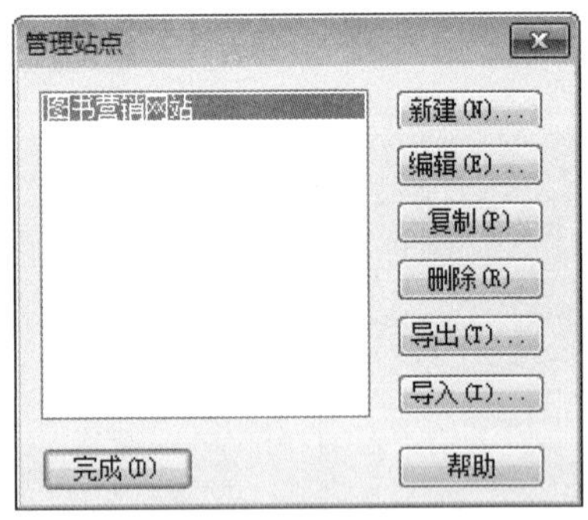

图 3-2

第 3 步 弹出【站点设置对象】对话框，在该对话框中，①选择【站点】选项卡；②在【站点名称】文本框中输入准备使用的名称；③单击【本地站点文件夹】右侧的【浏览文件夹】按钮，选择准备使用的站点文件夹；并单击【保存】按钮，如图 3-3 所示。

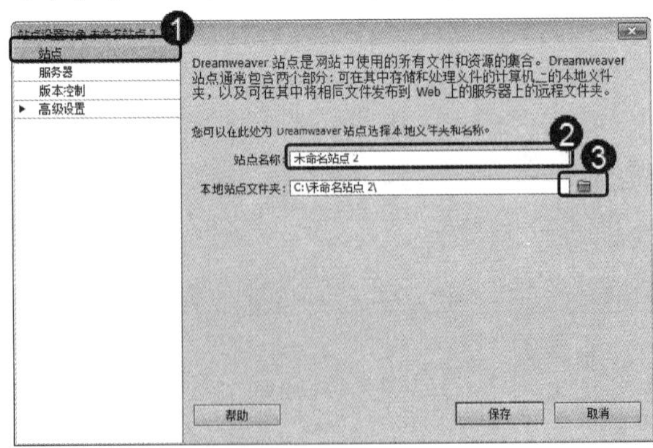

图 3-3

第 4 步 在【管理站点】对话框中显示刚刚新建的站点，单击【完成】按钮，如图 3-4 所示。

第 5 步 此时，在【文件】面板中即可看到创建的站点文件，如图 3-5 所示。通过以上步骤即可完成使用【管理站点】向导搭建站点的操作。

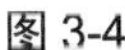
图 3-4

图 3-5

3.1.2　使用【高级】面板创建站点

选择【高级】面板可以不使用向导而直接创建站点信息。通过模式进行设置，可以让网页设计师在创建站点过程中发挥更强的主控性。下面详细介绍使用【高级】面板创建站点的操作方法。

打开【站点设置对象】对话框，选择【高级设置】选项卡，由于是创建本地站点，所以单击【本地信息】选项，如图 3-6 所示。

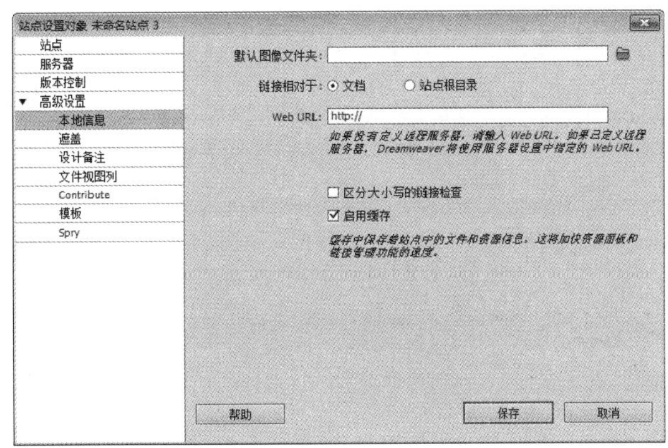

图 3-6

在【本地信息】选项中可以设置如下参数。

- 【默认图像文件夹】文本框：单击该文本框后面的文件夹按钮，可以设置本地站点图像的存储路径。
- 【链接相对于】：单击该单选按钮，即可更改所创建的到站点其他页面链接的相对路径。
- Web URL 文本框：Dreamweaver 使用 Web URL 创建站点根目录相对链接。
- 【区分大小写的链接检查】复选框：在 Dreamweaver 检查链接时用于确保链接的大小写与文件名的大小写匹配。
- 【启用缓存】复选框：指定是否创建本地缓存以提高链接和站点管理任务的速度。

单击【遮盖】选项，选中【启用遮盖】复选框，可以在进行站点操作的时候排除被遮盖的文件，如果不希望上传多媒体文件，可以将多媒体文件覆盖，这样就可以停止上传，如图 3-7 所示。

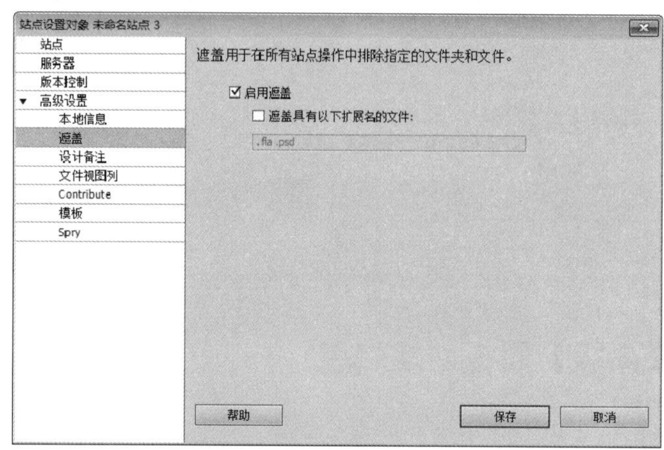

图 3-7

在【遮盖】选项中可以设置如下参数。

- 【启用遮盖】复选框：可以激活 Dreamweaver 中的文件遮盖功能，默认情况下是选中状态。
- 【遮盖具有以下扩展名的文件】：选中该复选框，可以对特定的文件使用遮盖。输入的文件类型不一定是文件扩展名，可以是任何形式的文件名结尾。

单击【设计备注】选项，可以在需要记录过程中，添加信息，留以后使用。可以在【设计备注】选项中设置各项参数，如图 3-8 所示。

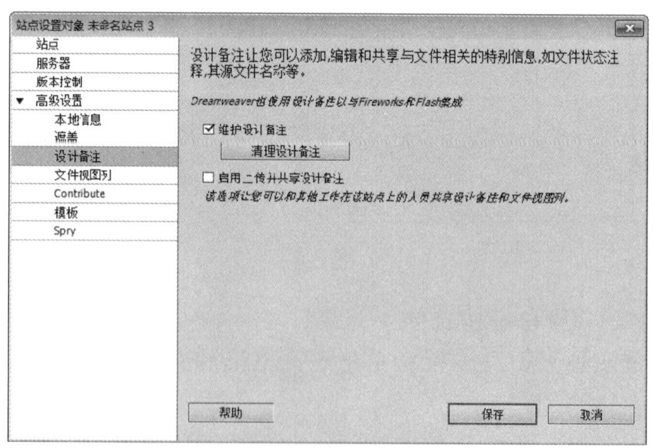

图 3-8

在【设计备注】选项中可以设置如下参数。

- 【维护设计备注】：选中该复选框，可以启用保存设计备注的功能。
- 【清理设计备注】按钮：单击该按钮，可以删除过去保存的设计备注。
- 【启用上传并共享设计备注】复选框：选中该复选框，可以在上传或取出文件的时候，将设计备注上传到远端服务器上。

单击【文件视图列】选项，可以设置站点管理器中文件浏览窗口所示的内容，如图 3-9 所示。

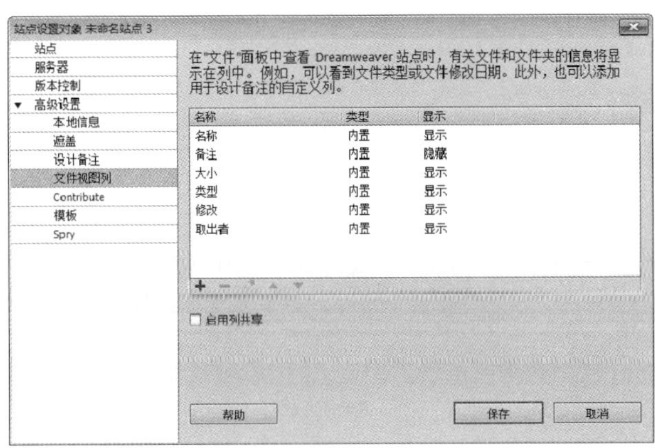

图 3-9

在【文件视图列】选项中可以设置如下参数。

➢ 【名称】：显示文件的名称。
➢ 【备注】：显示备注信息。
➢ 【大小】：显示文件的大小状况。
➢ 【类型】：显示文件的类型。
➢ 【修改】：显示修改的内容。
➢ 【取出者】：显示损毁的使用者名称

在【高级设置】下单击 Contribute 选项，可以提高与 Contribute 用户的兼容性，如图 3-10 所示。

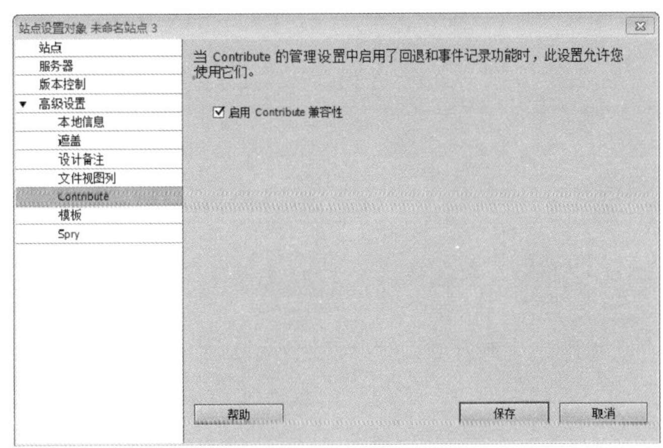

图 3-10

在【高级设置】下单击【模板】选项，可以在更新站点中的模板时，不改变写入文档的相对路径，如图 3-11 所示。

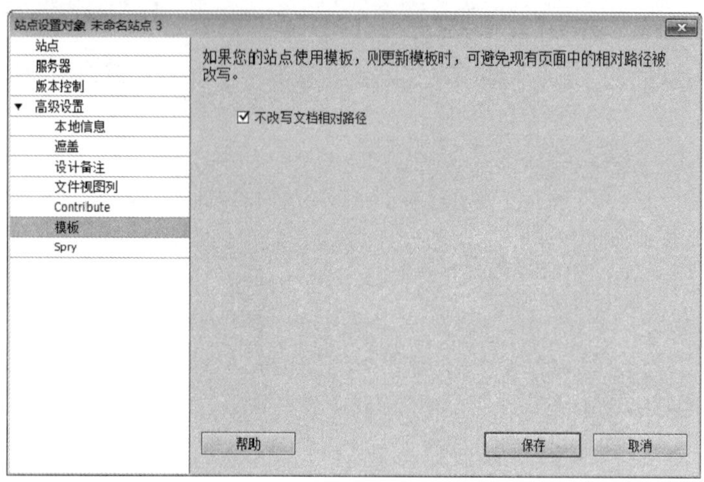

图 3-11

在【高级设置】下单击 Spry 选项，可以设置 Spry 资源文件夹的位置，如图 3-12 所示。

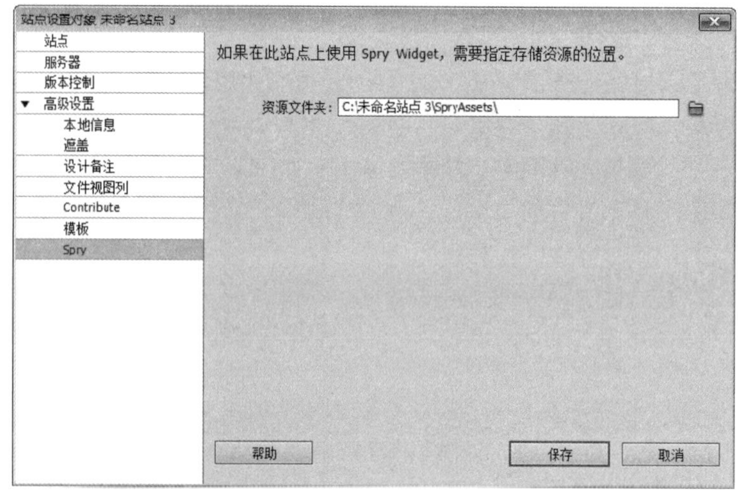

图 3-12

知识精讲

在 Dreamweaver CS5 中，默认情况下 Spry 资源文件夹的名称为 Spry Assets，该文件夹位于站点的根目录中。

考考您

请根据本节学习的创建与管理站点方面的知识，使用【管理站点】向导搭建站点，测试一下学习效果。

3.2 管理站点

Dreamweaver CS5 除了具有强大的网页编辑功能之外，还有管理站点的功能，如打开站点、编辑站点、删除站点和复制站点等。本节将详细介绍管理站点方面的知识。

3.2.1 打开站点

运行 Dreamweaver CS5 之后，可以单击文档窗口右边的【文件】面板中左边的下拉按钮，在弹出的下拉列表中，选择准备打开的站点，单击即可打开相应的站点，如图 3-13 所示。

图 3-13

3.2.2 编辑站点

在创建站点之后，可以根据需要对站点进行相应的编辑。下面详细介绍编辑站点的操作方法。

第 1 步 启动 Dreamweaver CS5 程序，在菜单栏中选择【站点】，【管理站点】命令，如图 3-14 所示。

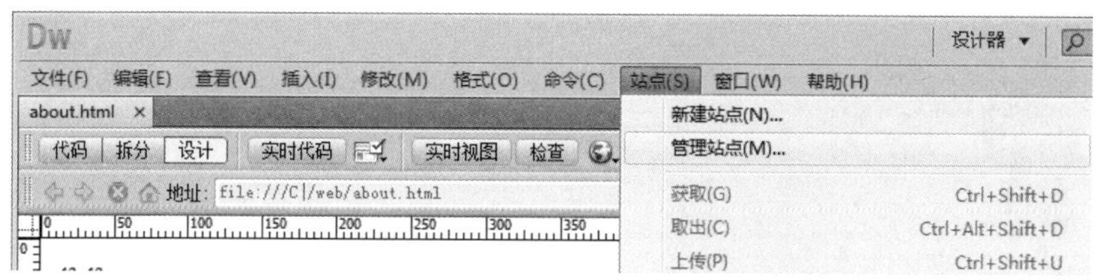

图 3-14

第 2 步 弹出【管理站点】对话框，在该对话框中选中站点后，单击【编辑】按钮，如图 3-15 所示。

第 3 步 弹出【站点设置对象】对话框，选择【高级设置】选项卡，其中包括编辑站点的相关信息，从中可以进行相应的编辑操作，如图 3-16 所示。

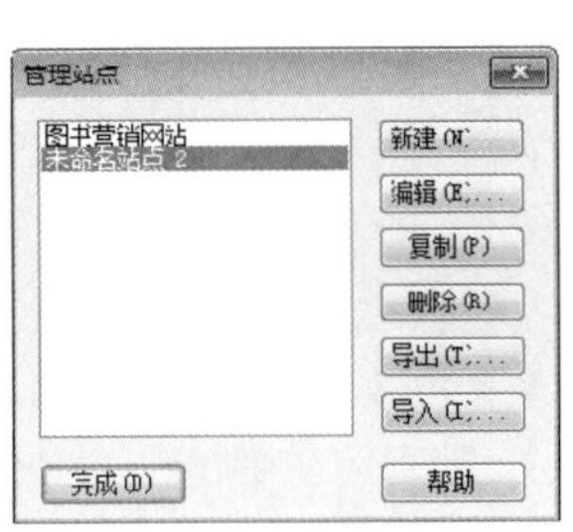

图 3-15

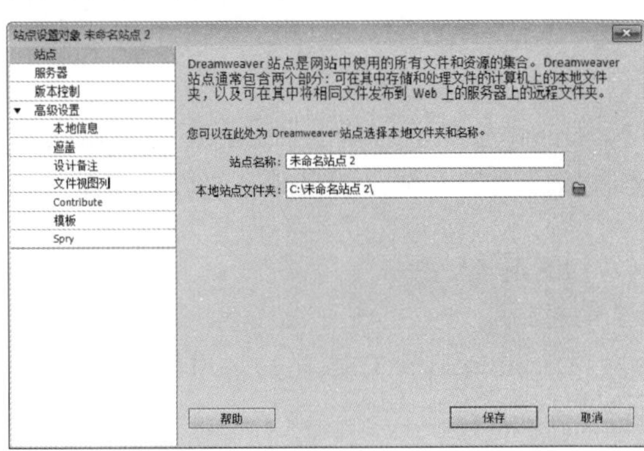

图 3-16

第 4 步 单击【保存】按钮，返回【管理站点】对话框。单击【完成】按钮，即可完成站点的编辑，如图 3-17 所示。

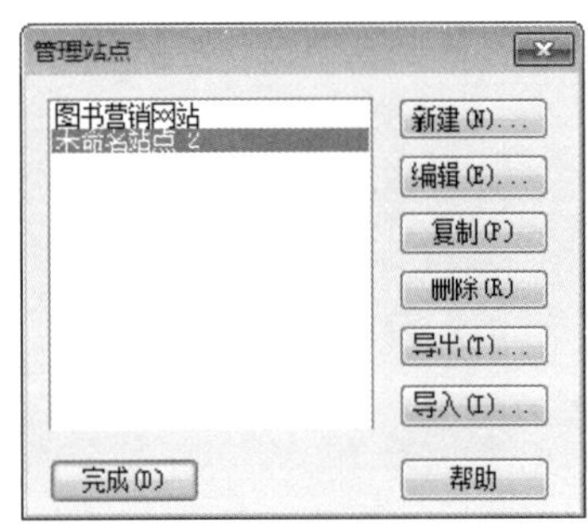

图 3-17

3.2.3 删除站点

对于多余的站点，可以将其从站点列表中删除，以方便日后的操作。下面详细介绍删除站点的操作方法。

第 1 步 启动 Dreamweaver CS5 程序，在菜单栏中选择【站点】→【管理站点】命令，如图 3-18 所示。

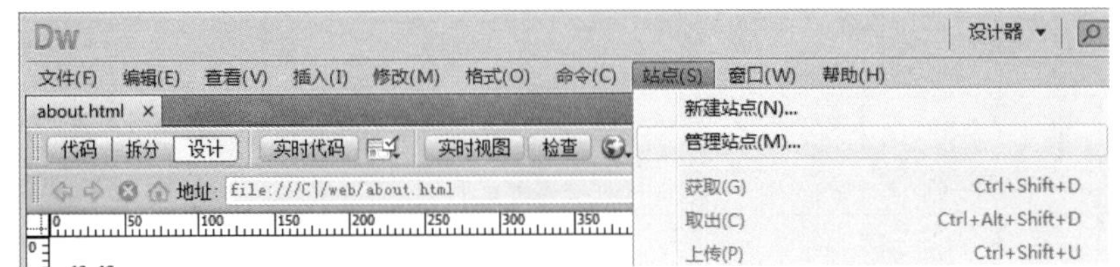

图 3-18

第 2 步 弹出【管理站点】对话框，在该对话框中选中欲删除的站点后，单击【删除】按钮，如图 3-19 所示。

第 3 步 弹出 Dreamweaver 对话框，单击【是】按钮，即可将站点删除，如图 3-20 所示。

图 3-19

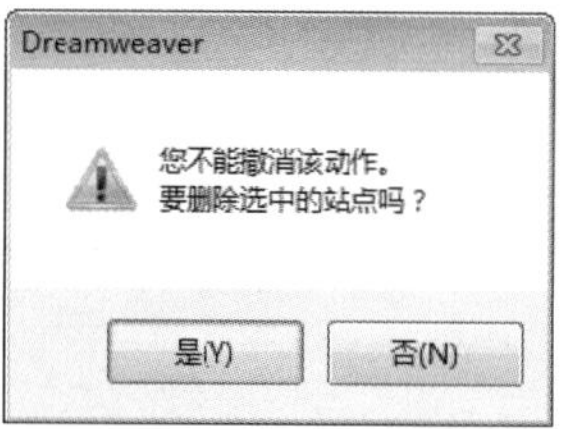

图 3-20

3.2.4　复制站点

对于有用的站点，可以通过站点的复制功能进行相应的复制下面详细介绍复制站点的操作方法。

第 1 步 启动 Dreamweaver CS5 程序，在菜单栏中选择【站点】→【管理站点】命令，如图 3-21 所示。

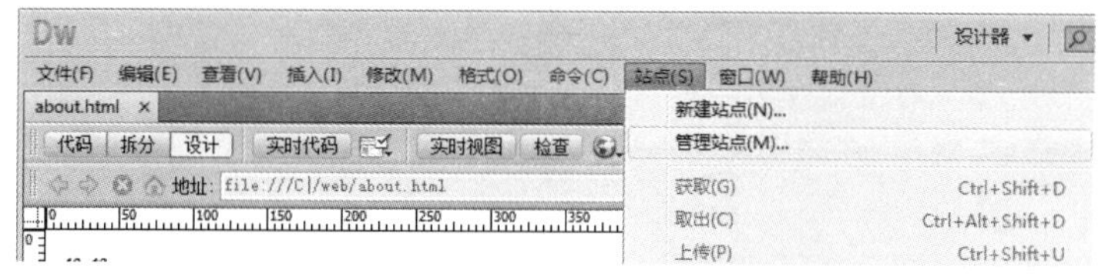

图 3-21

第 2 步 弹出【管理站点】对话框，在该对话框中选中欲复制的站点后，单击【复制】按钮，如图 3-22 所示。

第 3 步 在【管理站点】列表框中显示新建的站点。单击【完成】按钮，即可完成对站点的复制，如图 3-23 所示。

图 3-22

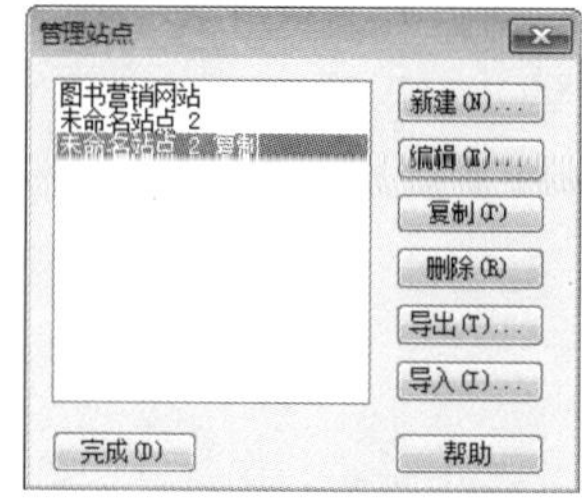

图 3-23

考考您

请根据本节学习的管理站点方面的知识，新建一个站点并进行编辑，测试一下学习效果。

3.3 管理站点中的文件

在 Dreamweaver CS5 中，管理站点中的文件的操作包括创建文件夹、创建和保存网页文件以及移动和复制文件。本节将详细介绍管理站点中的文件方面的知识。

3.3.1 创建文件夹

创建文件夹，可以使站点中的文件数据有规律地放置，方便站点的设计和修改。文件夹创建好以后，就可以在文件夹中创建相应的文件。下面将详细介绍创建文件夹的方法。

启动 Dreamweaver CS5，在【文件】面板中，右击准备创建文件夹的父级文件夹，在弹出的快捷菜单中选择【新建文件夹】命令，即可完成创建文件夹的操作，如图 3-24 所示。

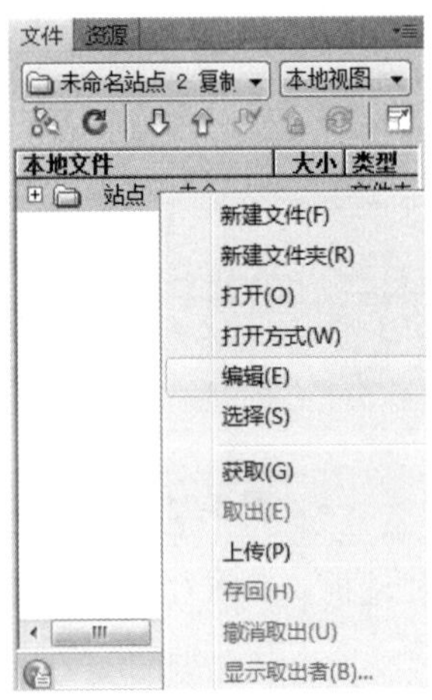

图 3-24

智慧锦囊

随着站点的扩大，文件的数量还会增加，创建文件夹的目的主要是为了方便管理，创建文件夹的时候也应以此为原则。

3.3.2 创建网页文件

在 Dreamweaver CS5 中，同样可以创建网页文件，创建网页文件的方法和创建文件夹的方法相同。下面详细介绍创建网页文件的操作方法。

启动 Dreamweaver CS5，在【文件】面板中，右击准备创建文件夹的父级文件夹，在弹出的快捷菜单中选择【新建文件】命令，即可完成创建文件的操作，如图 3-25 所示。

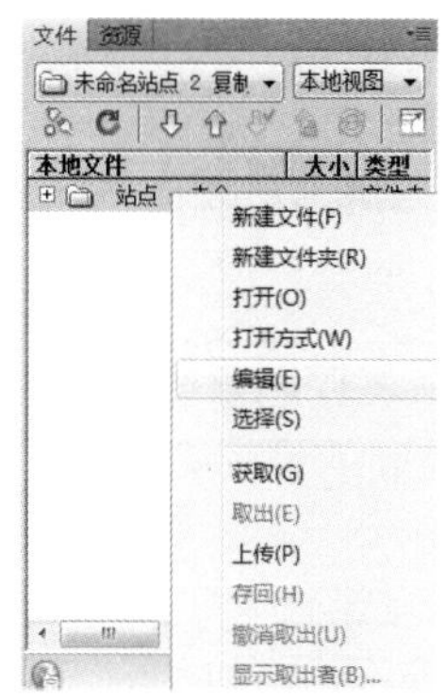

图 3-25

3.3.3　移动和复制文件

在文件管理中，还可以进行移动和复制文件的操作。下面将详细介绍移动和复制文件的操作方法。

启动 Dreamweaver CS5，在【文件】面板中右击准备要移动和复制的文件，在弹出的快捷菜单中选择【编辑】选项，在子菜单中选择相应的命令进行设置，如图 3-26 所示。

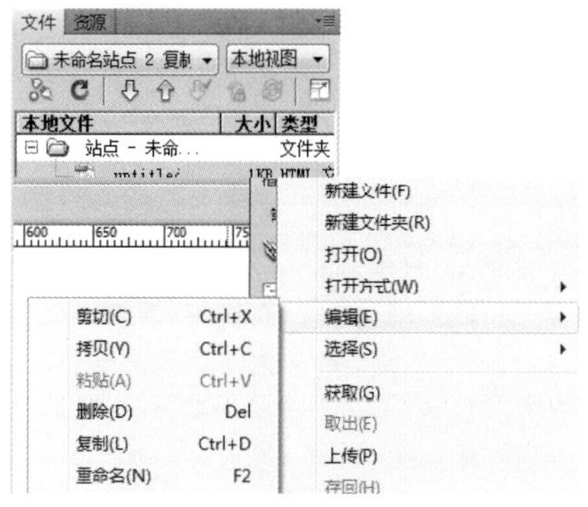

图 3-26

如果要进行移动操作，则可以在【编辑】子菜单中选择【剪切】命令；如果要进行复制操作，则可以在【编辑】子菜单中选择【复制】命令。

考考您

请根据本节学习的管理站点中的文件方面的知识，移动和复制文件，测试一下学习效果。

3.4 实践案例与上机指导

通过本章的学习，读者基本可以掌握创建与管理站点以及文件的操作方法。下面通过练习操作，以达到巩固学习、拓展提高的目的。

3.4.1 站点的切换

使用 Dreamweaver CS5 可以编辑网页，但每次只能操作一个站点。在【文件】面板中，单击并展开【未命名站点 2 复制】下拉列表框，在弹出的下拉列表中选择准备切换的站点并进行操作，如图 3-27 所示。

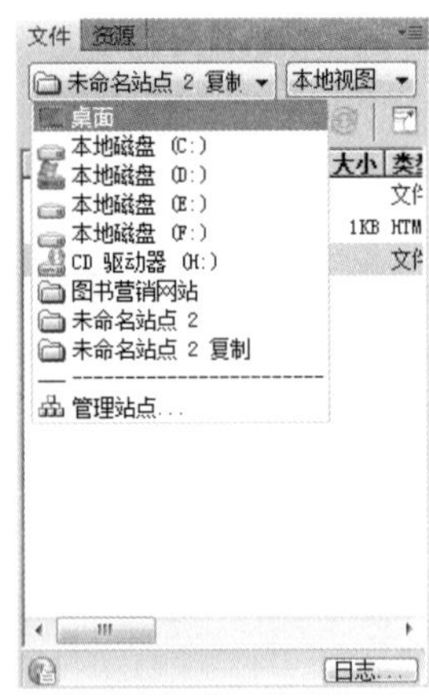

图 3-27

智慧锦囊

在【管理站点】对话框中选中准备切换到的站点，然后单击【完成】按钮，即可在【文件】面板中显示选择的站点。

3.4.2 保存网页文件

网页文件制作完成后，如果确认无误可以将其保存。下面详细介绍保存网页文件的操作方法。

1. 保存网页

制作完网页后，在菜单栏中选择【文件】→【保存】命令，弹出【另存为】对话框，保存选择网页文件的位置，在【文件名】文本框中输入网页的名称，单击【保存】按钮，即可将当前网页保存，如图 3-28 和图 3-29 所示。

智慧锦囊

还可以使用组合键来保存网页文件，按下组合键 Ctrl+S，即可将当前网页保存。另存为网页时，可按下组合键 Ctrl+Shift+S。

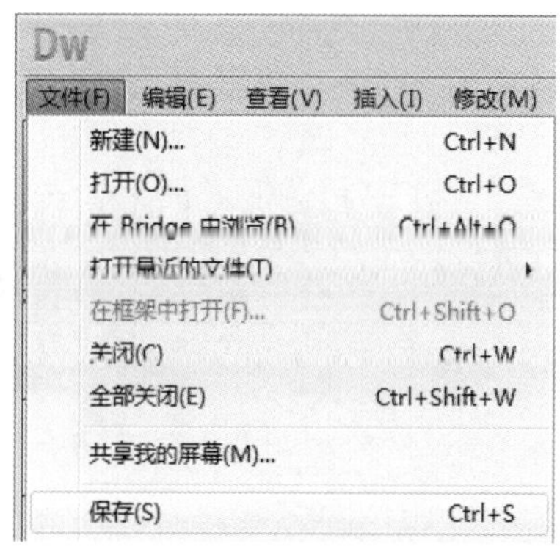

图 3-28

图 3-29

2. 另存为网页

如果准备将当前网页保存到其他位置，可以在菜单栏中选择【文件】→【另存为】命令，弹出【另存为】对话框，选择保存网页文件的位置，单击【保存】按钮，即可将网页文件保存到其他位置，如图 3-30 和图 3-31 所示。

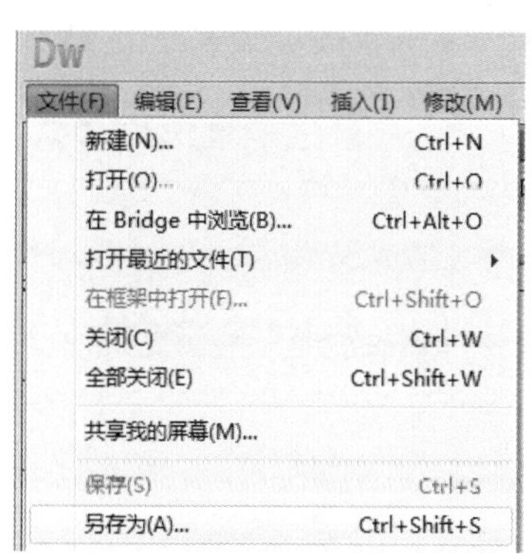

图 3-30

图 3-31

3.5 思考与练习

一、填空题

1. 所谓________，可以看作一系列文档的组合，这些文档之间通过各种链接关联起来，并拥有相似的属性。

2. 单击_________选项，可以进行站点操作的时候排除被遮盖的文件；如果不希望上传多媒体文件，可以将多媒体文件覆盖，这样就可以________上传。

3. 在_________选项卡中，单击____________选项，可以设置站点管理器中文件浏览窗口所示的内容。

二、判断题

1. 选择【文件】选项卡可以不使用向导，直接创建站点信息。通过模式进行设置，可以让网页设计师在创建站点过程中发挥更强的主控性。 (　　)

2. 在【高级设置】选项卡中，单击【模板】选项，可以在更新站点中的模板时，不改变写入文档的相对路径。 (　　)

三、思考题

1. 如何编辑站点？

2. 如何删除站点？

新起点 电脑教程

第 4 章

在网页中创建文本

本章要点

- 文本的基本操作
- 插入特殊文本对象
- 项目符号和编号列表
- 插入页面的头部内容

本章主要内容

本章主要介绍插入特殊文本对象等知识与技巧，同时还讲解了创建项目列表、创建编号列表等，最后还针对实际的工作需求，讲解了设置 Meta、插入关键字和插入说明、插入刷新的基本方法。通过本章的学习，读者可以掌握在网页中创建文本方面的知识，为深入学习 Dreamweaver CS5 知识奠定基础。

4.1 文本的基本操作

在 Dreamweaver CS5 中，可以对文件进行基本操作，其中包括：输入文本，设置字体、字号、字体颜色和字体样式等。本节将详细介绍文本的基本操作方面的知识。

4.1.1 在网页中输入文本

在制作网页时，文本内容也是非常重要的基本部分。在 Dreamweaver CS5 中添加文本的方法很简单，可以通过直接输入、复制和粘贴的方法添加文本。下面详细介绍在网页中输入文本的操作方法。

启动 Dreamweaver CS5，选择准备使用的输入法，将光标定位在 Dreamweaver CS5 的编辑窗口中，即可输入文本，如图 4-1 所示。

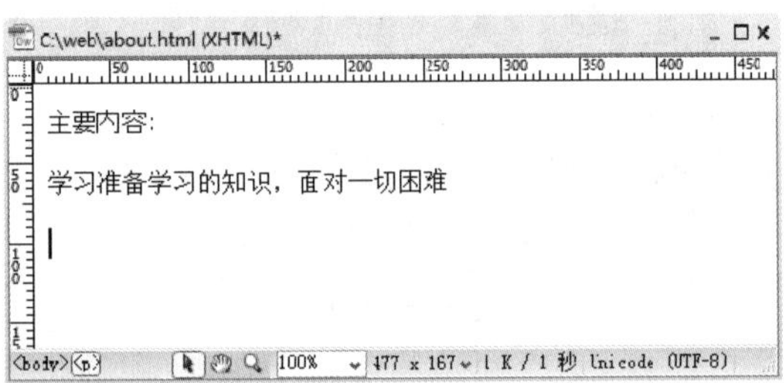

图 4-1

在【记事本】中，将内容全部选中后右击，在弹出的快捷菜单中，选择【复制】命令。切换至 Dreamweaver CS5 中，右击，并在弹出的快捷菜单中选择【粘贴】命令，即可完成【复制】文本并将其【粘贴】的操作，如图 4-2 和图 4-3 所示。

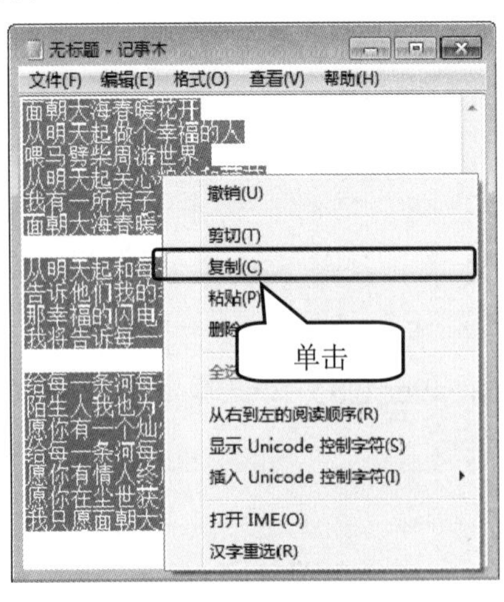

图 4-2

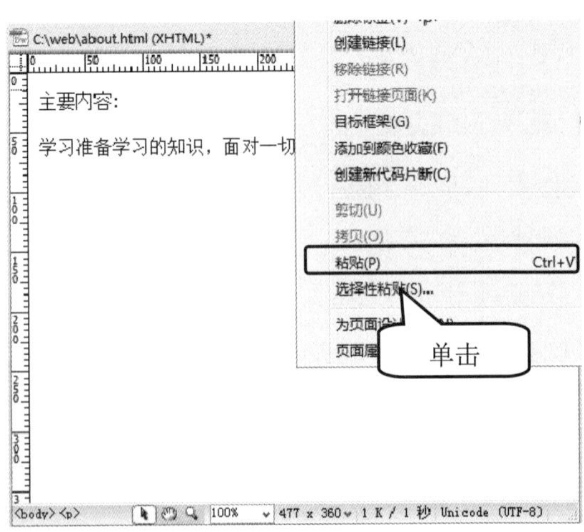

图 4-3

4.1.2　设置字体

在制作网页文件的时候，可以根据需要对字体进行设置。下面详细介绍设置字体的操作方法。

第 1 步　打开 Dreamweaver CS5，单击展开【属性】面板，单击【字体】后面的下拉按钮▾，选择【编辑字体列表】选项，如图 4-4 所示。

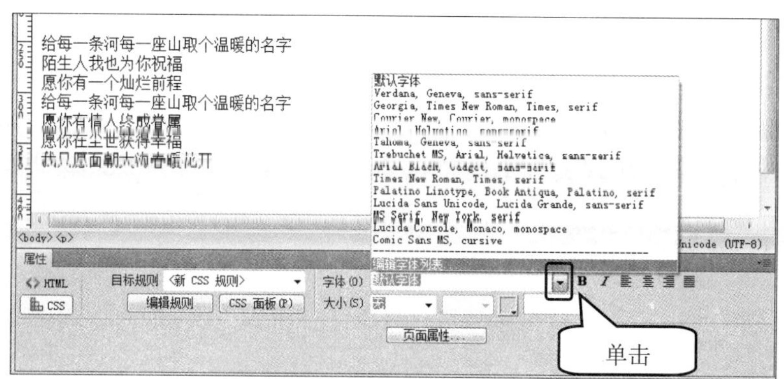

图 4-4

第 2 步　弹出【编辑字体列表】对话框，在【字体列表】列表框中，①选择准备添加的字体；②单击«按钮，即可添加到左侧的【选择的字体】列表框中；③单击【确定】按钮，在【字体列表】框中可以显示新添加的字体，如图 4-5 所示。

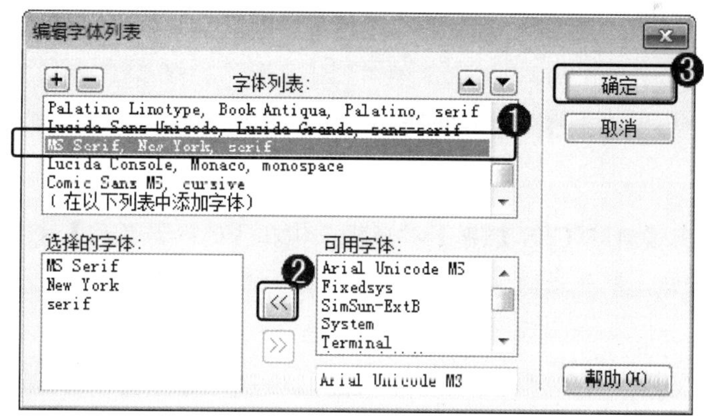

图 4-5

在【编辑字体列表】对话框中，可以对参数进行相应的设置。

- 【添加字体】按钮+：单击【添加字体】按钮，在【字体列表】中将添加【在以下列表中添加字体】选项。
- 【删除字体】按钮−：单击【删除字体】按钮，将删除在【字体列表】中所添加的【在以下列表中添加字体】选项。
- 【字体上移】按钮▲：选中【字体列表】中的字体选项，单击【字体上移】按钮，被选中的字体将上移。
- 【字体下移】按钮▼：选中【字体列表】中的字体选项，单击【字体下移】按钮，被选中的字体将下移。

- 【字体列表】：在该区域中列出了 Dreamweaver CS5 中的默认字体。
- 【可用字体】：在该区域中列出了在本地计算机中的字体。
- 【字体转移】«：选中【可用字体】中的字体选项，单击【字体转移】按钮，可以将字体在【可用字体】和【选择的字体】区域之间进行转移。
- 【选择的字体】：在该区域中列出了选择的字体，单击【确定】按钮，可以将被选择的字体添加到 Dreamweaver CS5 的字体列表中。

字体添加完成后，在【编辑窗口】中输入文本，选中所输入的文本，单击【字体】下拉列表框右侧的下三角按钮，在弹出的下拉列表中选择需要的字体，即可完成文本字体的设置。

4.1.3 设置字号

在设置字体的同时，还可以对字号进行设置，并得到美观的页面。下面详细介绍设置字号的操作方法。

第 1 步 打开 Dreamweaver CS5，选中要设置字号的文本，单击展开【属性】面板中【大小】后面的下拉按钮，选择准备使用的字号，如图 4-6 所示。

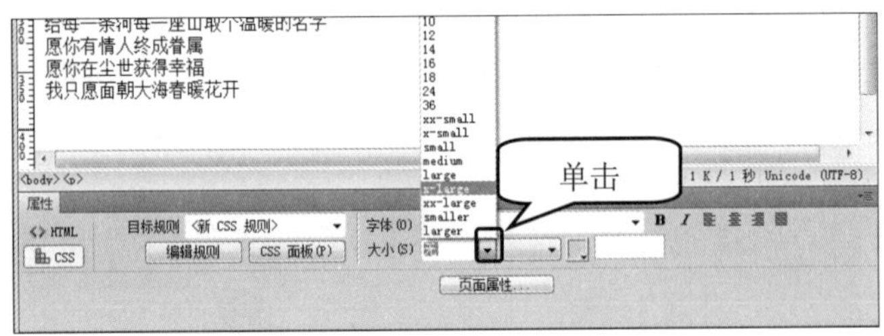

图 4-6

第 2 步 弹出【新建 CSS 规则】对话框，①在【选择器名称】文本框中输入名称；②单击【确定】按钮，即可完成设置字号的操作，如图 4-7 所示。

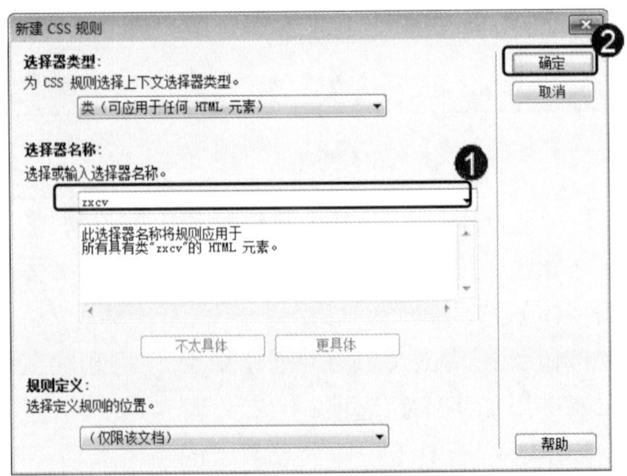

图 4-7

4.1.4　设置字体颜色

在设置字体的同时，还可以对字体的颜色进行设置，并得到美观的页面。下面将详细介绍设置字体颜色的操作方法。

第 1 步 打开 Dreamweaver CS5，选中要设置字体颜色的文本，①单击【属性】面板中的【文本颜色】按钮，弹出调色板；②选择准备使用的颜色，如图 4-8 所示。

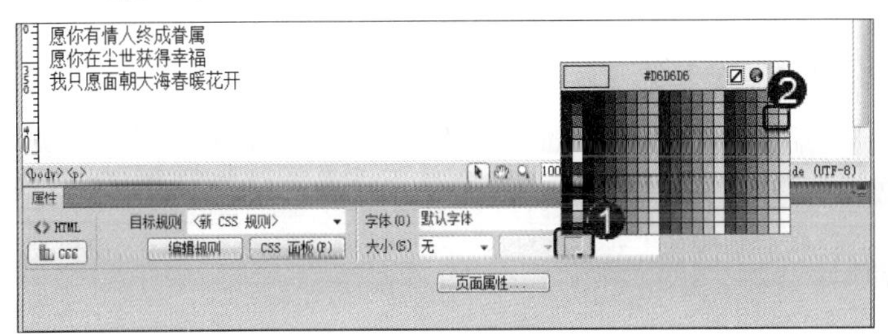

图 4-8

第 2 步 弹出【新建 CSS 规则】对话框，①在【选择器名称】文本框中输入名称；②单击【确定】按钮，即可完成设置字体颜色的操作，如图 4-9 所示。

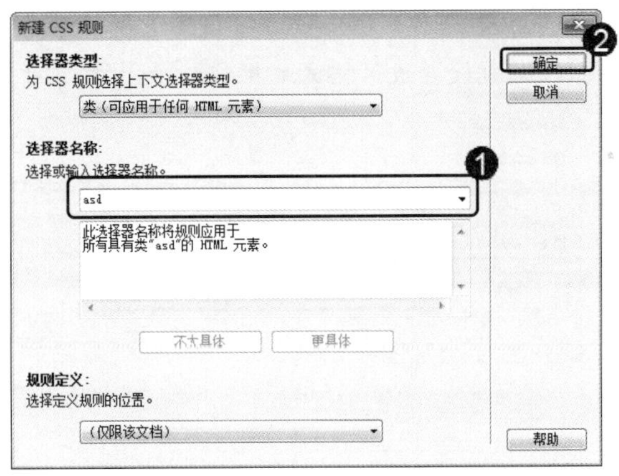

图 4-9

知识精讲

在调色板中，还可以单击按钮，弹出【颜色】对话框，在对话框中选择准备使用的颜色。

4.1.5　设置字体样式

在设置字体的同时，还可以对字体的样式进行设置。例如，可以在【属性】面板中，设置粗体和斜体，如图 4-10 所示。

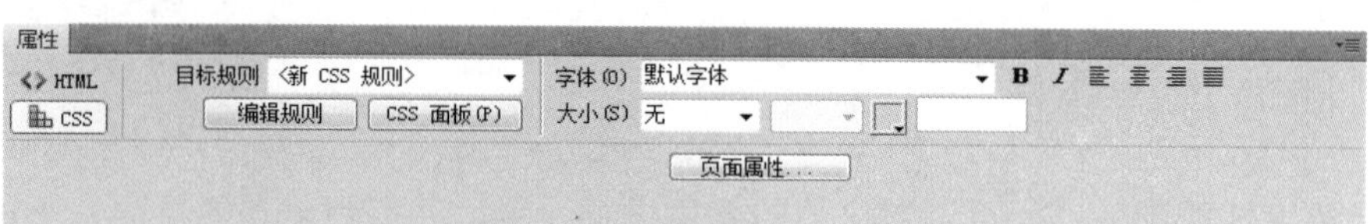

图 4-10

4.1.6 编辑与设置段落格式

在设置段落格式的操作包括【左对齐】、【居中对齐】、【右对齐】和【两端对齐】等。下面将详细介绍设置段落格式的操作方法。

第 1 步 在 Dreamweaver CS5 中，选中准备设置段落的文本，在【属性】面板中选择相应的对齐方式，如图 4-11 所示。

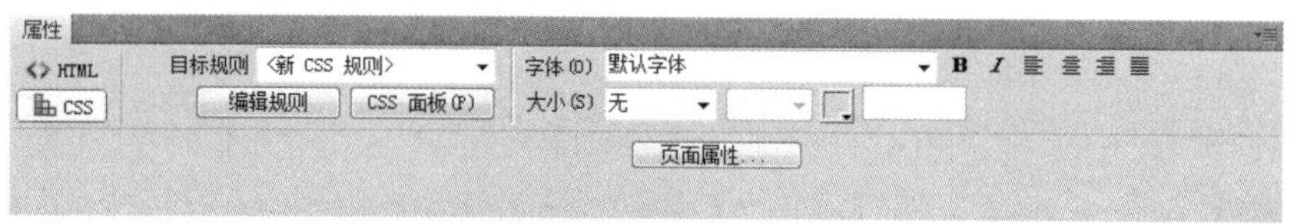

图 4-11

第 2 步 弹出【新建 CSS 规则】对话框，①在【选择器名称】文本框中输入名称；②单击【确定】按钮，即可完成设置段落格式的操作，如图 4-12 所示。

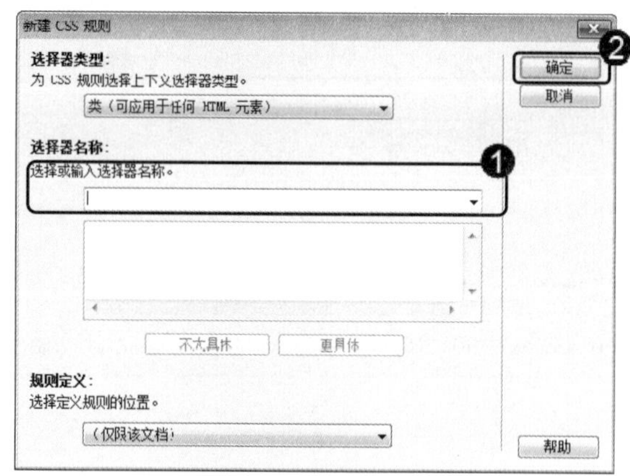

图 4-12

4.1.7 设置是否显示不可见元素

在 Dreamweaver CS5 中，还可以设置是否显示不可见元素参数。在菜单栏中，选择【编辑】→【首选参数】命令，打开【首选参数】对话框。在【分类】列表框中选择【不可见元素】选项，在【不可见元素】选项区域中，进行是否显示不可见元素的设置。单击【确定】按钮，即可完成是否显示不可见元素的操作，如图 4-13 和图 4-14 所示。

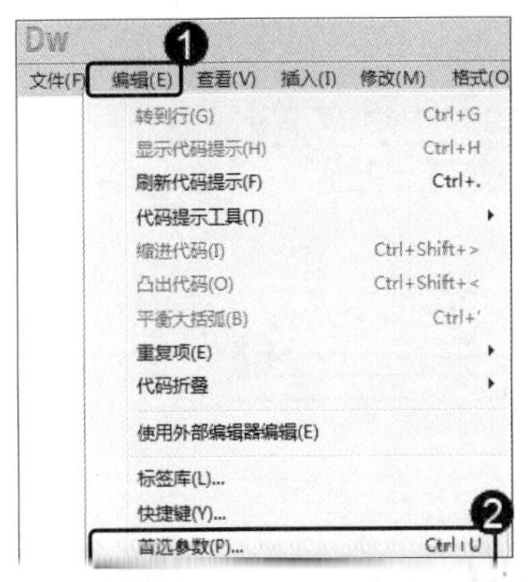

图 4-13

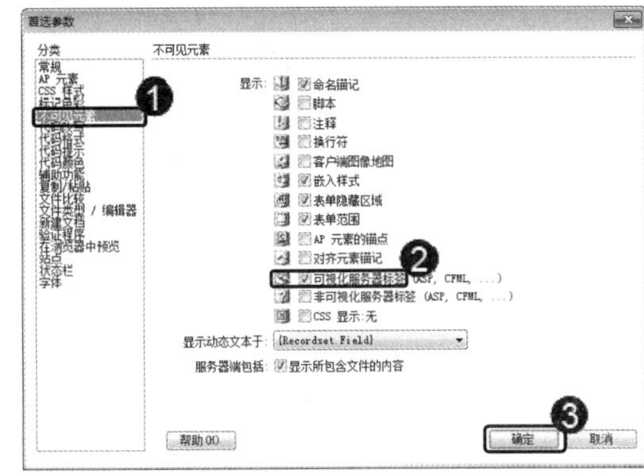

图 4-14

考考您

请根据本节学习的文本的基本操作方面的知识，在网页中输入文本，测试一下学习效果。

4.2　插入特殊文本对象

在网页中还可以插入特殊文本对象，具体包括插入特殊字符、水平线、注释和日期。本节将详细介绍插入特殊文本对象方面的知识。

4.2.1　插入特殊字符

在 Dreamweaver CS5 中不但可以输入普通文本，还可以输入特殊字符。下面将详细介绍插入特殊字符的操作方法。

第 1 步　在 Dreamweaver CS5 中，将光标定位于编辑窗口，在菜单栏中选择【插入】→HTML→【特殊字符】命令，在子菜单中选择准备使用的特殊字符，如图 4-15 所示。

第 2 步　如果在【特殊字符】子菜单中没有需要插入的字符，可以选择【其他字符】命令，弹出【插入其他字符】对话框，①选择任意字符按钮；②单击【确定】按钮，即可将特殊字符插入到编辑窗口中，如图 4-16 所示。

知识精讲

在编辑窗口中，还可以使用【文本】插入栏进行特殊字符的插入。单击【插入】栏左侧的下拉按钮，选择【文本】选项，切换到【文本】插入栏。单击【其他字符】下拉按钮，弹出【插入其他字符】对话框，选择准备使用的字符后，单击【确定】按钮，即可将特殊字符插入到编辑窗口中。

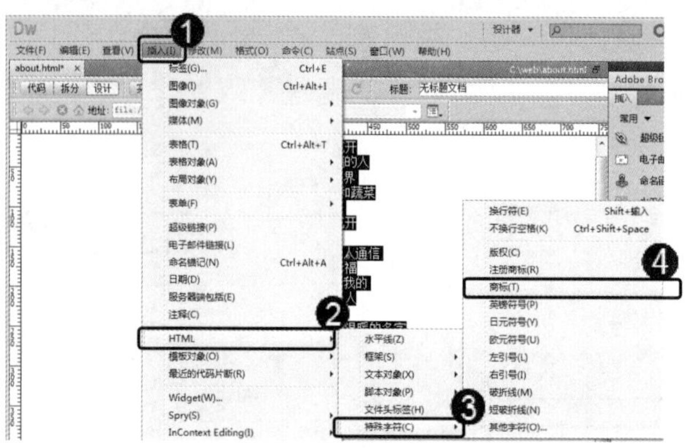

图 4-15

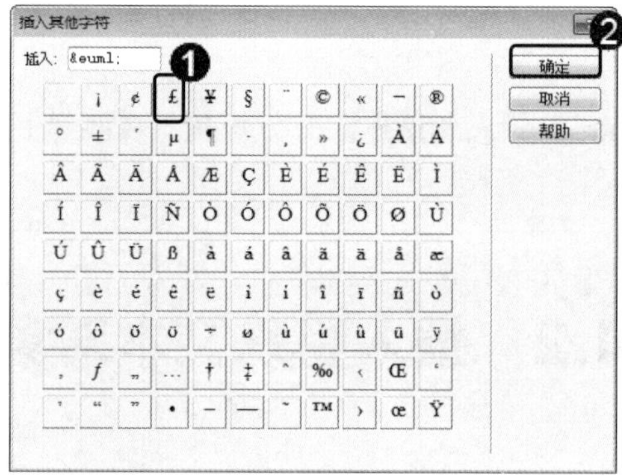

图 4-16

4.2.2 插入水平线

在网页文件中插入水平线，可以分隔网页中的页面内容。下面将详细介绍插入水平线的操作方法。

首先将光标定位在准备插入水平线的位置，然后单击【插入】栏中的【水平线】按钮，即可完成插入水平线的操作，如图 4-17 和图 4-18 所示。

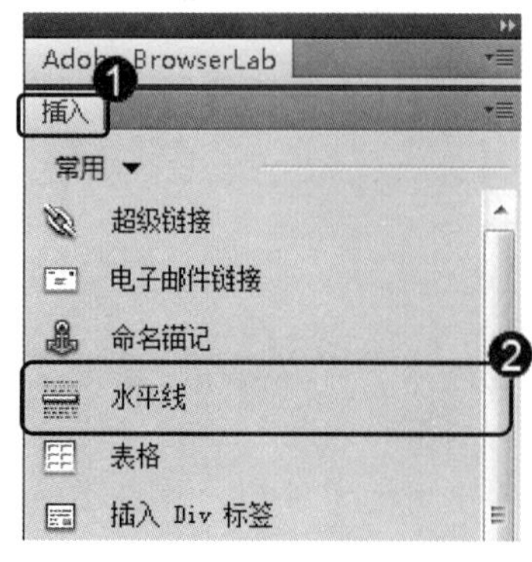

图 4-17

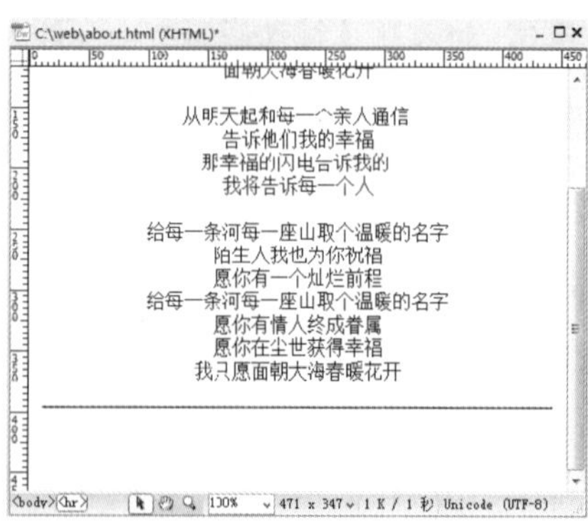

图 4-18

在网页文件中插入水平线之后，可以对其进行相关设置。选中水平线，在【属性】面板中即可对其进行相应的修改，如图 4-19 所示。

图 4-19

该面板中各选项的含义如下。

- 【水平线】：在该文本框中可以输入水平线的名称，还可以设置该水平线的 ID 值。
- 【宽】和【高】：该区域用于定义水平线的宽度和高度。
- 【对齐】：单击该下拉列表框右侧的下拉按钮，在弹出的列表中包括【默认】、【左对齐】、【居中对齐】和【右对齐】选项，用于设置水平线在网页中的位置。
- 【类】：在该下拉列表中可以设置水平线的 CSS 对象。

4.2.3　插入注释

插入注释可以将复杂的代码，全部都完整清晰地记住每一行代码的作用以及特定的说明。下面将详细介绍插入注释的操作方法。

第 1 步　在 Dreamweaver CS5 中，将光标定位于准备插入注释的位置，单击【插入】面板中的【注释】按钮，如图 4-20 所示。

第 2 步　弹出【注释】对话框，①在【注释】文本框中输入文本；②单击【确定】按钮，即可完成插入注释的操作，如图 4-21 所示。

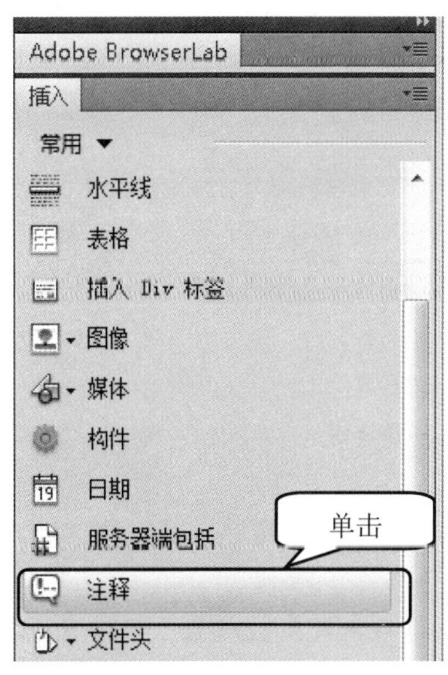

图 4-20

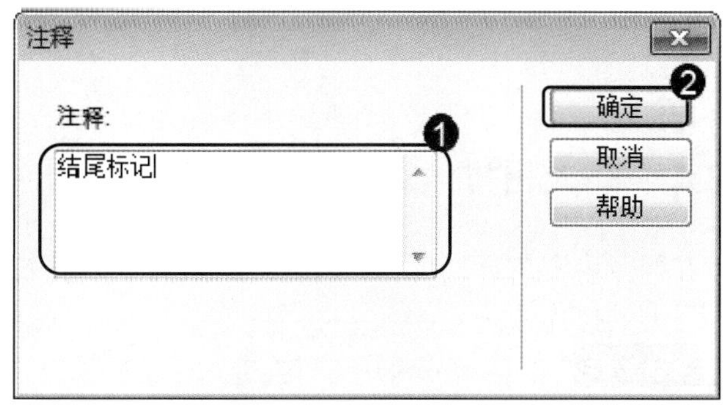

图 4-21

第 3 步　在菜单栏中选择【编辑】→【首选参数】命令，如图 4-22 所示。

第 4 步 弹出【首选参数】对话框，①在【分类】列表框中选择【不可见元素】选项；②在右侧区域选中【注释】复选框；③单击【确定】按钮，如图 4-23 所示。

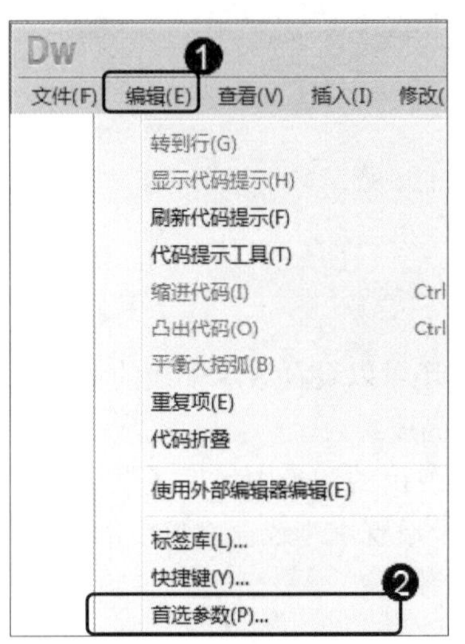

图 4-22

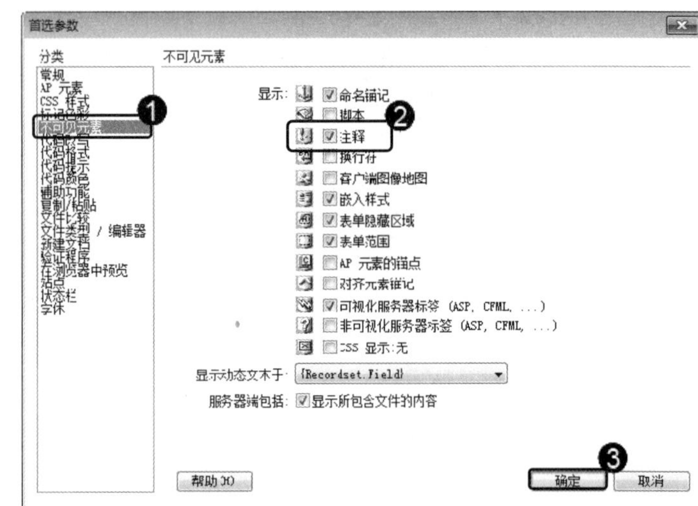

图 4-23

第 5 步 此时，在页面中会显示黄色的注释记号，单击此注释，即可在【属性】面板中看到刚刚添加的注释内容，如图 4-24 所示。

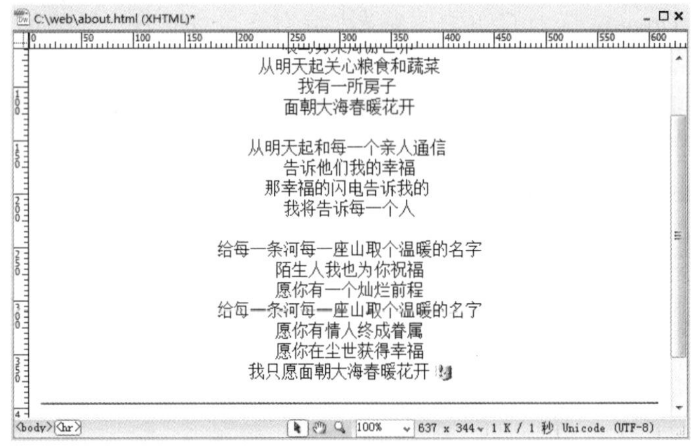

图 4-24

4.2.4 插入日期

在网页中添加日期可以方便以后编辑网页，插入日期的方法很简单，下面将详细介绍插入日期的操作方法。

第 1 步 在 Dreamweaver CS5 中，将光标定位于准备插入日期的位置，单击【插入】面板中的【日期】按钮，如图 4-25 所示。

第 2 步 弹出【插入日期】对话框，①在【日期格式】列表框中，选择准备使用的格式；②单击【确定】按钮，如图 4-26 所示。

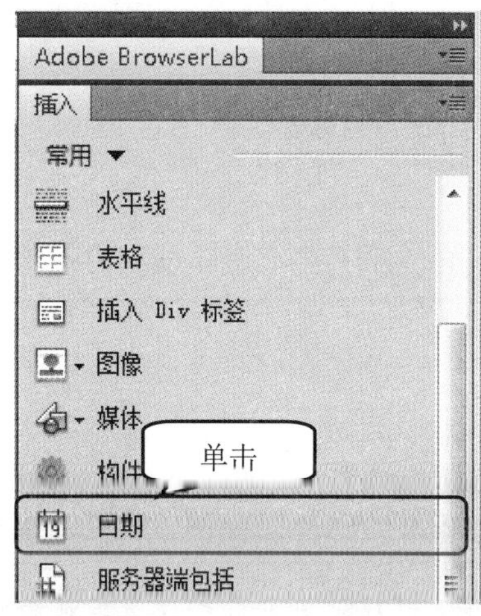

图 4-25

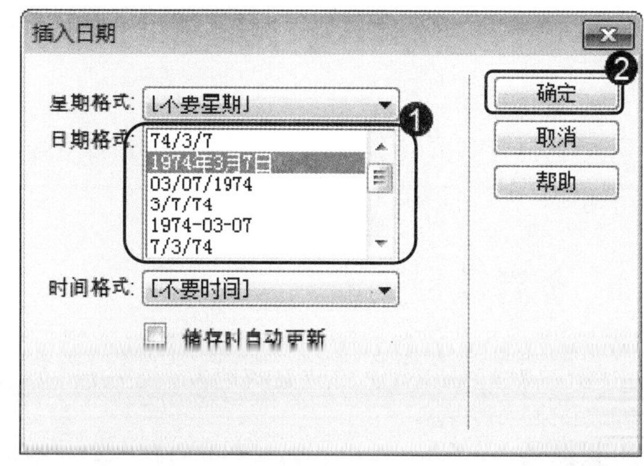

图 4-26

第 3 步 通过以上步骤即可完成插入日期的操作，如图 4-27 所示。

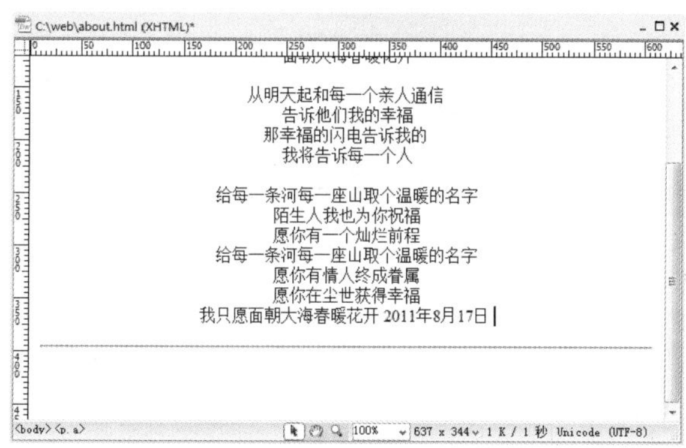

图 4-27

【插入日期】对话框中各选项的含义如下。

- 【星期格式】：单击该下拉列表框右侧的下三角按钮，在弹出的列表中选择任意选项可以将星期设置为所选择的格式。
- 【日期格式】：在该列表框中列出了日期的各种格式，可以在列表中选择需要设置的日期格式。
- 【时间格式】：单击该下拉列表框右侧的下拉按钮，在弹出的列表中包括时间的所有格式，可以将时间设置为 12 时制或 24 时制，也可以不在网页中插入时间。
- 【储存时自动更新】：选中该复选框，可以在每次保存网页时更新插入的日期。

考考您

请根据本节学习的插入特殊文本对象方面的知识，插入特殊字符，测试一下学习效果。

4.3 项目符号和编号列表

列表可以使网页要显示的结构和内容更加清晰，本节将详细介绍项目符号和编号列表方面的知识。

4.3.1 创建项目列表

当制作的项目之间是并列关系时，可以根据需要创建项目列表。下面将详细介绍创建项目列表的操作方法。

第 1 步 在 Dreamweaver CS5 中，将光标定位于准备创建项目列表的位置，在菜单栏中选择【格式】→【列表】→【项目列表】命令，如图 4-28 所示。

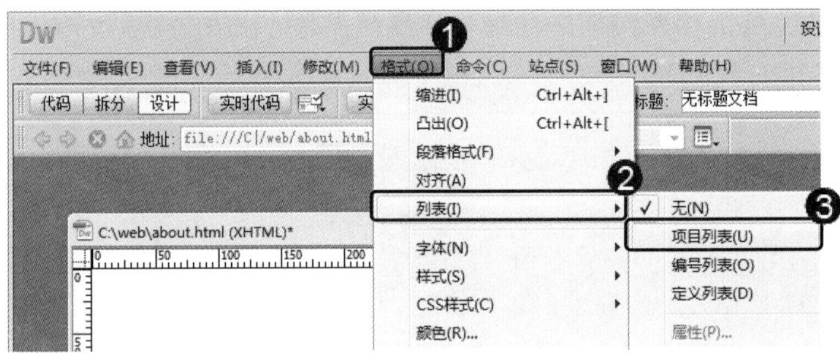

图 4-28

第 2 步 此时，在页面中可以看到添加的项目列表，如图 4-29 所示。通过以上步骤即可完成创建项目列表的操作。

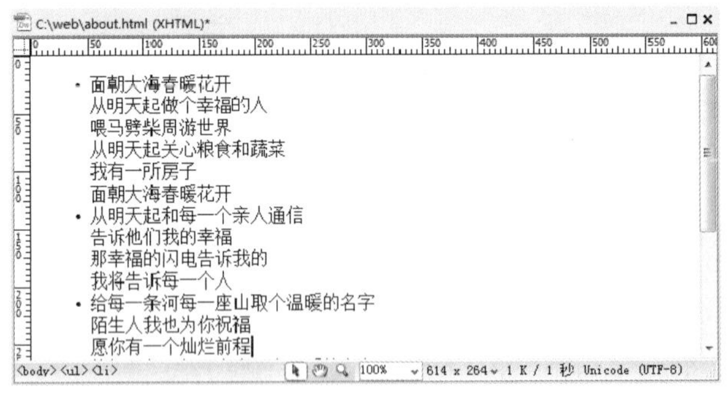

图 4-29

智慧锦囊

还有一种方法可创建项目列表，单击【属性】面板中的【项目列表】按钮，即可完成创建项目列表的操作。

4.3.2　创建编号列表

在 Dreamweaver CS5 中创建列表非常简单，下面详细介绍创建编号列表的操作方法。

第 1 步　在 Dreamweaver CS5 中，将光标定位于准备创建项目列表的位置，在菜单栏中选择【格式】→【列表】→【编号列表】命令，如图 4-30 所示。

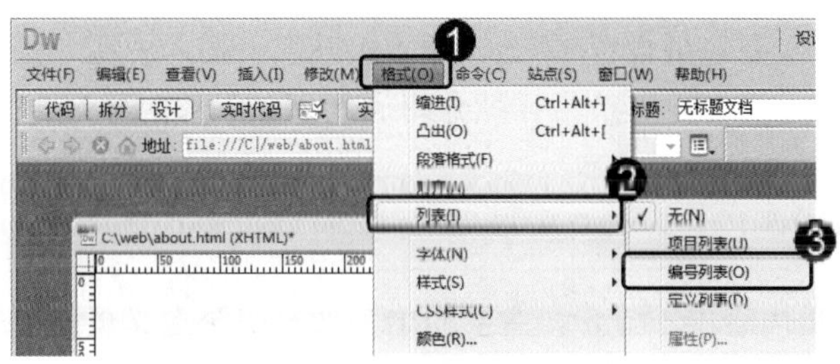

图 4-30

第 2 步　此时，在页面中可以看到添加的编号列表，如图 4-31 所示。通过以上步骤即可完成创建编号列表的操作。

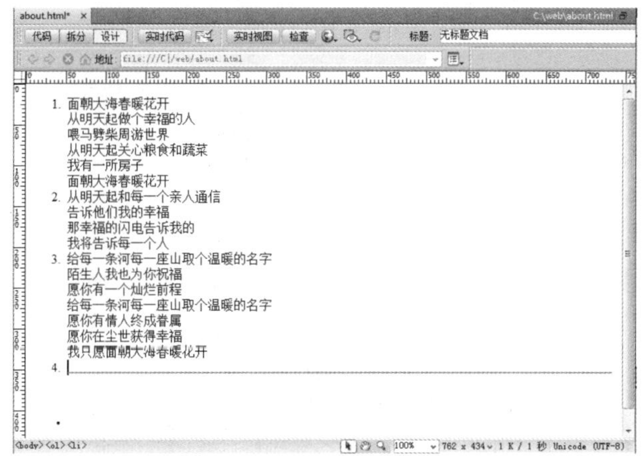

图 4-31

智慧锦囊

应注意的是：列表项都必须为段落文本格式，不是的话必须进行转换。正确方法是直接在文本后面定位光标，然后按 Enter 键就可以实现分段了。

考考您

请根据本节学习的插入特殊文本对象方面的知识，插入特殊字符，测试一下学习效果。

4.4 插入页面的头部内容

网页的头部内容不会显示在网页的主体里面，但对于网页来说，有着至关重要的影响，网页中加载的顺序是从头部开始的。

插入页面的头部主要包括设置 Meta、插入关键字、插入说明、插入刷新、设置基础、设置链接和设置标题等操作。本节将详细介绍插入页面头部内容方面的知识。

4.4.1 设置 Meta

Meta 标签在网页内容中不显示，主要用于为搜索引擎定义页面主题信息，同时，还可以设置页面。下面将详细介绍设置 Meta 的操作方法。

第 1 步 在 Dreamweaver CS5 的菜单栏中，选择【插入】→HTML→【文件头标签】→Meta 命令，如图 4-32 所示。

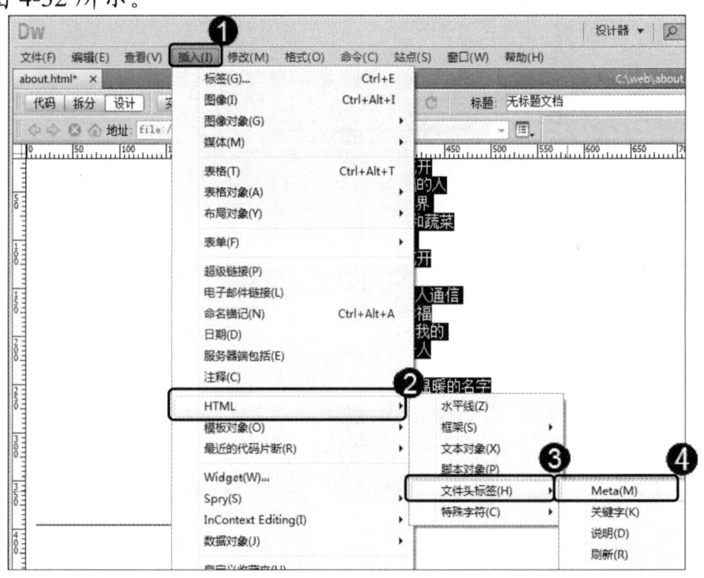

图 4-32

第 2 步 弹出 META 对话框，①在【属性】下拉列表中选择【名称】选项；②在【值】文本框中输入文本；③在【内容】文本框中输入文本；④单击【确定】按钮，如图 4-33 所示。

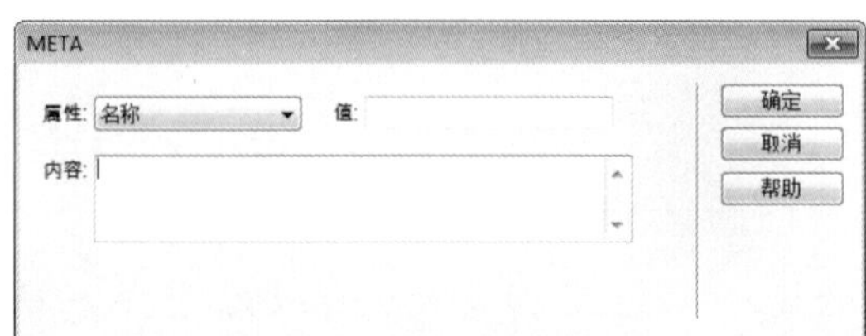

图 4-33

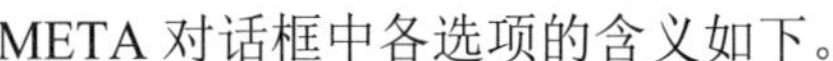

META 对话框中各选项的含义如下。

- 【属性】：在该下拉列表框中，包括【名称】和 HTTP-equivalent 选项。
- 【值】：在该文本框中可以输入 HTTP-EQUIV 变量或 NAME 变量的值。
- 【内容】：在该文本框中，可以输入 HTTP-EQUIV 变量或 NAME 变量的内容。

4.4.2 插入关键字

如果关键字设置得准确，搜索引擎就能很快速地找到该网页。下面将详细介绍插入关键字的操作方法。

第 1 步 在 Dreamweaver CS5 的菜单栏中选择【插入】→HTML→【文件头标签】→【关键字】命令，如图 4-34 所示。

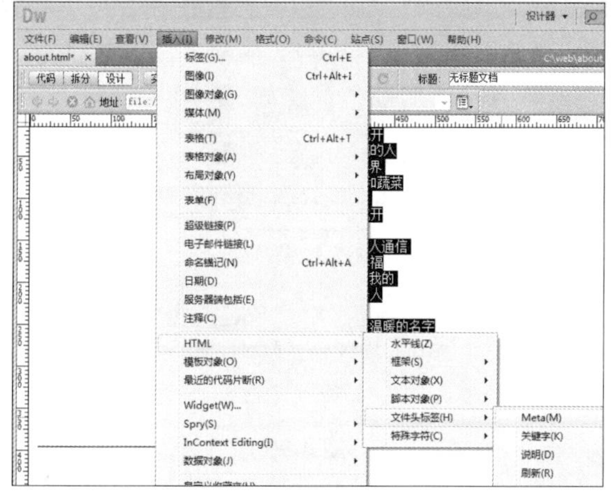

图 4-34

第 2 步 弹出【关键字】对话框，①在【关键字】文本框中输入文本；②单击【确定】按钮，即可完成插入关键字的操作方法，如图 4-35 所示。

图 4-35

智慧锦囊

在【常用】面板中单击【文件头】按钮，选择【关键字】选项，也可以弹出【关键字】对话框。

4.4.3 插入说明

在【文件头标签】中，可有插入说明的命令。下面将详细介绍插入说明的操作方法。

第 1 步 在 Dreamweaver CS5 的菜单栏中，选择【插入】→HTML→【文件头标签】→【说明】命令，如图 4-36 所示。

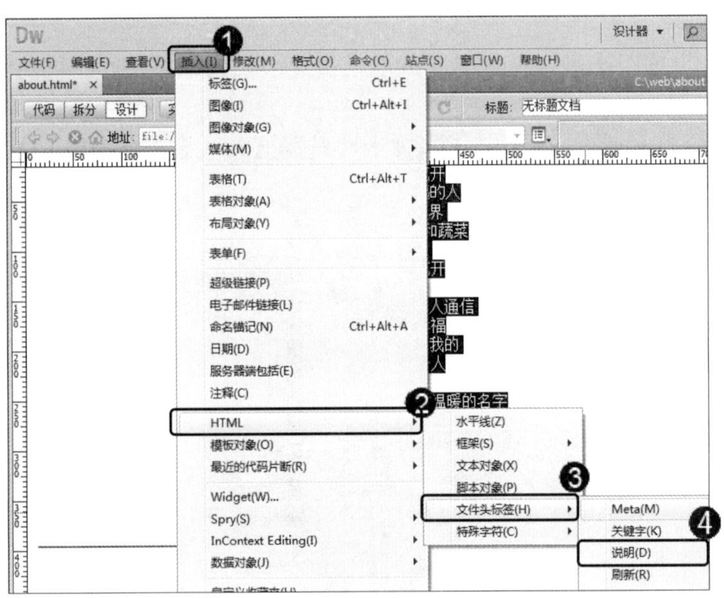

图 4-36

第 2 步 弹出【说明】对话框，①在【说明】文本框中输入文本；②单击【确定】按钮，即可完成插入关键字的操作方法，如图 4-37 所示。

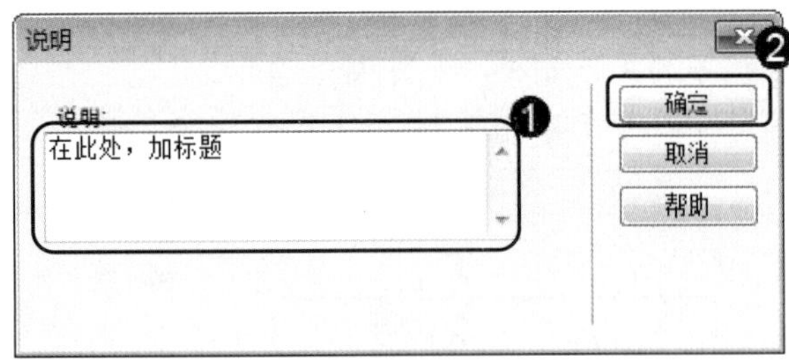

图 4-37

4.4.4 插入刷新

插入刷新可以指定浏览器在一定的时间后自动刷新页面，方法是重新加载当前页面或转到不同的页面。下面将详细介绍插入刷新的操作方法。

第 1 步 在 Dreamweaver CS5 的菜单栏中，选择【插入】→HTML→【文件头标签】→【刷新】命令，如图 4-38 所示。

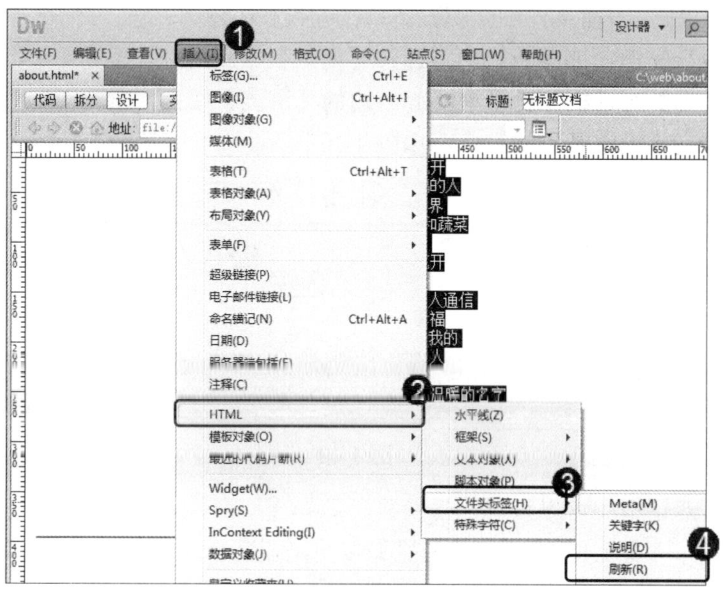

图 4-38

第 2 步 弹出【刷新】对话框，①在【延迟】文本框中输入需要等待的时间；②选中【转到 URL】单选按钮，单击右侧的【浏览】按钮，选择 Web 文件；③单击【确定】按钮，如图 4-39 所示。

图 4-39

【刷新】对话框中各选项的含义如下：

- 【延迟】：在浏览器刷新页面之前需要等待的时间(以秒为单位)，若要使浏览器在完成加载后立即刷新页面，请在该框中输入 0。
- 【转到 URL】：指定在经过了指定的延迟时间后，浏览器是转到另一个 URL 还是刷新当前页面。若要打开另一个 URL 而不是刷新当前页面，单击【浏览】按钮，然后浏览到要加载的页面并选择即可。
- 【刷新此文档】：选中此单选按钮，可以重新下载当前的页面。

4.4.5　设置基础

使用基础标签是指在文件头中添加一个基本的链接，可以设置页面中所有文档相对路径相对的基础 URL。下面将详细介绍设置基础的操作方法。

在 Dreamweaver CS5 的菜单栏中，选择【插入】→HTML→【文件头标签】→【基础】命令，弹出【基础】对话框。单击 HREF 右边的【浏览】按钮，选择 Web 文件，单击【确定】按钮，即可完成设置基础的操作，如图 4-40 所示。

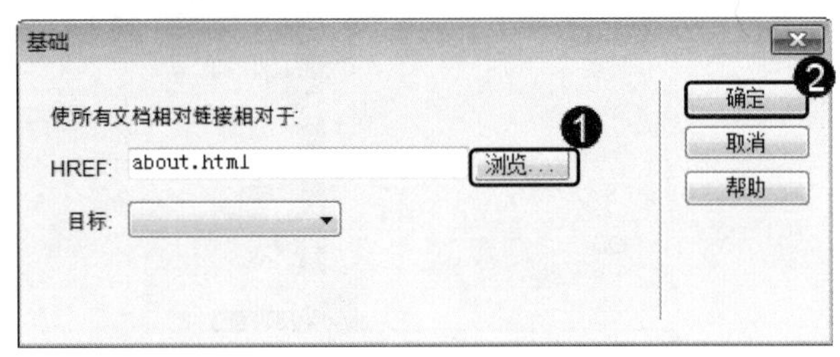

图 4-40

在【基础】对话框中可以设置以下参数。

- HREF：基础 URL，单击【浏览】按钮浏览某个文件并选择，或在文本框中输入路径。
- 【目标】：指定应该在其中打开所有链接的文档的框架或窗口。

4.4.6 设置链接

使用链接标签可以定义当前文档与其他文件之间的关系，这里的链接不同于文档中的链接。下面将详细介绍设置链接的操作方法。

在 Dreamweaver CS5 的菜单栏中，选择【插入】→HTML→【文件头标签】→【链接】命令，弹出【链接】对话框。在其中设置各项参数，单击【确定】按钮，即可完成操作，如图 4-41 所示。

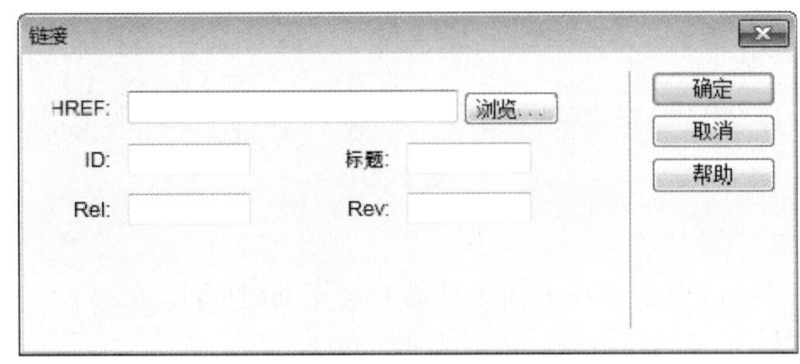

图 4-41

在【链接】对话框中可以设置以下参数。

- HREF：链接资源所在的 URL 地址。
- ID：为链接指定一个唯一标识符。
- 【标题】：描述关系。
- Rel：指定当前文档与 HREF 框中文档之间的关系。
- Rev：指定当前文档与 HREF 框中文档之间的反向关系。

4.4.7　设置标题

设置标题，可以设置网页标题为中文、英文或符号，并显示在浏览器的标题栏中。下面将详细介绍设置标题的操作方法。

在菜单栏中选择【修改】→【页面属性】命令，弹出【页面属性】对话框。在【分类】列表框中选择【标题(CSS)】选项，在右侧区域设置相关属性名后单击【确定】按钮，即可完成设置标题的操作，如图 4-42 所示。

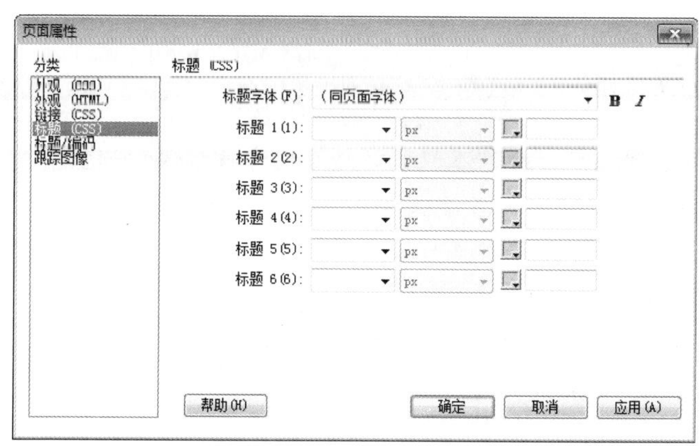

图 4-42

考考您

请根据本节学习的插入页面头部内容方面的知识，插入说明，测试一下学习效果。

4.5　实践案例与上机指导

通过本章的学习，读者基本可以掌握在网页中创建文本以及一些常见的操作方法。下面通过练习操作，达到巩固学习、拓展提高的目的。

4.5.1　查找与替换

当发现网站中的某些细节需要修改时，可以利用 Dreamweaver CS5 中的查找与替换功能进行修改。下面将详细介绍查找与替换的操作方法。

在菜单栏中选择【编辑】→【查找和替换】命令，弹出【查找和替换】对话框。在其中设置相应的参数，即可完成查找与替换的操作，如图 4-43 所示。

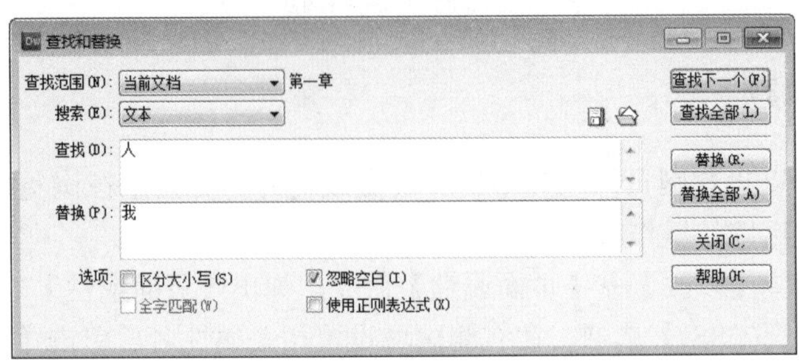

图 4-43

4.5.2 输入连续的空格

在默认状态下，Dreamweaver CS5 只允许网站设计者输入一个空格，要连续输入多个空格则需要进行设置或通过特定操作才能实现。下面将详细介绍连续输入空格的操作。

启动 Dreamweaver CS5，在菜单栏中选择【编辑】→【首选参数】命令，弹出【首选参数】对话框。在左侧的【分类】列表框中选择【常规】选项，在右侧的【编辑选项】选项组中，选中【允许多个连续的空格】复选框，单击【确定】按钮完成设置。此时，即可连续按 Space 键在文档编辑区输入多个空格。操作过程如图 4-44 和图 4-45 所示。

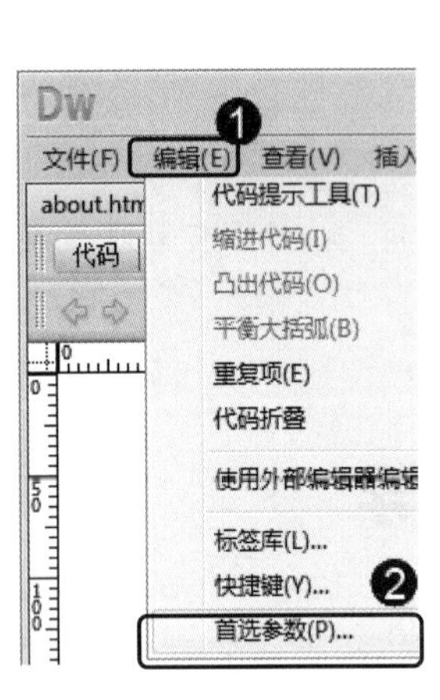

图 4-44

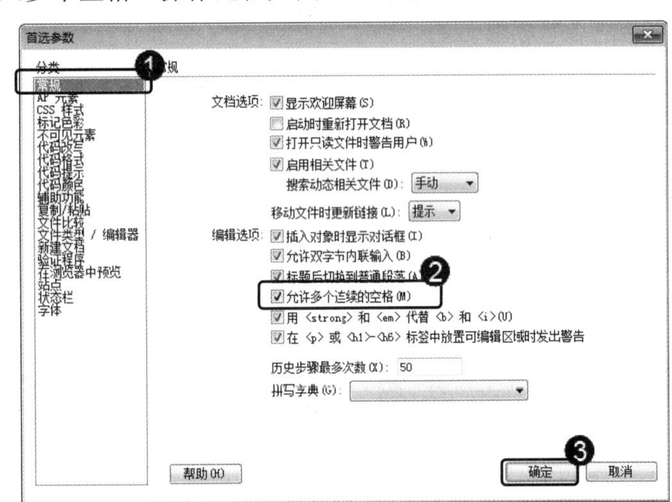

图 4-45

4.5.3 在【代码】视图中创建 HIML 页面

通过本节所学的 Dreamweaver CS5 知识，制作一个属于自己的网站。下面将详细介绍在代码视图中创建 HIML 页面的操作方法。

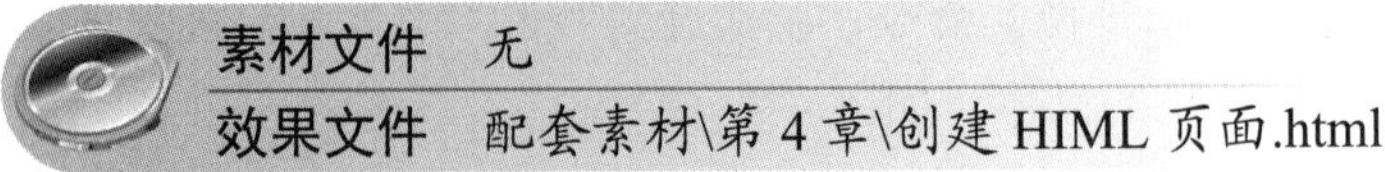
素材文件 无
效果文件 配套素材\第 4 章\创建 HIML 页面.html

第 1 步 启动 Dreamweaver CS5，在菜单栏中选择【文件】→【新建】命令，弹出【新建文档】对话框，①选择 HTML 页面类型；②单击【创建】按钮，如图 4-46 所示。

第 2 步　单击工具栏中的【代码】按钮，即可进入【代码】视图的编辑窗口，如图 4-47 所示。

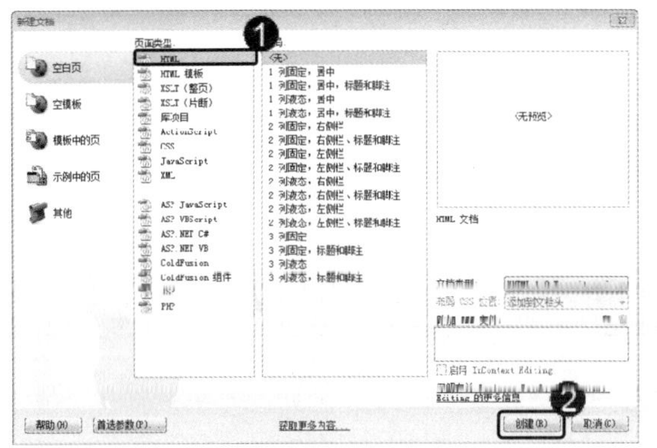

图 4-46

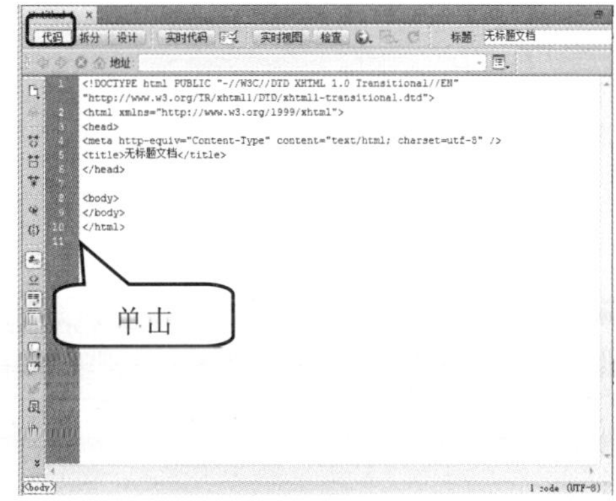

图 4-47

第 3 步　在页面 HTML 代码中的<title>与</title>标记之间输入“欢迎大家进入我的主页”文本，并按下组合键 Ctrl+Enter，作为页面的标题，如图 4-48 所示。

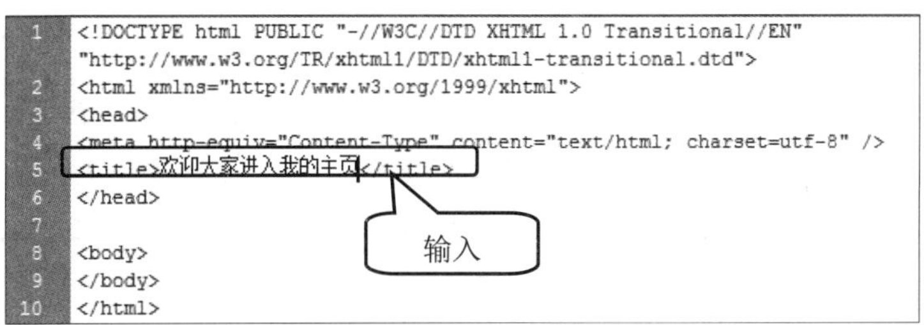

图 4-48

第 4 步　在页面 HTML 代码中的<body>与</body>标记之间输入“下面请大家进行欣赏”文本，如图 4-49 所示。

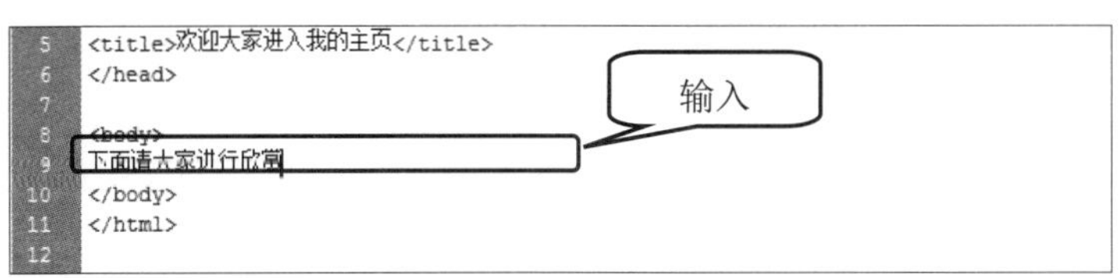

图 4-49

第 5 步　在菜单栏中选择【文件】→【保存】命令，弹出【另存为】对话框，①选择准备存放的位置；②单击【保存】按钮，即可将 HTML 保存，如图 4-50 所示。

第 6 步　单击工具栏中的【在浏览器中预览/调试】按钮，即可在浏览器中预览页面效果，如图 4-51 所示。

图 4-50

图 4-51

4.6 思考与练习

一、填空题

1. 在 Dreamweaver CS5 中添加文本的方法很简单，可以通过__________、复制和粘贴的方法添加文本。

2. 在________的同时，还可以对字号进行设置，并得到美观的页面。

3. 在 Dreamweaver CS5 中不但可以输入普通文本，还可以输入___________。

二、判断题

1. 在网页文件中插入水平线，可以分隔网页中的页面内容。（　）
2. 在网页文件中插入水平线之后，不可以对其进行相关设置。（　）
3. 列表可以使网页要显示的结构和内容更加清晰。（　）

三、思考题

1. 如何设置字体颜色？
2. 如何编辑与设置段落格式？

新起点
电脑教程

第 5 章

使用图像与多媒体丰富网页内容

本章要点

- 网页中常见的图像格式
- 插入与设置图像
- 插入其他图像元素
- 多媒体在网页中的应用

本章主要内容

本章主要介绍网页中常见的图像格式、插入与设置图像等知识与技巧，同时还讲解了插入其他设置图像、插入图像占位符、插入鼠标经过图像等，最后还针对实际的工作需求，讲解了多媒体在网页中的应用、插入 Flash 动画、在网页中插入 FLV 视频和为网页添加背景音乐的方法。通过本章的学习，读者可以掌握使用图像与多媒体丰富网页内容方面的知识，为深入学习 Dreamweaver CS5 知识奠定基础。

5.1 网页中常见的图像格式

网页中的图像常用格式通常有 3 种，即 GIF 格式图像、JPEG 格式图像和 PNG 格式图像，其中使用最广泛的是 GIF 和 JPEG 格式的图像。本节将详细介绍网页中常见的图像格式方面的知识。

5.1.1 GIF 格式图像

GIF(Graphics Interchange Format)格式图像，可译为“图像交换格式”，是一种无损压缩格式的图像。它可使文件大小最小化，支持动画格式，能在一个图像文件中包含多帧图像页，在浏览器中浏览时可看到动感图像效果。网上小一点的动画一般都是 GIF 格式的图像。

GIF 只支持 8 位颜色(256 种色)，不能用于存储真彩色的图像文件，适合显示色调不连续或有大面积单一颜色的图像，如导航条、按钮、图标等。通常情况下，GIF 图像的压缩算法是有版权的。

5.1.2 JPEG 格式图像

JPG/JPEG(Joint Photographic Experts Group)可译为“联合图像专家组”，是一种压缩格式的图像。通过压缩 JPEG 文件使其在图像品质和文件大小之间达到较好的平衡，损失了原图像中不易为人眼察觉的内容，获得较小文件尺寸，使图像下载快捷。

JPG/JPEG 图像支持 24 位真彩色，普遍用于显示摄影图片和其他连续色调图像的高级格式。若对图像颜色要求较高，应采用这种类型的图像。目前各类浏览器均支持 JPEG 这种图像格式，因为 JPEG 格式的文件尺寸较小，下载速度快。

5.1.3 PNG 格式图像

PNG(Portable Network Graphic)可译为“便携网络图像”，是一种格式非常灵活的图像，用于在 WWW 上无损压缩和显示图像。Fireworks 制作的图像默认为 PNG 格式，生成的文件比较小。

PNG 图像支持多种颜色数目，从 8 位、16 位、24 位到 32 位。可替代 GIF 格式，具有对索引色、灰度、真彩色图像及透明背景的支持。

商业网站使用 PNG 格式的图像比较安全，因为没有版权问题。

PNG 文件格式保留 GIF 文件格式的以下特性。

- 使用彩色查找表：可支持 256 种颜色的彩色图像。
- 流式读写性能(Streamability)：图像文件格式允许连续读出和写入图像数据，这个特性适合于在通信过程中生成和显示图像。
- 逐次逼近显示(Progressive Display)：可使在通信链路上传输图像文件的同时就在终

端上显示图像，把整个轮廓显示出来之后逐步显示图像的细节，也就是先用低分辨率显示图像，然后逐步提高它的分辨率。

- 透明性(Transparency)：可使图像中某些部分不显示出来，用来创建一些有特色的图像。
- 辅助信息(Ancillary Information)：可用来在图像文件中存储一些文本注释信息。

考考您

请根据本节学习的网页中常见的图像格式方面的知识，认识各个图像格式的特征，测试一下学习效果。

5.2　插入与设置图像

图像是网页中不可缺少的元素之一，为了使图像内容更加丰富，方便浏览者的浏览，可以将图像插入到网页中，并进行相应的设置等操作。本节将详细介绍插入与设置图像方面的知识。

5.2.1　在网页中插入图像

使用 Dreamweaver CS5 插入图像的方法，非常的简单，但在插入图像之前需要先选择图像。下面将详细介绍在网页中插入图像的操作方法。

素材文件　配套素材\第 5 章\ index.html
效果文件　配套素材\第 5 章\ index1.html

第 1 步 启动 Dreamweaver CS5，打开素材文件，将光标置于准备插入图像的位置，如图 5-1 所示。

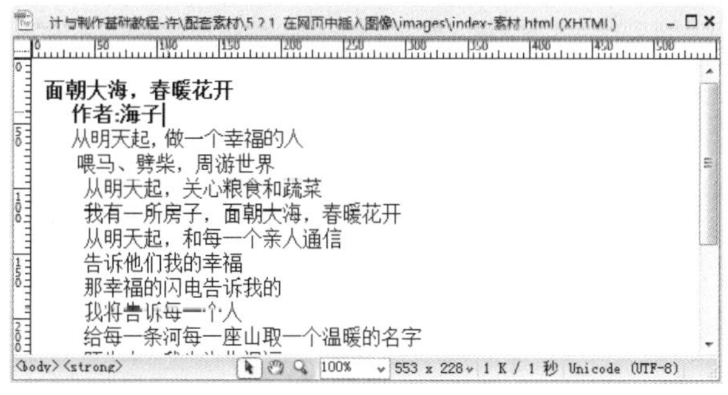

图 5-1

第 2 步 在菜单栏中选择【插入】→【图像】命令，如图 5-2 所示。

第 3 步 弹出【选择图像源文件】对话框，①选择准备插入的图像；②单击【确定】

按钮，如图 5-3 所示。

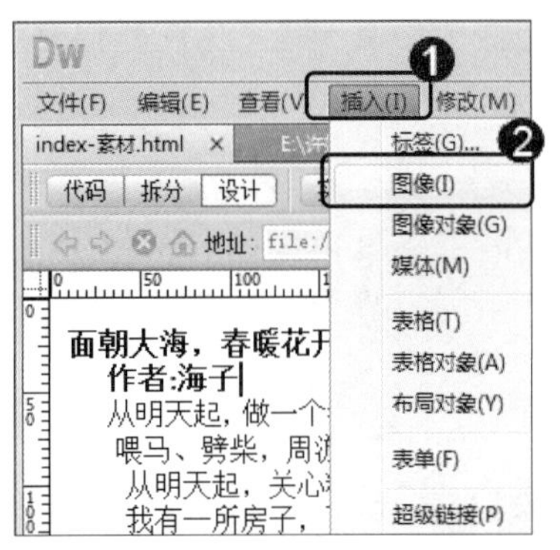

图 5-2

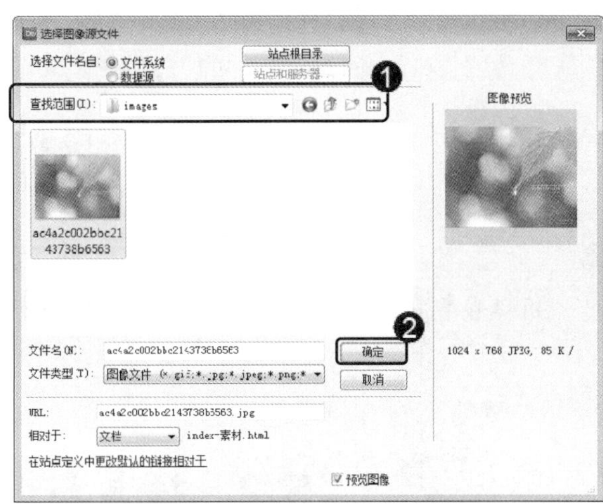

图 5-3

第 4 步 弹出【图像标签辅助功能属性】对话框，单击【确定】按钮，完成图像标签辅助功能属性的设置，如图 5-4 所示。

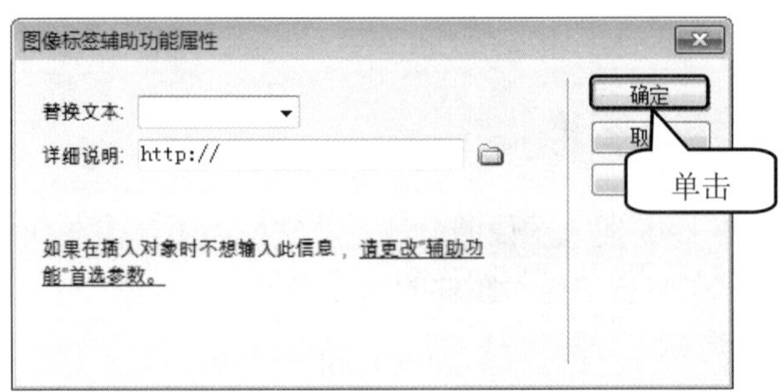

图 5-4

第 5 步 此时，图像已经插入到网页中。在网页中还可以调整图像的大小，在菜单栏中选择【文件】→【保存】命令，保存页面，如图 5-5 所示。

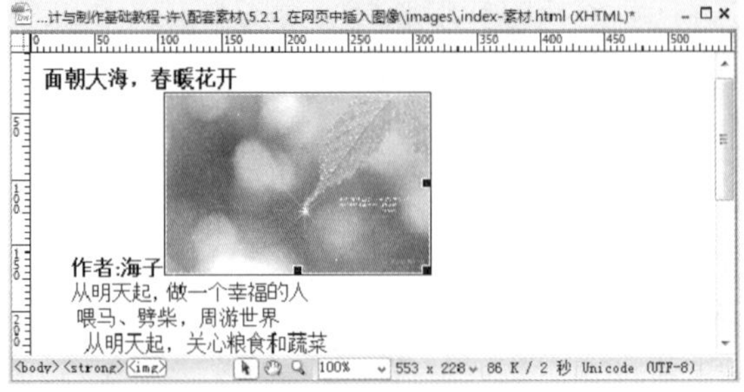

图 5-5

第 6 步 在工具栏中单击【在浏览器中预览】按钮，预览页面效果，如图 5-6 所示。

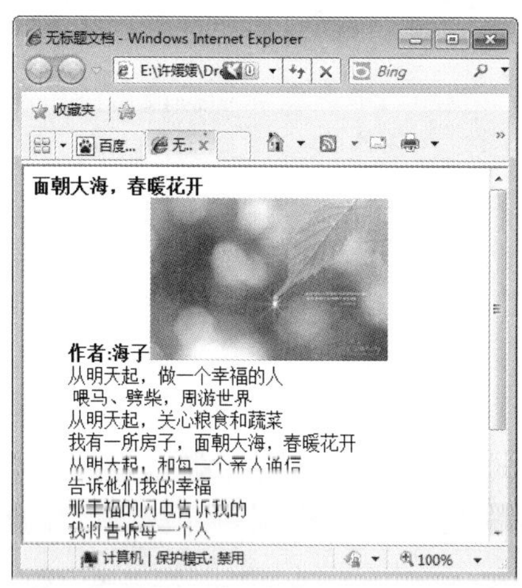

图 5-6

知识精讲

在【图像标签辅助功能属性】对话框中，可以在【替换文本】下拉列表框中输入简短的文本内容，如果对图像的描述说明内容较多，可以在【详细说明】文本框中输入该图像，详细说明文件的地址。

5.2.2　设置图像属性

在 Dreamweaver CS5 中插入图像文件之后，可以对其进行设置。下面将介绍设置图像属性的操作方法，设置图像属性可以使用【属性】面板，如图 5-7 所示。

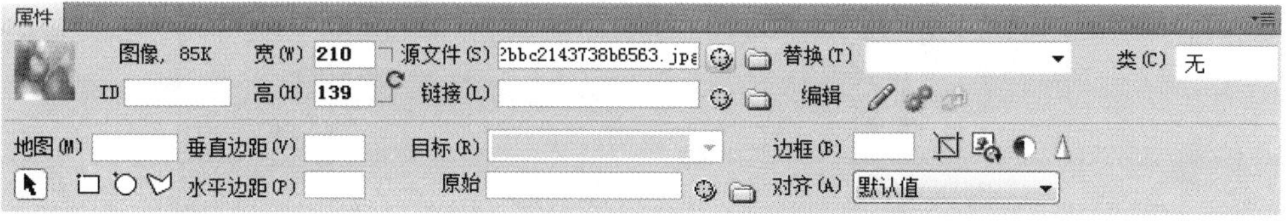

图 5-7

在图像【属性】面板中可以对图像进行以下设置。

- 【图像】：在该文本框中可以输入图像的名称，以便在以后可以调用该图像文件。
- 【宽】和【高】：在【宽】和【高】文本框中可以输入数值，以便于设置图像文件的宽度和高度。
- 【源文件】：在该文本框中显示了当前图像文件的地址，单击文本框后面的文件夹按钮，可以重新设置当前图像文件的地址。
- 【链接】：在该文本框中可以设置当前图像文件的链接地址。
- 【替换】：在该文本框中可以输入文本，用于设置当前图像文件的描述。在浏览网页文件时，将鼠标指针移动到当前图像上，即可显示图像的描述信息。
- 【编辑】区域：在该区域中列出了编辑当前图像文件可以使用的工具。

- 【边框】：在该文本框中可以设置图像的边框宽度。边框宽度以像素为单位。
- 【对齐】：单击该下拉列表框右侧的下拉按钮，在弹出的菜单中可以设置图像的对齐方式。当文档中包含多个图像文件和文本时，可以使用【对齐】下拉列表框设置图文的对齐方式。
- 【低解析度源】：用于指定在载入图像之前应载入的图像。
- 边距区域：在该区域中包括【垂直边距】和【水平边距】文本框，用于设置图像周围的边距，以像素为单位。
- 图像地图区域：在该区域中包括【地图】文本框和【热点工具】。在【地图】文本框中可以输入图像地图的名称；使用热点工具可以在图像中插入热点区域。

知识精讲

建议一般不要对图像的宽和高进行修改，那样会使图像失真，浪费文件资源，效果不是很好。

5.2.3 图像的对齐方式

当网页文件中包括图像文件和文本时，需要对图像进行对齐设置，包括【默认值】、【基线】、【顶端】、【居中】、【底部】、【文本上方】、【绝对居中】、【绝对底部】等。下面将详细介绍图像对齐方式方面的知识。

单击【属性】面板中的【对齐】下拉列表框右侧的下拉按钮，单击准备使用的对齐方式，如图 5-8 所示。

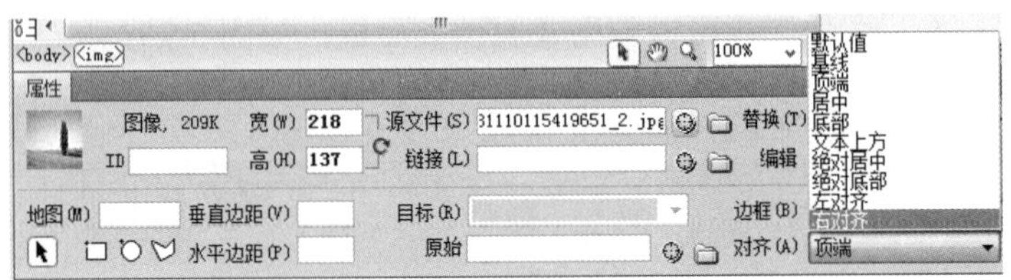

图 5-8

单击【属性】面板中的某个选项，可以设置不同的效果。

- 【默认值】：选择该选项，图像文件将按照 Dreamweaver CS5 默认的对齐方式设置图像。
- 【基线】：选择该选项，图像文件将按照默认方式进行对齐。
- 【顶端】：选择该选项，文本文件的顶部将与图像文件的顶部对齐。
- 【居中】：选择该选项，文本文件的基线将与图像文件的中部对齐。
- 【底部】：选择该选项，文本文件的基线将与图像文件的底部对齐。
- 【文本上方】：选择该选项，文本文件的最高位置将与图像文件对齐。
- 【绝对居中】：选择该选项，文本文件的中部将与图像文件中的中部对齐。
- 【绝对底部】：选择该选项，文本文件的底部将与图像文件底部对齐。

➢ 【左对齐】：选择该选项，图像文件将位于文档左侧，文本文件位于文档右侧。

➢ 【右对齐】：选择该选项，图像文件将位于文档右侧，文本文件位于文档右侧。

设置图像的对齐方式根据文本的相对位置进行划分，如果文档中包括多行文本，对齐方式只能够设置文本的首行。

考考您

请根据本节学习的插入与设置图像方面的知识，在网页中插入图像，测试一下学习效果。

5.3　插入其他图像元素

在 Dreamweaver CS5 中，不仅可以插入图像元素，还可以插入其他元素，其中包括插入图像占位符和插入鼠标经过图像。本节将详细介绍插入其他图像元素的操作方法。

5.3.1　插入图像占位符

图像占位符是在将图像添加到 Web 页面之前使用的图形，在对 Web 页面进行布局时图像占位符有很重要的作用，因为通过使用图像占位符，可以在创建图像之前确定图像在页面的位置，有时要在网页中插入一幅图片，可以使用占位符代替图片位置。下面将详细介绍插入图像占位符的操作方法。

第 1 步 启动 Dreamweaver CS5，将光标定位于网页文档中，在【常用】插入栏中，①单击【图像】下拉按钮；②选择【图像占位符】选项，如图 5-9 所示。

第 2 步 弹出【图像占位符】对话框，①在【名称】文本框中输入名称 pic；②设置占位符的高度和宽度为“32 × 32”，设置占位符的颜色为“红色”；③单击【确定】按钮，如图 5-10 所示。

图 5-9

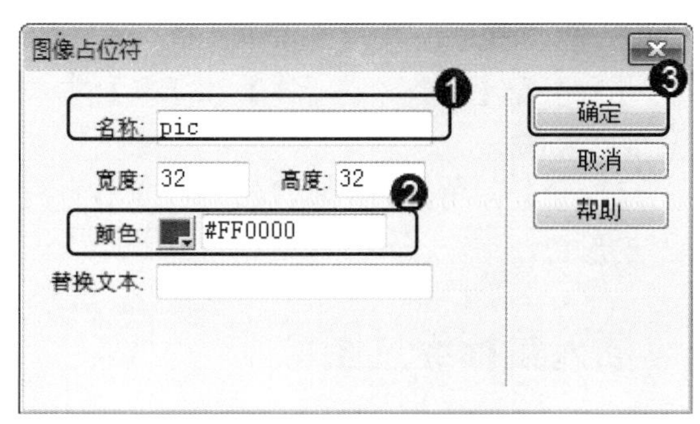

图 5-10

第 3 步 此时，在网页中可以看到刚刚插入的占位符，如图 5-11 所示。

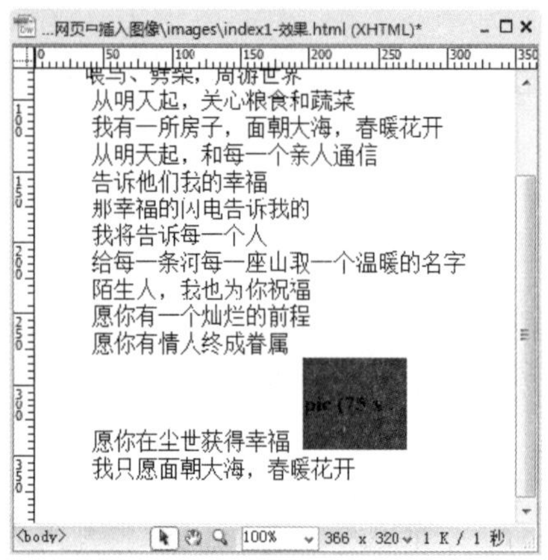

图 5-11

在【图像占位符】的【属性】面板中，除了可以设置【图像占位符】对话框中的属性外，还可以设置其他一些属性。设置的方法和图像的属性设置一样。

5.3.2 设置图像占位符

在网页文件中插入图像占位符之后，可以在属性面板中对齐进行设置。下面将详细介绍设置图像占位符的方法，如图 5-12 所示。

图 5-12

在【图像占位符】的【属性】面板中可以设置以下参数。

- 【占位符】：在该文本框中可以设置占位符的名称。
- 【宽】和【高】：在【宽】和【高】文本框中输入数值，可以设置文档中占位符的宽和高。
- 【颜色】：单击该下拉按钮，在弹出的颜色调板中选择任意颜色可以设置占位符的颜色。

5.3.3 插入鼠标经过图像

在网页中，鼠标经过图像经常被用来制作动态效果，当鼠标移动到图像上时，该图像就变为另一幅图像。下面详细介绍插入鼠标经过图像的操作方法。

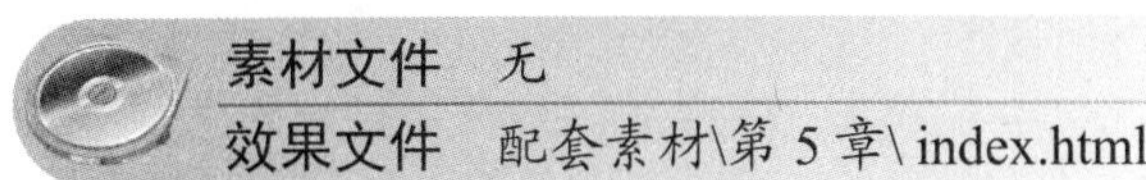

第 1 步 启动 Dreamweaver CS5，将光标定位于准备插入鼠标经过图像的位置，如图 5-13 所示。

图 5-13

第 2 步 在【常用】插入栏中，①单击【图像】下拉按钮；②选择【鼠标经过图像】选项，如图 5-14 所示。

第 3 步 弹出【插入鼠标经过图像】对话框，①单击【原始图像】右边的【浏览】按钮，选择原始图像；②单击【鼠标经过图像】右边的【浏览】按钮，添加图像；③单击【确定】按钮，如图 5-15 所示。

图 5-14

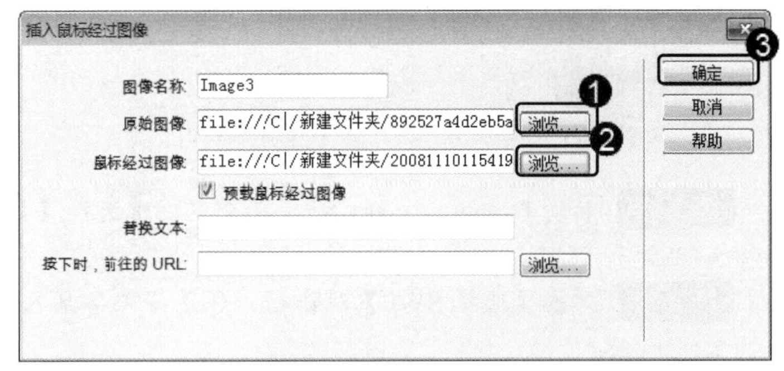

图 5-15

第 4 步 保存网页文档。按 F12 键，即可在浏览器中查看刚刚添加的图像，当鼠标经过时，图像有所变化，如图 5-16 所示。

图 5-16

考考您

请根据本节学习的插入其他图像元素方面的知识，在网页中插入图像占位符，测试一下学习效果。

5.4 多媒体在网页中的应用

在 Dreamweaver CS5 中，不但可以插入图片，还可以插入 Flash 动画和视频文件等视频，这更增加了网页的视觉冲击力。本节将详细介绍多媒体在网页中的应用。

5.4.1 插入 Flash 动画

在 Dreamweaver CS5 中可以将 Flash 动画插入到其中，Flash 动画一般是在 Flash 中完成的。下面详细介绍插入 Flash 动画的操作方法。

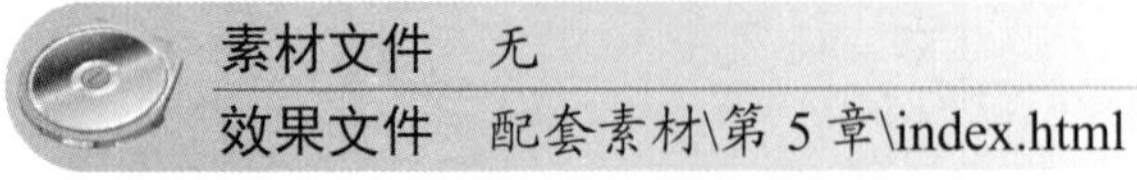

素材文件 无
效果文件 配套素材\第 5 章\index.html

第 1 步 启动 Dreamweaver CS5，在菜单栏中选择【插入】→【媒体】→SWF 命令，如图 5-17 所示。

第 2 步 弹出【选择 SWF】对话框，①选择准备插入的文件；②单击【确定】按钮，如图 5-18 所示。

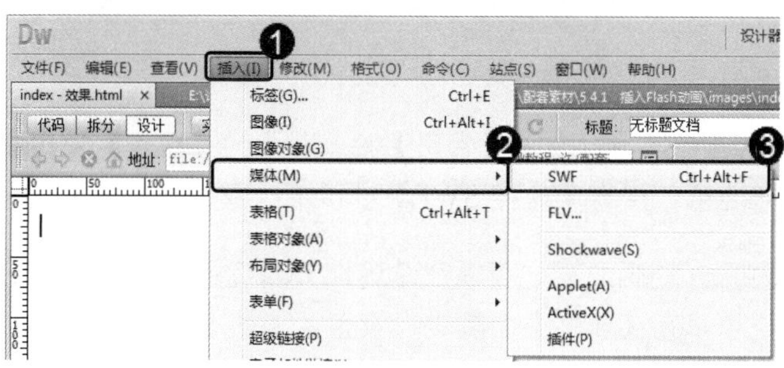

图 5-17

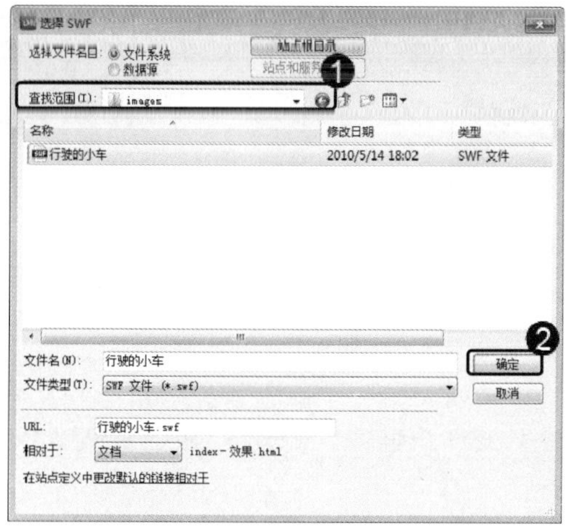

图 5-18

第 3 步 弹出【对象标签辅助功能属性】对话框，单击【确定】按钮，完成对象标签辅助功能属性的设置，如图 5-19 所示。

第 4 步 保存文档。按 F12 键，即可在浏览器中预览到添加的 Flash 效果，如图 5-20 所示。

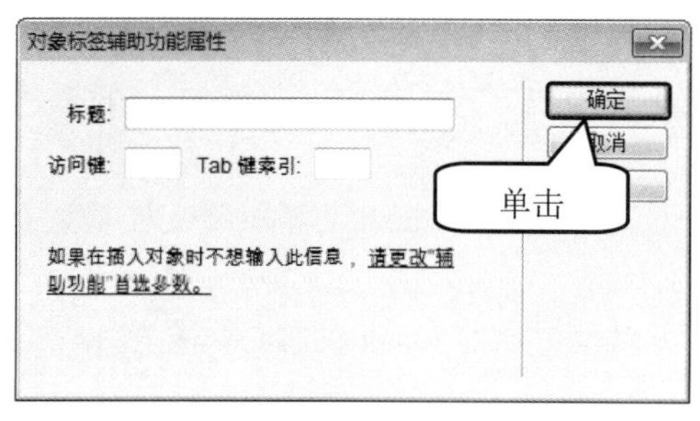

图 5-19

图 5-20

知识精讲

在 Dreamweaver CS5 中，单击【常用】插入栏中的【媒体】按钮，在弹出的快捷菜单中选择 SWF 选项，弹出【选择 SWF】对话框，即可插入 SWF 影片。

在文档中插入 Flash 动画之后，可以在【属性】面板中设置 Flash 动画的属性。选中文档中的 Flash 动画，可以在【属性】面板进行设置，如图 5-21 所示。

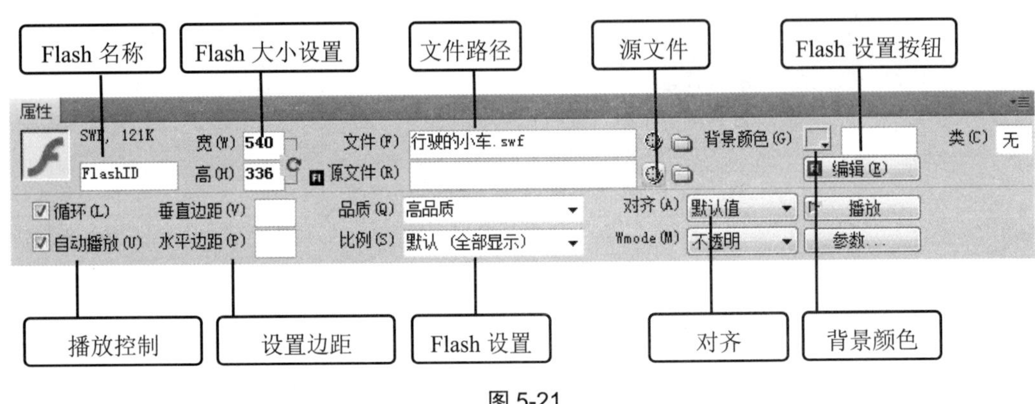

图 5-21

- 【Flash 名称】：在该文本框中可以输入当前 Flash 动画的名称，此名称用来标识影片的脚本。
- 【高】：在该文本框中，可以输入 Flash 高度的数值，用来设置文档中 Flash 动画的高度。
- 【宽】：在该文本框中，可以输入 Flash 宽度的数值，用来设置文档中 Flash 动画的宽度。
- 【文件】：在该文本框中显示当前 Flash 动画的路径地址。单击文本框右侧的文件夹按钮，在弹出的文本框中可以选择 Flash 动画文件。
- 【源文件】：在该文本框中显示当前 Flash 动画的源文件地址。源文件是 Flash 动画发布之前的文件，即 FLA 文件。单击【源文件】文本框右侧的文件夹按钮 ，在弹出的对话框中可以选择 Flash 动画源文件的地址。
- 【循环】：可以设置当前 Flash 动画的播放方式。选中此复选框，Flash 动画将循环播放。
- 【自动播放】：可以设置当前 Flash 动画的播放方式。选中此复选框，Flash 动画将在浏览网页时便开始播放。
- 【垂直边距】：在该文本框中输入数值可以设置当前 Flash 动画距离文档垂直方向的距离。
- 【水平边距】：在该文本框中输入数值可以设置当前 Flash 动画距离文档水平方向的距离。
- 【品质】：单击该下拉列表框右侧的下拉按钮，在弹出的菜单中包括【高品质】、【低品质】、【自动高品质】和【自动低品质】命令，用于设置 Flash 动画显示在浏览器中的效果。

- 【比例】：单击该下拉列表框右侧的下拉按钮，在弹出的菜单中包括【默认】、【无边框】和【严格匹配】菜单项，用于设置当前 Flash 动画的显示方式。通常情况下，选择【默认】选项。
- 【对齐】：单击该下拉列表框右侧的下拉按钮，在弹出的菜单中包括【默认值】、【基线和底部】、【顶端】、【居中】、【文本上方】、【绝对居中】、【绝对底部】、【左对齐】和【右对齐】菜单项，用于设置 Flash 动画与文档中的文本的对齐方式。
- 【背景颜色】：单击该下拉列表框右侧的下拉按钮，在弹出的颜色调板中选择任意色块应用于当前 Flash 动画的背景颜色。
- 【编辑】：单击该按钮，将弹出 Flash 编辑器，用来编辑当前 Flash 动画。
- 【播放】：单击该按钮，将在文档中播放当前 Flash 动画。当播放 Flash 动画时，播放按钮将变成【停止】按钮。
- 【参数】：单击该按钮，将弹出【参数】对话框，在对话框中可以设置当前 Flash 动画，设置完成后单击【确定】按钮，返回到当前网页文档。

5.4.2　插入 FLV 视频

FLV 是随着 Flash 系列产品推出的一种流媒体格式。随着网络的发展，越来越多的人开始在网上看电视、视频等。下面详细介绍插入 FLV 视频的操作方法。

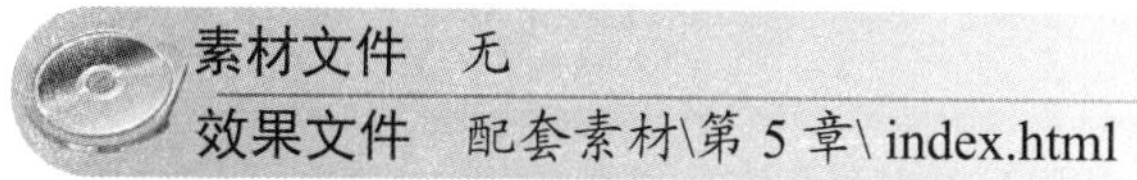

第 1 步 启动 Dreamweaver CS5，在菜单栏中选择【插入】→【媒体】→FLV 命令，如图 5-22 所示。

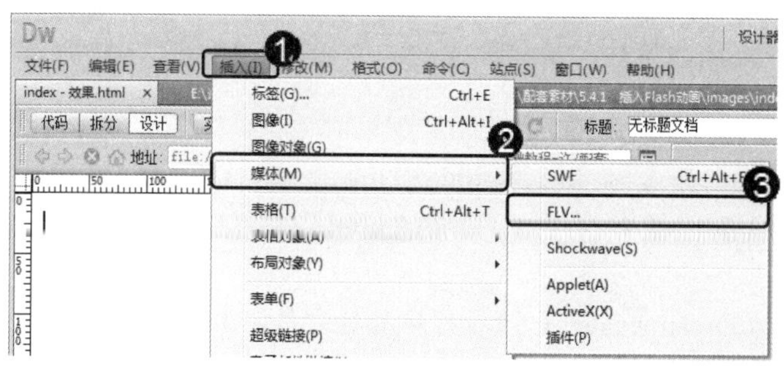

图 5-22

第 2 步 弹出【插入 FLV】对话框，①单击【浏览】按钮，选择视频文件；②进行相应的设置；③单击【确定】按钮，如图 5-23 所示。

第 3 步 保存文档。按 F12 键，即可在浏览器中预览到添加的 FLV 效果，如图 5-24 所示。

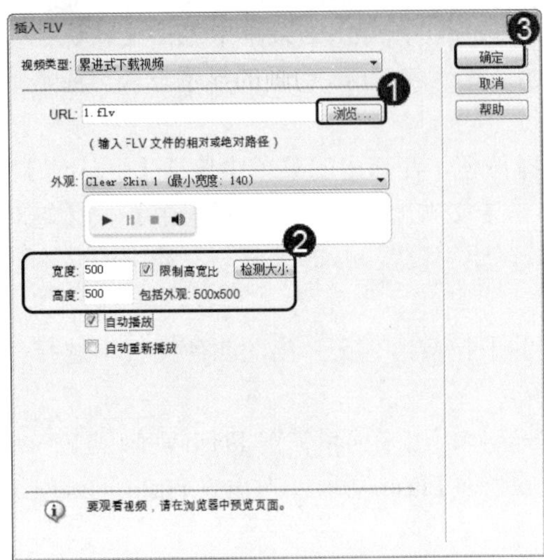

图 5-23

图 5-24

知识精讲

在【插入 FLV】对话框中，在【视频类型】下拉列表中，主要包括两个选项，分别是【累进式下载视频】和【流视频】。第一种的特点是将 FLV 视频文件下载到访问者的硬盘上，然后进行播放。但是，与传统的“下载并播放”视频传送方法不同，累进式下载允许边下载边播放视频。

5.4.3 为网页添加背景音乐

在制作网站的同时，除了尽量提高页面的视觉效果、互动功能以外，更要提高网页的听觉效果。为网页添加背景音乐可以在【代码】视图中完成。下面详细介绍为网页添加背景音乐的操作方法。

素材文件　配套素材\第 5 章\ index.html

效果文件　配套素材\第 5 章\ index1.html

第 1 步 启动 Dreamweaver CS5，打开素材文件，如图 5-25 所示。

第 2 步 单击工具栏中的【代码】按钮，转换至【代码】视图，在【代码】视图中<body>后面，①输入<以显示标签列表；②选择 bgsounf 选项，如图 5-26 所示。

第 3 步 按 Enter 键，在弹出的列表中选择 src 选项后双击，设置背景应用文件的路径，如图 5-27 所示。

第 4 步 双击【浏览】字样，弹出【选择文件】对话框，①选择准备添加的音乐文件；②单击【确定】按钮，如图 5-28 所示。

第 5 步 按下键盘上的空格键，在弹出的列表中选择 loop 选项，如图 5-29 所示。

图 5-25

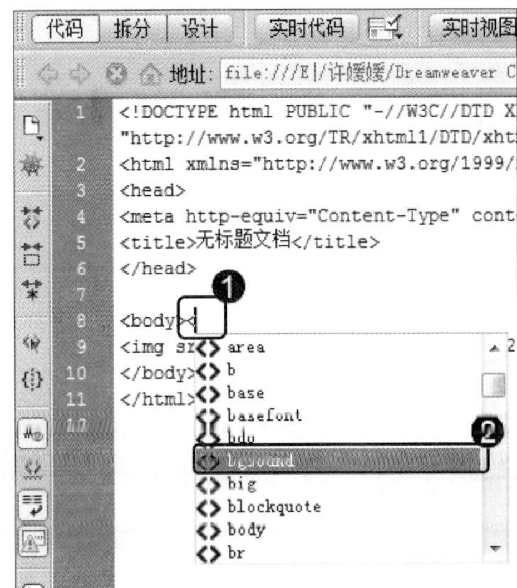

图 5-26

图 5-27

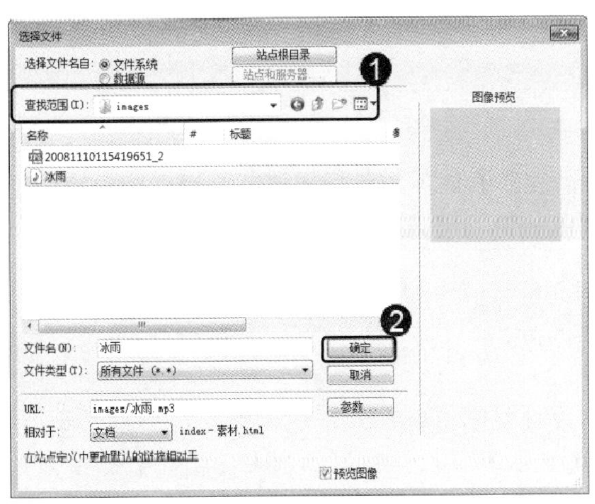

图 5-28

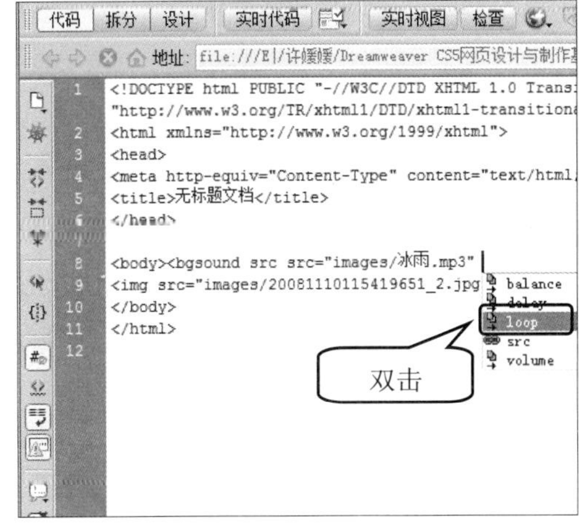

图 5-29

第 6 步　选中“-1”字样，在属性值后面输入>，如图 5-30 所示。

图 5-30

第 7 步 保存文档。按 F12 键，即可在浏览器中收听到刚刚添加的音乐，如图 5-31 所示。

图 5-31

5.4.4 在网页中插入音频

在网页中插入音频可以在网页上面显示播放器的外观，包括播放、暂停、停止等控制按钮。下面详细介绍在网页中插入音频的操作方法。

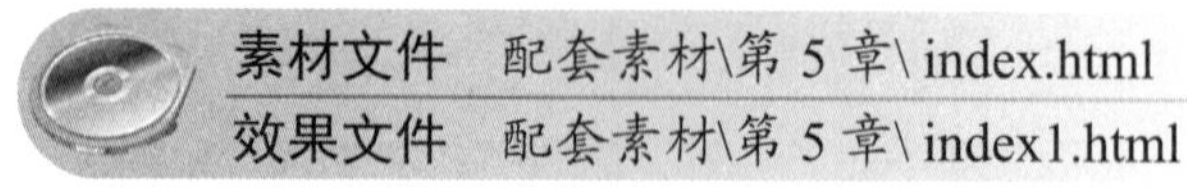
素材文件 配套素材\第 5 章\ index.html
效果文件 配套素材\第 5 章\ index1.html

第 1 步 启动 Dreamweaver CS5，打开素材文件，如图 5-32 所示。

第 2 步 在【插入】面板中，①单击【媒体】下拉按钮；②选中【插件】选项，如图 5-33 所示。

第 3 步 弹出【选择文件】对话框，①选择准备插入的文件；②单击【确定】按钮，如图 5-34 所示。

图 5-32

图 5-33

图 5-34

第 4 步 在【属性】面板中，设置宽和高的数值分别为 700 和 60，如图 5-35 所示。此时，可以看到页面中发生了变化。

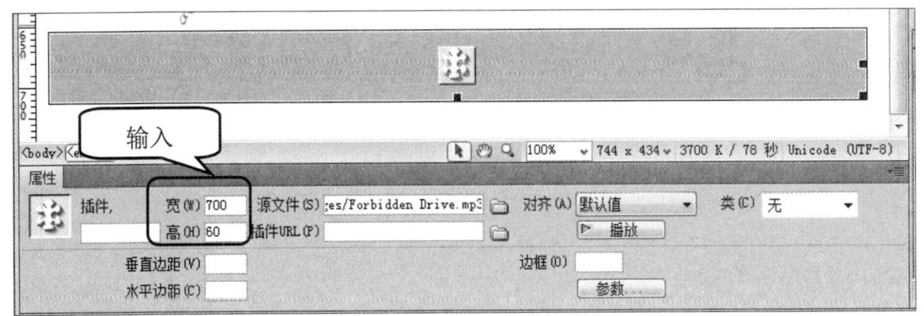

图 5-35

第 5 步 如果希望打开网页的时候，声音能够自动播放，可以单击【属性】面板中的【参数】按钮，如图 5-36 所示。

图 5-36

第 6 步 弹出【参数】对话框，分别在【参数】和【值】文本框中输入文本，如图 5-37 所示。

图 5-37

第 7 步 保存文档。按 F12 键，即可在浏览器中收听到刚刚添加的音乐，如图 5-38 所示。

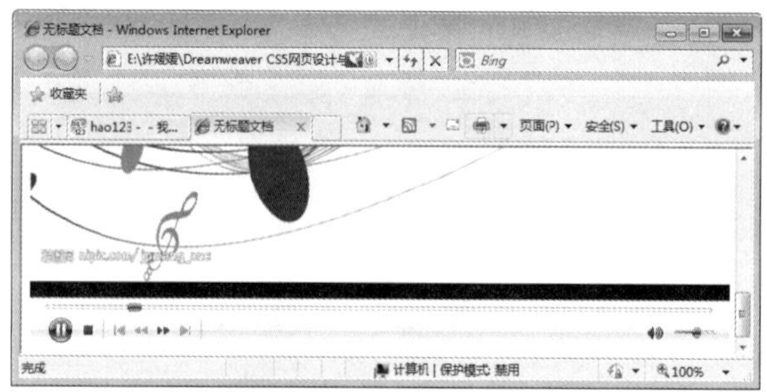

图 5-38

5.5 实践案例与上机指导

通过本章的学习，读者基本可以掌握使用图像与多媒体丰富网页内容以及一些常见的操作方法。下面通过练习操作，以达到巩固学习、拓展提高的目的。

5.5.1 创建图文混排网页

图文混排是创建文本最常见的手法，既可表达思想，又增加了网页的美感。下面详细介绍创建图文混排网页的操作方法。

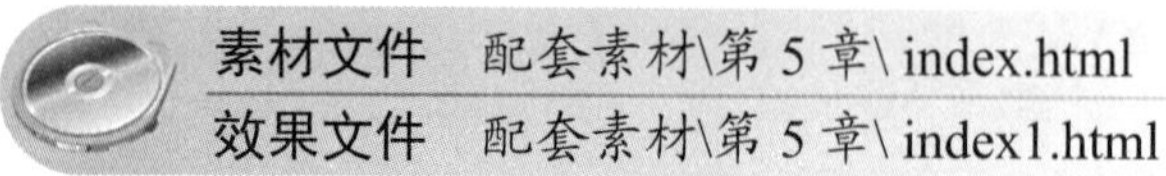

第 1 步 启动 Dreamweaver CS5，在菜单栏中选择【文件】→【打开】命令，打开素材文件，如图 5-39 所示。

第 2 步 单击，当光标出现闪烁状态时，输入文本，如图 5-40 所示。

图 5-39

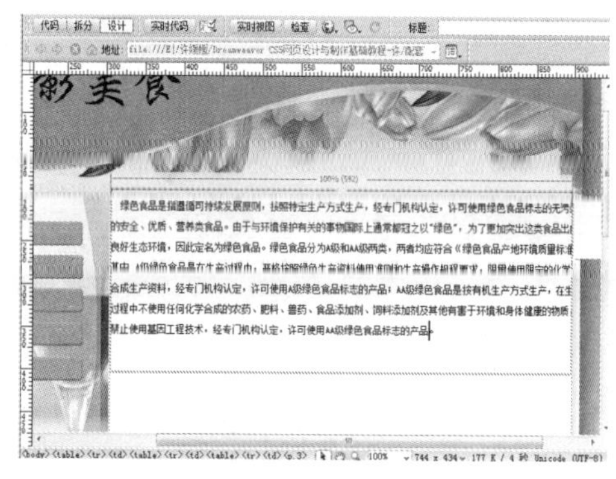

图 5-40

第 3 步 选中文本，在【属性】面板中，单击展开【大小】下拉按钮，选中 14，如图 5-41 所示。

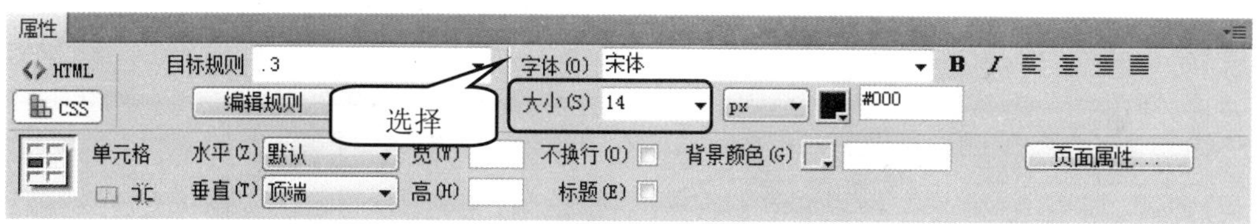

图 5-41

第 4 步 在菜单栏中选择【插入】→【图像】命令，插入图像，如图 5-42 所示。

第 5 步 弹出【选择图像源文件】对话框，①选择准备插入的图像；②单击【确定】按钮，如图 5-43 所示。

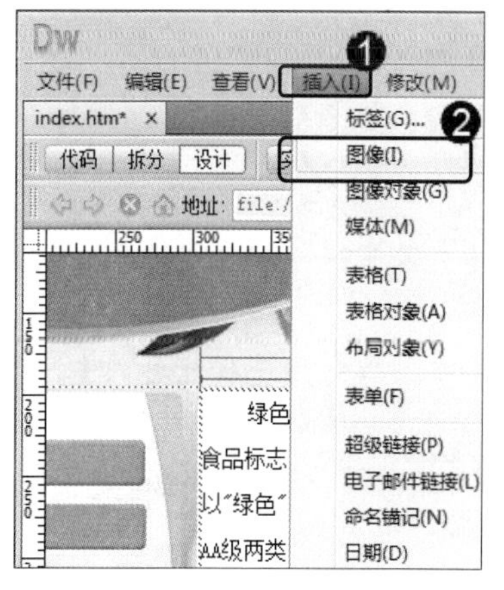

图 5-42

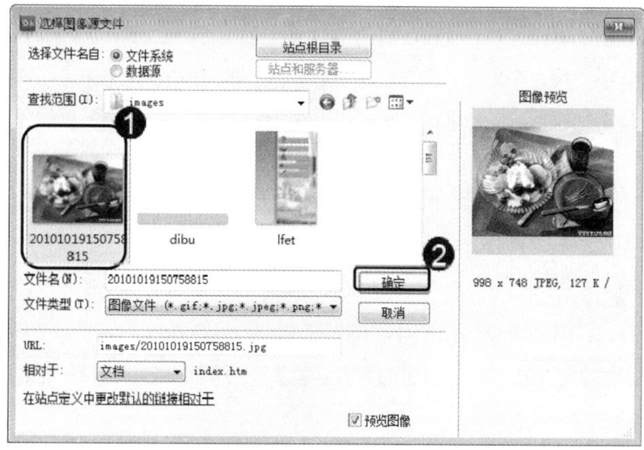

图 5-43

第 6 步 选中图像，在【属性】面板中，①单击展开【对齐】下拉按钮；②选择【右对齐】选项，如图 5-44 所示。

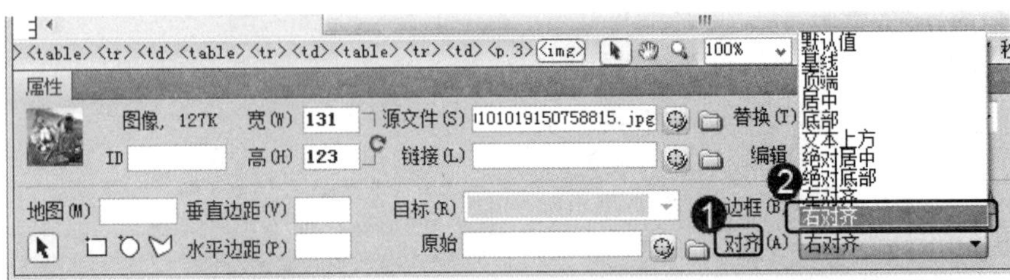

图 5-44

第 7 步 保存文档。按 F12 键，可以浏览到网页效果，如图 5-45 所示。

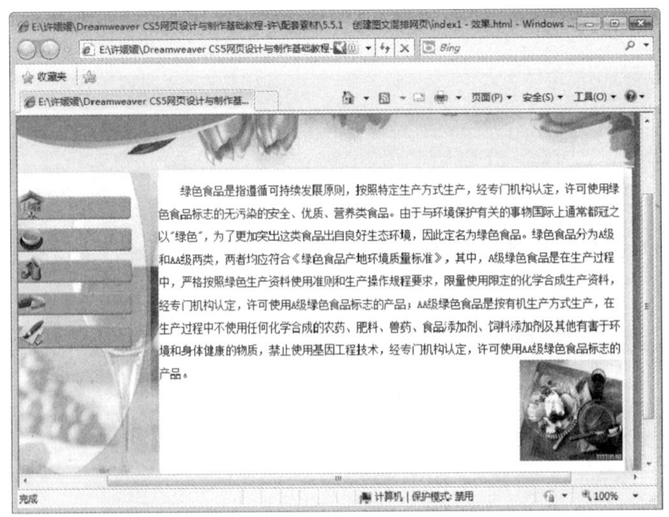

图 5-45

5.5.2 创建精彩的多媒体网页

在网页中还可以插入动态多媒体，插入 SWF 动画会使网页更加的绚丽多彩。下面详细介绍创建精彩的多媒体网页的操作方法。

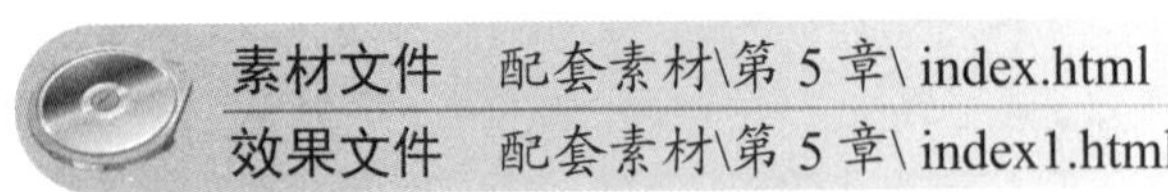

第 1 步 启动 Dreamweaver CS5，在菜单栏中选择【文件】→【打开】命令，打开素材文件，如图 5-46 所示。

第 2 步 将光标放置在准备插入 SWF 影片的位置，在菜单栏中选择【插入】→【媒体】→SWF 命令，如图 5-47 所示。

第 3 步 弹出【选择 SWF】对话框，①选择准备插入的影片；②单击【确定】按钮，如图 5-48 所示。

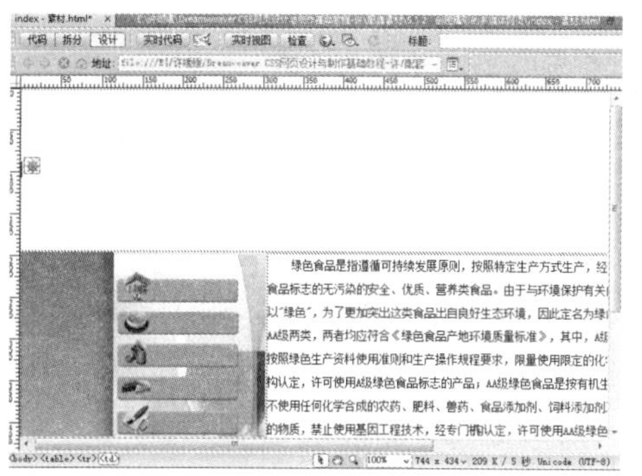

图 5-46

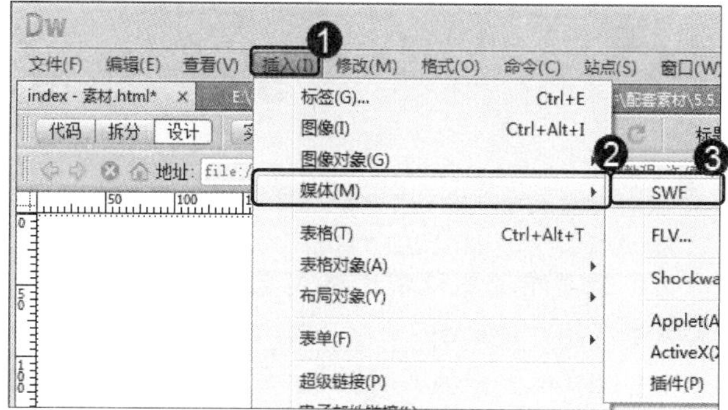

图 5-47

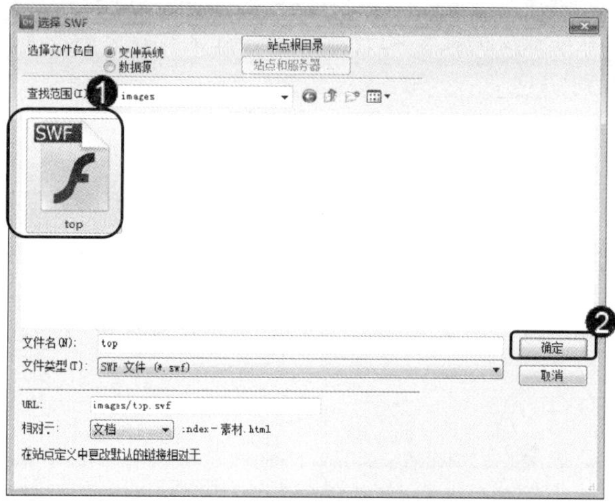

图 5-48

第 4 步 保存文档。按 F12 键，可以浏览到网页效果，如图 5-49 所示。

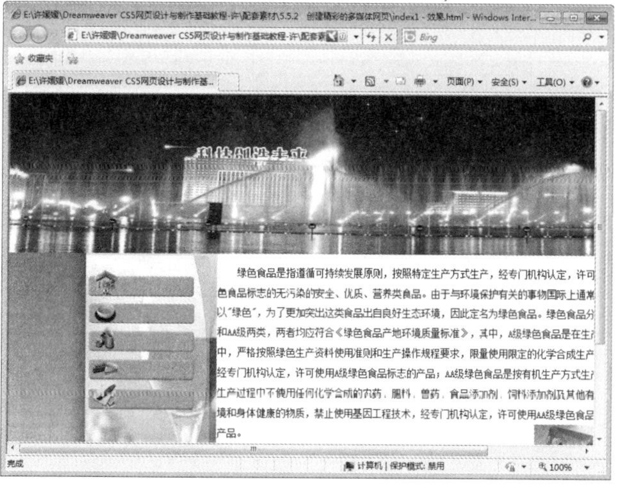

图 5-49

5.6 思考与练习

一、填空题

1. 网页中的图像常用格式通常有 3 种，即__________、JPEG 格式图像和 PNG 格式图像，其中使用最广泛的是__________和 JPJE 格式的图像。

2. GIF 格式图像，可译为__________，是一种无损压缩格式的图像。它可使文件大小最小化，支持动画格式。

3. PNG 可译为__________，是一种格式非常灵活的图像。

4. 图像是网页中不可缺少的元素之一，为了使图像内容更加丰富，方便浏览者的浏览，可以将__________插入到__________中。

二、判断题

1. JPG/JPEG(Joint Photographic Experts Group)可译为“联合图像专家组”，是一种压缩格式的图像，通过压缩 JPEG 文件使其在图像品质和文件大小之间达到较好的平衡。 (　　)

2. PNG 图像支持多种颜色数目，从 12 位、16 位、24 位到 32 位。 (　　)

3. 在 Dreamweaver CS5 中插入图像文件之后，可以对其进行设置。 (　　)

三、思考题

1. 如何插入图像占位符?

2. 如何插入鼠标经过图像?

第 6 章

网页中超级链接的应用

本章要点

- 认识超链接
- 关于链接路径
- 创建超链接的方法
- 创建各种类型的链接
- 管理超链接

本章主要内容

本章主要介绍认识超链接、关于链接路径和创建超级链接的方法等知识与技巧，同时还讲解了创建各种类型的链接、文字链接、图像热点链接、创建空链接等，最后还针对实际的工作需求，讲解了管理超级链接、自动更新链接、在站点范围内更改链接和检查站点中的链接错误的方法。通过本章的学习，读者可以掌握网页中超级链接的应用方面的知识，为深入学习 Dreamweaver CS5 知识奠定基础。

6.1 认识超链接

超链接是构成网站最为重要的部分之一。单击网页中的超链接，即可转到相应的网页；在网页上创建超链接，即可将网站上的网页联系起来。本节将详细介绍认识超链接方面的知识。

6.1.1 超链接的定义

超链接由源端点和目标端点两部分组成，其中设置了链接的一端称为源端点，跳转到的页面或对象称为链接的目标端点。同样，可以说超链接是网页中最重要、最基本的元素之一。

在网页中的链接按照链接路径的不同可以分为 3 种形式：绝对路径、相对路径和基于根目录路径。

超链接与 URL 及网页文件的存放路径是紧密相关的。URL 可以简单的称为网址，顾名思义，就是 Internet 文件在网上的地址，定义超链接其实就是指定一个 URL 地址来访问指向的 Internet 资源。同时，认识从作为链接起点的文档到作为链接目标的文档之间的文件路径，对于创建链接至关重要。

6.1.2 内部、外部与脚本链接

常规超链接包括内部超链接、外部超链接和脚本链接。下面详细介绍各个链接的操作方法。

1. 内部超链接

内部超链接是指目标端点位于站点内部的超链接，其设置非常灵活。下面详细介绍其操作方法。

选中准备设置超链接的文本或图像后，在【属性】面板上的【链接】文本框中输入要链接对象的相对路径，一般使用【指向文件】和【浏览文件】的方法创建，如图 6-1 所示。

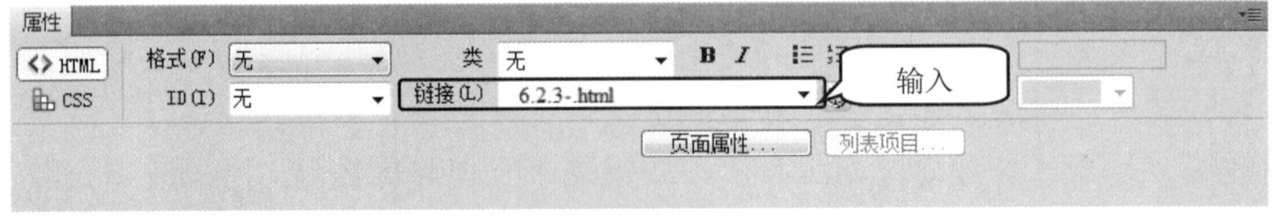

图 6-1

知识精讲

单击【属性】面板上【链接】文本框右侧的【浏览文件】按钮，在弹出的【选择文件】对话框中选择链接对象，同样可以使用内部链接。

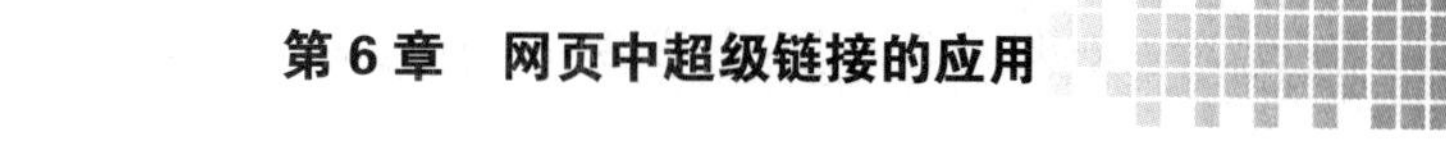

2. 外部超链接

外部超链接是指目标端点位于其他网站中，通过它可跳转到其他网站的超链接。外部超链接只能采用一种方法设置。下面详细介绍其操作方法。

选中准备设置超链接的文本或图像后，在【属性】面板上的【链接】文本框中输入准备链接网页的网址，即可完成，如图 6-2 所示。

图 6-2

3. 脚本链接

脚本链接就是通过脚本控制链接。一般而言，脚本链接可以用来执行计算、表单验证和其他处理。下面详细介绍其操作方法。

选择文档窗口中的文本或图像，在【属性】面板的【链接】文本框中输入“JavaScript: window.close { } ”，如图 6-3 所示。

图 6-3

6.1.3　常见的超链接

根据超链接的链接路径，通常情况下将超级链接分为三种。

- 第一种是绝对 URL 超链接，也称为绝对路径。
- 第二种是相对 URL 的超链接，又称为相对路径。
- 第三种超链接为同一网页内的超链接。

根据超链接目标位置的不同，还可以将超链接分为以下几类。

- 内部链接：指在同一站点内部，不同页面之间的超链接。
- 锚记链接：网页内部的链接。通常情况下，锚记链接用于链接到网页内部某个特定位置。
- 外部链接：站点外部的链接，是网页与因特网中某个目标网页的链接。
- E-mail 链接：指链接到电子邮箱的链接，单击该链接可以用于发送电子邮件。
- 可执行文件链接：通常又称为下载链接，单击该链接可以运行可执行文件，可以用于下载文件或在线运行可执行文件。

考考您

请根据本节学习的认识超链接方面的知识，介绍常见的超链接，测试一下学习效果。

6.2 关于链接路径

了解从作为链接起点的文档，到作为链接目标的文档之间的文件路径，对于创建链接至关重要。

每个网页都有一个唯一的地址，称作统一资源定位器(URL)。不过，当创建本地链接(即从一个文档到同一站点上另一个文档的链接)时，通常不指定要链接到的文档的完整 URL，而是指定一个始于当前文档或站点根文件夹的相对路径。

有三种类型的链接路径：

(1) 绝对路径，例如 http://www.macromedia.com/support/dreamweaver/ contents.html。

(2) 文档相对路径，例如 dreamweaver/contents.html。

(3) 站点根目录相对路径，例如/support/dreamweaver/contents.html。

使用 Dreamweaver CS5，可以方便地选择要为链接创建的文档路径的类型。本节将详细介绍关于链接路径方面的知识。

6.2.1 绝对路径

绝对路径提供所链接文档的完整 URL，而且包括所使用的协议(如对于 Web 页，通常使用 http://)，例如，http://www.macromedia.com/support/ dreamweaver/contents.html 就是一个绝对路径。

尽管对本地链接(即到同一站点内文档的链接)也可使用绝对路径链接，但不建议采用这种方式，因为一旦将此站点移动到其他域，则所有本地绝对路径链接都将断开。对本地链接使用相对路径还能在需要站点内移动文件时，提供更大的灵活性。

绝对路径也会出现在尚未保存的网页上，在没有保存的网页上插入图像或添加链接，Dreamweaver 会暂时使用绝对路径。

知识精讲

当插入图像(非链接)时：如果使用图像的绝对路径，而图像又驻留在远程服务器而不在本地硬盘驱动器上，则将无法在文档窗口中查看该图像。此时，必须在浏览器中预览该文档才能看到。只要情况允许，对于图像，请使用文档或站点根目录相对路径。

6.2.2 相对路径

文档相对路径对于大多数 Web 站点的本地链接，是最适用的路径。在当前文档与所链接的文档处于同一文件夹内，而且可能保持这种状态的情况下，文档相对路径特别有用。

文档相对路径还可用来链接到其他文件夹中的文档，方法是利用文件夹层次结构，指定从当前文档到所链接的文档的路径。

文档相对路径，是省略掉对于当前文档和所链接的文档都相同的绝对 URL 部分，而只提供不同的路径部分。下面是一个站点的内部结构，如图 6-4 所示。

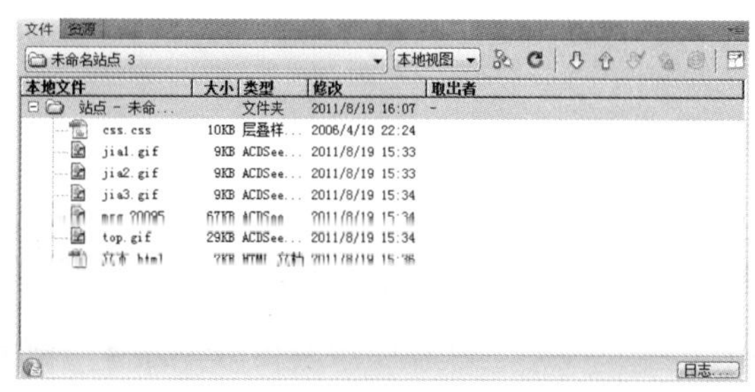

图 6-4

知识精讲

若成组地移动一组文件，例如移动整个文件夹时，该文件夹内所有文件保持彼此间的相对路径不变，此时不需要更新这些文件间的文档相对链接。但是，当移动含有文档相对链接的单个文件或者移动文档相对链接所链接到的单个文件时，则必须更新这些链接。

6.2.3　根路径

站点根目录相对路径提供从站点的根文件夹到文档的路径，如果在处理使用多个服务器的大型 Web 站点，或者在使用承载有多个不同站点的服务器，则可能需要使用这些类型的路径；如果不熟悉此类型的路径，最好坚持使用文档相对路径。

站点根目录相对路径以一个正斜杠开始，该正斜杠表示站点根文件夹。例如，/support/tips.html 是文件(tips.html)的站点根目录相对路径，该文件位于站点根文件夹的 support 子文件夹中。

在某些 Web 站点中，需要经常在不同文件夹之间移动 HTML 文件，在这种情况下，站点根目录相对路径通常是指定链接的最佳方法。

如果移动或重命名根目录相对链接所链接的文档，即使文档彼此之间的相对路径没有改变，仍必须更新这些链接。例如，如果移动某个文件夹，则指向该文件夹中文件的所有根目录相对链接都必须更新。

考考您

请根据本节学习的关于链接路径方面的知识，创建绝对路径，测试一下学习效果。

6.3 创建超链接的方法

创建超链接的方法很简单，其中包括：使用【属性】面板创建链接、使用指向文件图标创建链接和使用菜单创建链接，本节将详细介绍创建超链接方面的知识。

6.3.1 使用【属性】面板创建链接

使用【属性检查器文件夹】图标和【链接】文本框可用于创建从图像、对象或文本到其他文档或文件的链接。下面详细介绍使用【属性】面板创建链接的操作方法。

首先，选择准备创建链接的对象，然后在菜单栏中选择【窗口】→【属性】命令。在【属性】面板【链接】后面的文本框中输入准备链接的路径，即可完成使用【属性】面板创建链接的操作，如图 6-5 所示。

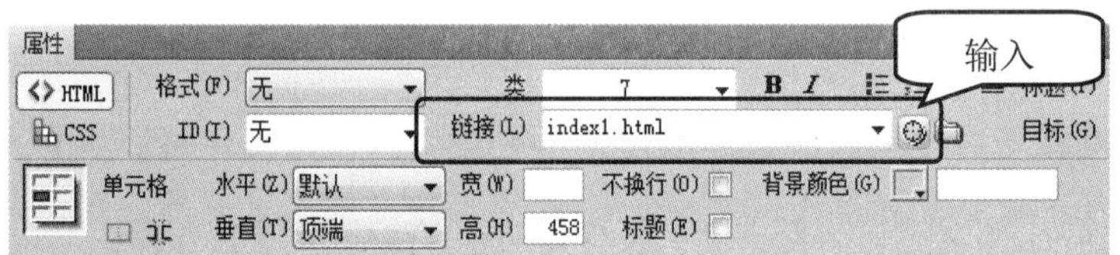

图 6-5

6.3.2 使用指向文件图标创建链接

在 Dreamweaver 中，还可以使用指向文件图标创建链接。下面详细介绍使用指向文件图标创建链接的操作方法。

首先，选择准备创建链接的对象，在菜单栏中选择【窗口】→【属性】命令。在【属性】面板中单击【指向文件】按钮，单击并拖动到站点窗口的目标文件上，释放鼠标左键即可完成创建链接的操作，如图 6-6 所示。

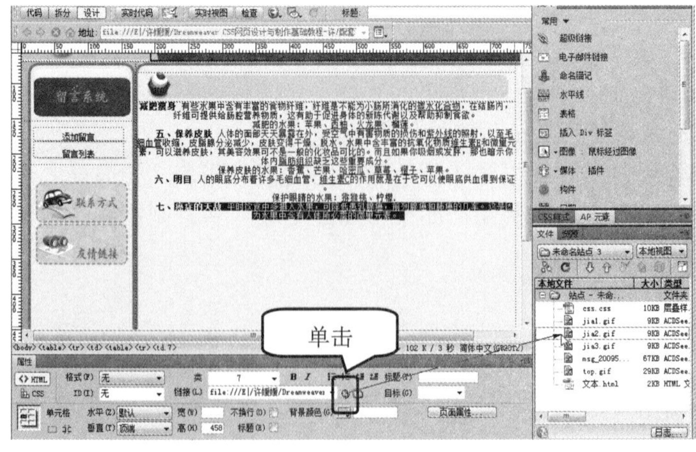

图 6-6

6.3.3　使用菜单创建链接

在 Dreamweaver 中，还可以使用菜单创建链接。首先，选中准备创建链接的文本，选择【插入】→【超级链接】命令，弹出【超级链接】对话框。在【链接】文本框中输入链接的目标，或者单击【链接】文本框，选择相应的链接目标。单击【确定】按钮，即可完成使用菜单创建链接的操作，如图 6-7 和图 6-8 所示。

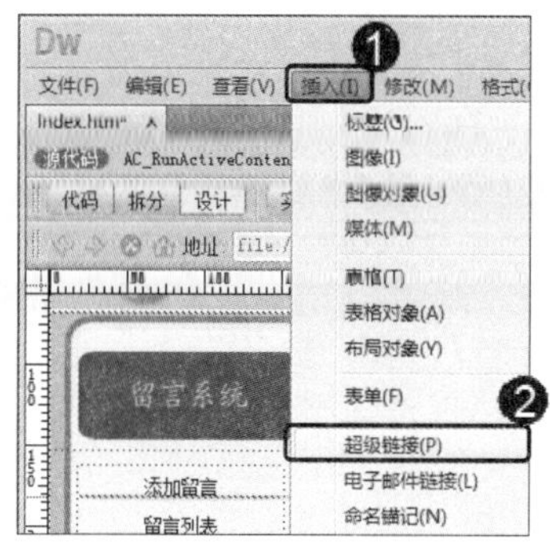

图 6-7

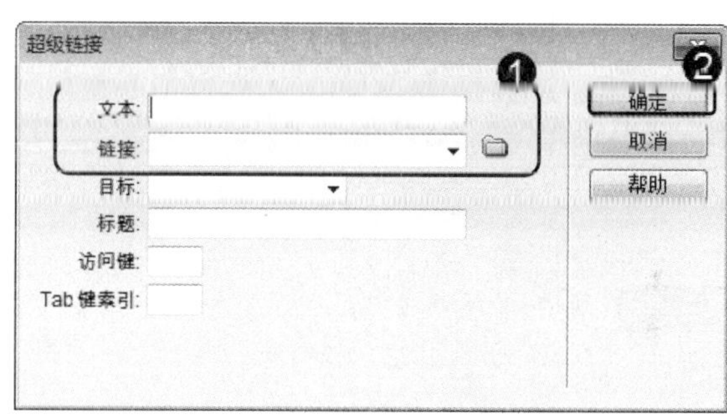

图 6-8

考考您

请根据本节学习的创建超链接的方法方面的知识，使用【属性】面板创建链接，测试一下学习效果。

6.4　创建各种类型的链接

常见的超链接一般包括文本超链接、图像超链接、E-mail 链接、锚记链接、空链接、脚本链接等。下面详细介绍各种链接的操作方法。

6.4.1　创建文本超链接

文本链接是网页文件中最常用的链接，单击文本链接将触发文本链接所连接的文件，使用文本链接创建连接的文件对象可以是网页、图像等。下面详细介绍创建文本超链接的操作方法。

素材文件　配套素材\第 6 章\ index.html

效果文件　配套素材\第 6 章\ index1.html

第 1 步 启动 Dreamweaver CS5，在菜单栏中选择【文件】→【打开】命令，打开素材文件，如图 6-9 所示。

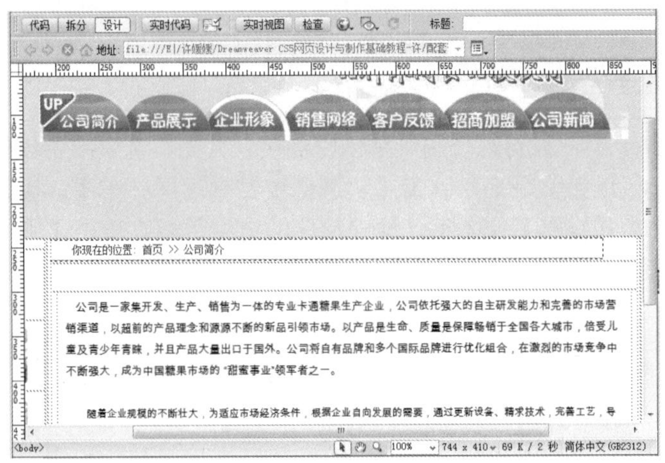

图 6-9

第 2 步 展开【属性】面板，单击【链接】文本框右侧的【浏览文件】按钮，如图 6-10 所示。

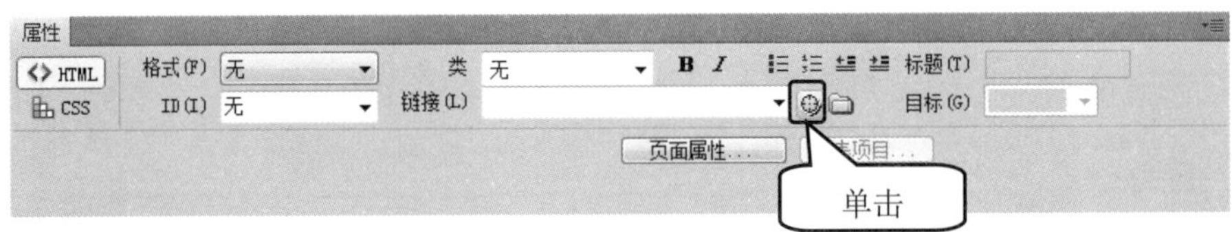

图 6-10

第 3 步 弹出【选择文件】对话框，①选择准备插入的文件；②单击【确定】按钮，如图 6-11 所示。

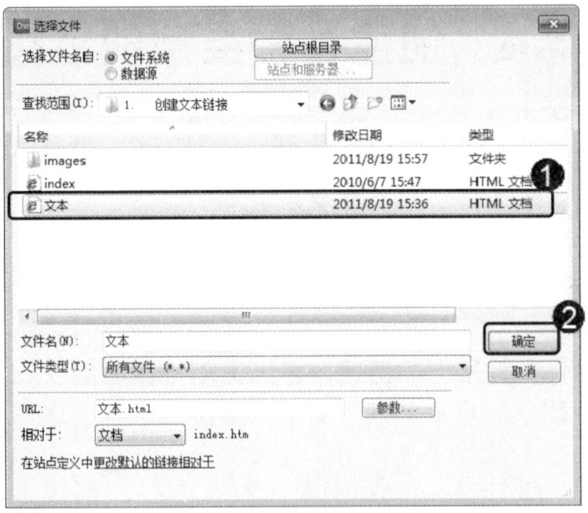

图 6-11

第 4 步 保存文档。按 F12 键，即可在浏览器中预览到网页的效果，如图 6-12 所示。

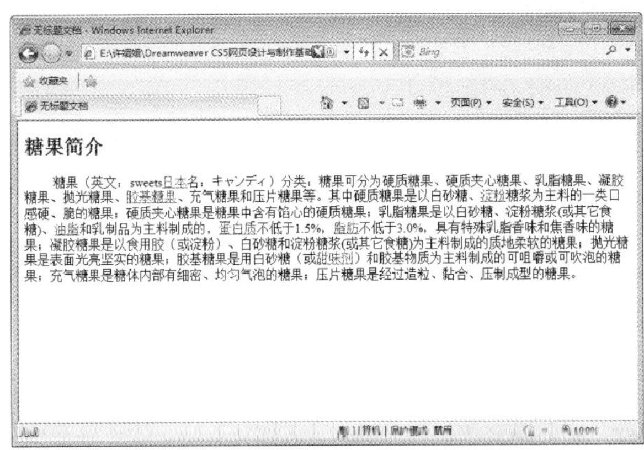

图 6-12

6.4.2　图像热点链接

创建图像超链接的方法和文本超链接的方法基本一致。首先，要选择准备插入的图像，然后在【属性】面板中，选择【链接】文本框右侧的【浏览文件】按钮，弹出【选择文件】对话框。选择准备插入的图像，单击【确定】按钮，保存文档。按 F12 键，即可在浏览器中预览到网页的效果。

6.4.3　创建 E-mail 链接

创建 E-mail 链接能够方便网页浏览者发送电子邮件，访问者只需要单击该链接即可启用操作系统本身自带的收发邮件程序。下面详细介绍创建 E-mail 链接的操作方法。

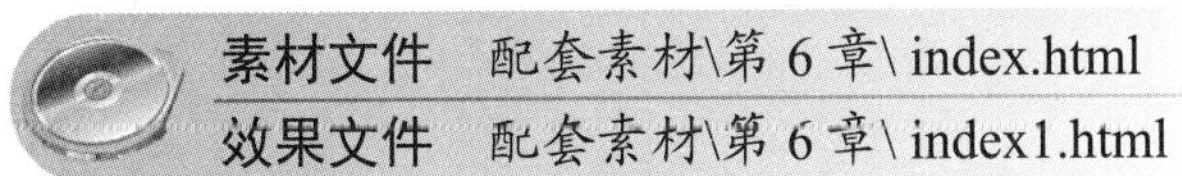

第 1 步　启动 Dreamweaver CS5，在菜单栏中选择【文件】→【打开】命令，打开素材文件，如图 6-13 所示。

图 6-13

第 2 步 将光标放置在页面准备插入 E-mail 链接的位置，在菜单栏中选择【插入】→【电子邮件链接】命令，如图 6-14 所示。

第 3 步 弹出【电子邮件链接】对话框，①在【文本】文本框中输入文本；②在【电子邮件】文本框中输入电子邮件；③单击【确定】按钮，如图 6-15 所示。

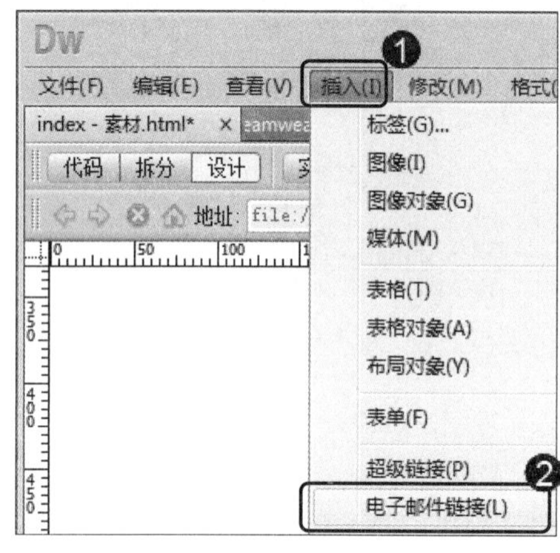

图 6-14

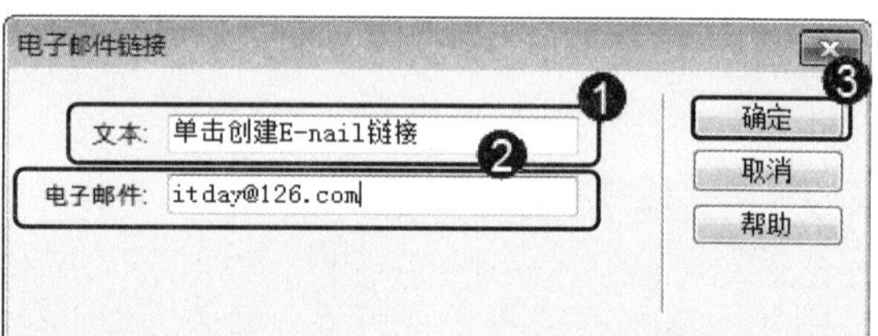

图 6-15

第 4 步 保存文档。按 F12 键，即可在浏览器中预览到网页的效果，如图 6-16 所示。

图 6-16

知识精讲

创建电子邮件链接还可以使用【电子邮件链接】对话框进行创建，首先将光标定位于文档内需要插入电子邮件链接的位置，然后选择【插入】菜单，在弹出的菜单中选择【电子邮件链接】命令。

弹出【电子邮件链接】对话框，在【文本】文本框中输入添加链接对象的文本，在 E-mail 文本框中输入链接的电子邮件地址，单击【确定】按钮。

6.4.4　创建锚记链接

锚记链接是网页链接的一种，用来标记文档的特定位置，使网页中的内容可以快速跳转到当前文档的某个位置或站点的其他文档的标记位置。下面详细介绍创建锚记链接的操作方法。

首先将光标定位于准备要插入锚记的位置，在菜单栏中选择【插入】→【命名锚记】命令，弹出【命名锚记】对话框。在【锚记名称】文本框中输入锚记的名称，单击【确定】按钮，即可完成创建锚记的操作，如图 6-17 和图 6-18 所示。

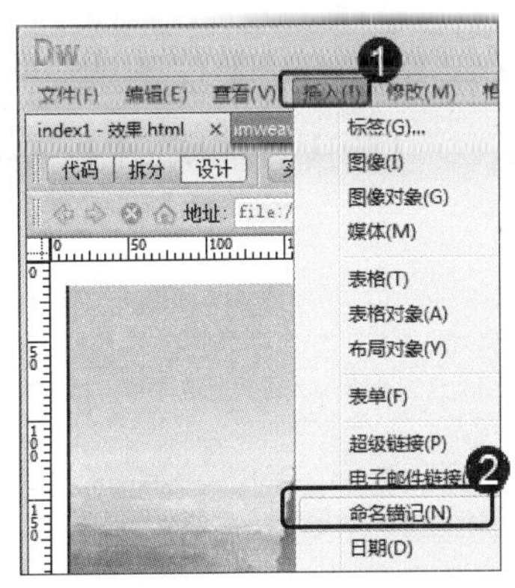

图 6-17

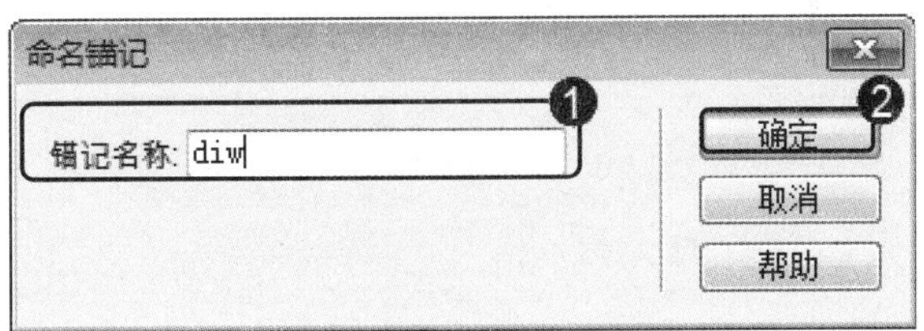

图 6-18

锚记创建完成后，需要为锚记创建链接。在网页文档中选择准备链接到锚记的文本或图像，在【属性】面板中单击【链接】文本框右侧的【指向文件】按钮，按住鼠标左键，并拖动鼠标指针指向于准备链接的文本或图像文件即可。

智慧锦囊

创建锚记还可以将【插入】栏切换到【常用】工具栏，单击【命名锚记】按钮，弹出【命名锚记】对话框，在【锚记名称】文本框中输入锚记名称，单击【确定】按钮即可。

6.4.5　创建空链接

空链接是未指派对象的链接，用于向页面中的对象或文本附加行为，可以设置空链接的对象包括文本对象、图像对象、热点链接等。下面详细介绍创建空链接的操作方法。

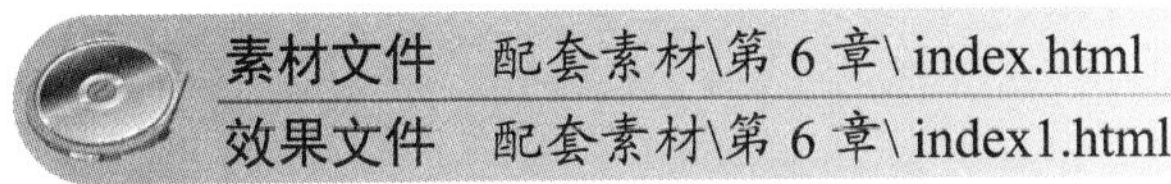

第 1 步 启动 Dreamweaver CS5，在菜单栏中选择【文件】→【打开】命令，打开素材文件，如图 6-19 所示。

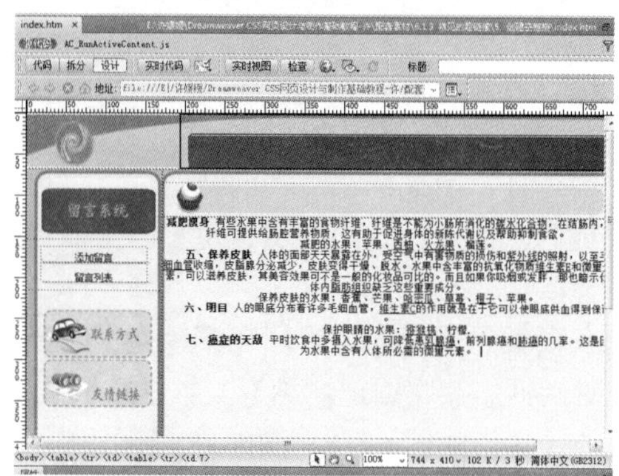

图 6-19

第 2 步 选中准备添加链接的文本对象，在属性面板的【链接】文本框中输入半角状态下的#，如图 6-20 所示。

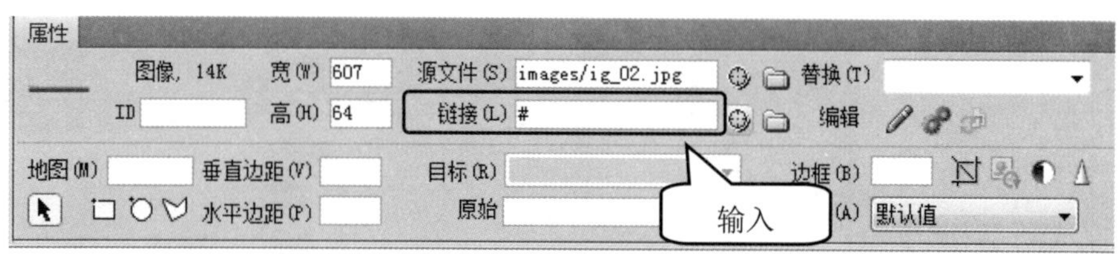

图 6-20

第 3 步 按 Enter 键，即可完成文本空链接的创建，如图 6-21 所示。

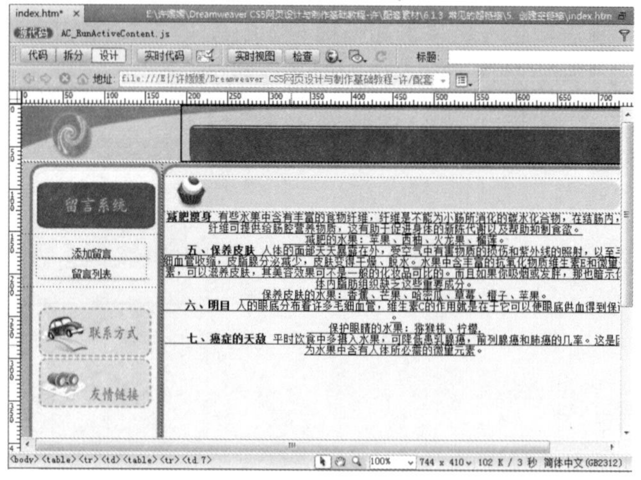

图 6-21

智慧锦囊

创建空链接还可以在【链接】文本框中输入英文“javascript:;”，按 Enter 键即可创建空链接。

6.4.6　创建脚本链接

脚本链接可以用来执行计算、表单验证和其他处理。下面详细介绍创建脚本链接的操作方法。

素材文件　配套素材\第 6 章\ index.html
效果文件　配套素材\第 6 章\ index1.html

第 1 步　启动 Dreamweaver CS5，在菜单栏中选择【文件】→【打开】命令，打开素材文件，如图 6-22 所示。

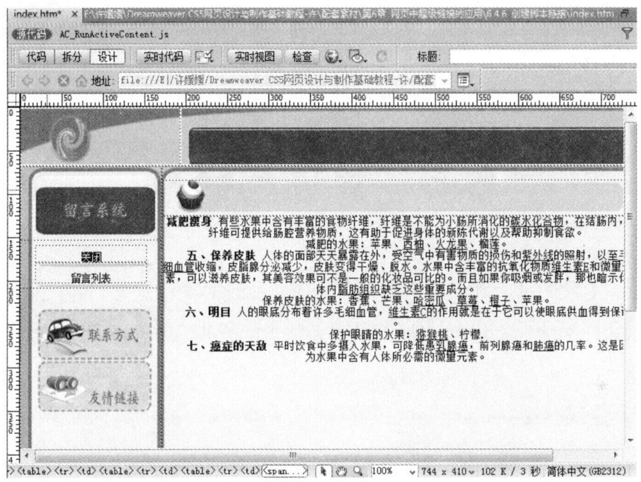

图 6-22

第 2 步　在【属性】面板的【链接】文本框中输入“javascript: window.close()”，如图 6-23 所示。

图 6-23

第 3 步　保存文档。按 F12 键，即可在浏览器中预览到效果。单击【关闭】超文本链接，会弹出提示对话框，单击【是】按钮，即可关闭网页，如图 6-24 所示。

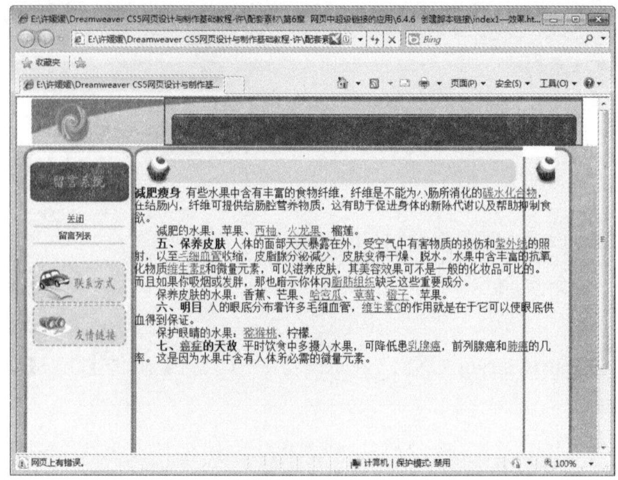

图 6-24

6.5 管理超链接

在 Dreamweaver CS5 中，可以对超链接进行管理，检查或自动更新链接。通过管理网页中的超链接，也可以对网页进行相应的管理。本节将详细介绍管理超链接方面的知识。

6.5.1 自动更新链接

每当在本地站点内移动或重命名文档时，Dreamweaver 都可更新起自以及指向该文档的链接，在将整个站点(或其中完全独立的一个部分)存储在本地磁盘上时，此项功能最适用。Dreamweaver 不更改远程文件夹中的文件，除非将这些本地文件放在或者存回到远程服务器上。

为了加快更新过程，Dreamweaver 可创建一个缓存文件，用于存储有关本地文件夹中所有链接的信息，在添加、更改或删除本地站点上的链接时，该缓存文件以不可见的方式进行更新。下面详细介绍自动更新链接的操作方法。

打开 Dreamweaver CS5，在菜单栏中选择【编辑】→【首选参数】命令，弹出【首选参数】对话框。在【分类】列表框中，选择【常规】选项，在【文档选项】区域中单击展开【移动文件时更新链接】下拉按钮，选择不同的选项，即进入不同的设置，如图 6-25 所示。

其中各选项的参数如下。

- 总是：每当移动或重命名选定文档时，自动更新起自和指向该文档的所有链接。
- 从不：在移动或重命名选定文档时，不自动更新起自和指向该文档的所有链接。
- 提示：显示一个对话框，列出此更改影响到的所有文件。单击【更新】按钮可更新这些文件中的链接，而单击【不更新】按钮将保留原文件不变。

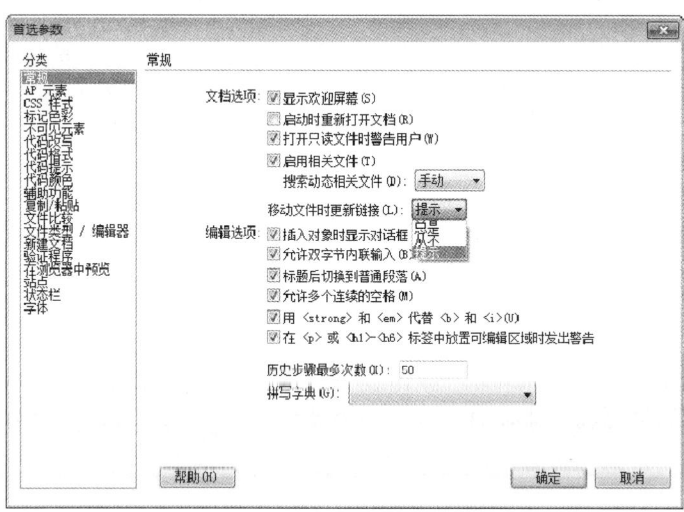

图 6-25

6.5.2　在站点范围内更改链接

除每次移动或重命名文件时让 Dreamweaver 自动更新链接外，还可以手动更改所有链接(包括电子邮件链接、FTP 链接、空链接和脚本链接)，使其指向其他位置。下面详细介绍在站点范围内更改链接的操作方法。

第 1 步　启动 Dreamweaver CS5，在【文件】面板的【本地文件】区域中选择一个文件，如图 6-26 所示。

第 2 步　在菜单栏中选择【站点】→【改变站点范围的链接】命令，如图 6-27 所示。

图 6-26　　　　图 6-27

第 3 步　弹出【更改整个站点链接】对话框，①在【变成新链接】文本框中输入准备链接的文件；②单击【确定】按钮，即可完成在站点范围内更改链接的操作，如图 6-28 所示。

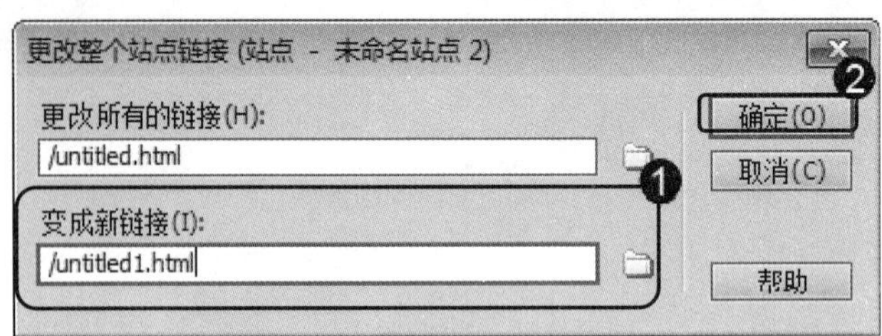

图 6-28

智慧锦囊

重要说明：因为这些更改是在本地进行的，所以必须手动删除远程文件夹中的相应独立文件，然后存回或取出链接已经更改的所有文件；否则，站点访问者将看不到这些更改。

6.5.3 检查站点中的链接错误

在 Dreamweaver CS5 中，还可以检查站点中的链接错误。下面详细介绍检查站点中的链接错误的操作方法。

第 1 步 启动 Dreamweaver CS5，打开文件。在菜单栏中选择【站点】→【检查站点范围的链接】命令，如图 6-29 所示。

图 6-29

第 2 步 展开【链接检查器】面板，在【显示】选项中包括断掉的链接、外部链接和孤立的文件 3 个选项，单击任何一项即可检查相应的信息，如图 6-30 所示。

考考您

请根据本节学习的管理超链接方面的知识，在站点范围内更改链接，测试一下学习效果。

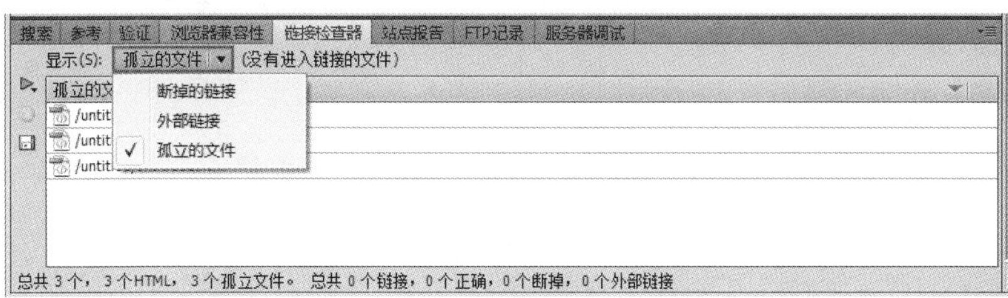

图 6-30

6.6　实践案例与上机指导

通过本章的学习，读者基本可以掌握网页中超链接的应用以及一些常见的操作方法。下面通过练习操作，以达到巩固学习、拓展提高的目的。

6.6.1　创建锚记链接

通过本实例的学习，可以掌握在网页中创建锚记链接的方法。通过创建锚记链接能够将创建锚记链接应用到其他网页制作中。下面详细介绍其操作方法。

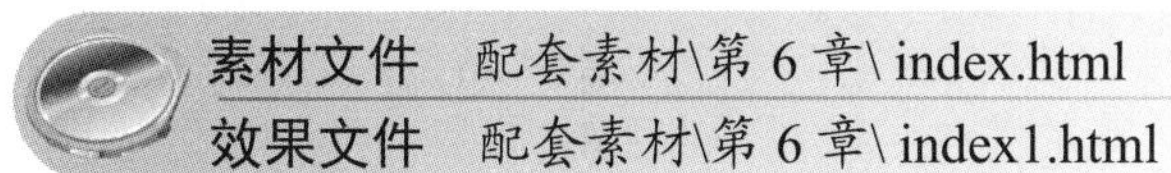
素材文件　配套素材\第 6 章\ index.html
效果文件　配套素材\第 6 章\ index1.html

第 1 步 启动 Dreamweaver CS5，在菜单栏中选中【文件】→【打开】命令，打开素材文件，如图 6-31 所示。

第 2 步 将光标定位于准备添加锚记的位置，在菜单栏中选择【插入】→【命名锚记】命令，如图 6-32 所示。

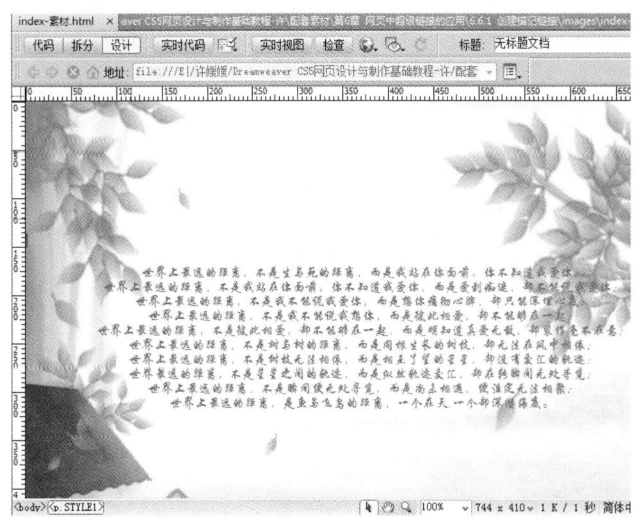

图 6-31

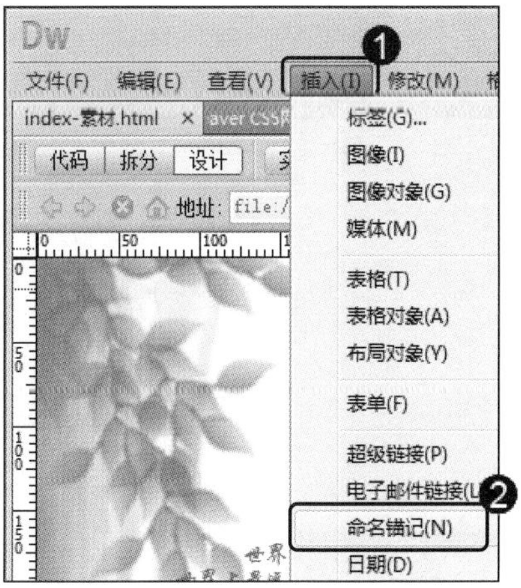

图 6-32

第 3 步 弹出【命名锚记】对话框，①在【锚记名称】文本框中输入名称，如 tee；②单击【确定】按钮，如图 6-33 所示。

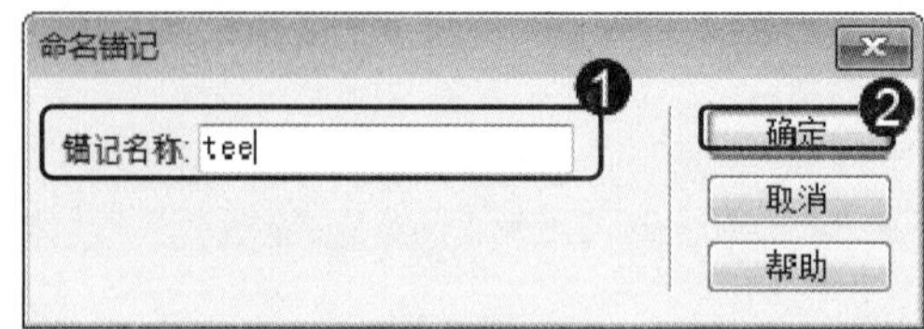

图 6-33

第 4 步 此时，在网页中出现锚记的标志。在网页的底部输入文本 tee 并选中。在【属性】面板的【链接】文本框中输入#tee，按 Enter 键，即可完成锚记链接的创建，如图 6-34 所示。

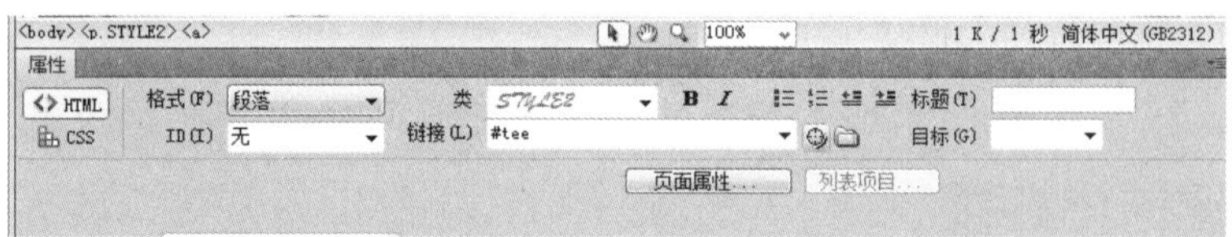

图 6-34

6.6.2 图像映射

图像映射不仅可以将整张图像作为链接的载体，还可以将图像的某一部分设为链接。下面详细介绍图像映射的操作方法。

素材文件　配套素材\第 6 章\index.html
效果文件　配套素材\第 6 章\index1.html

第 1 步 启动 Dreamweaver CS5，在菜单栏中选择【文件】→【打开】命令，打开素材文件，如图 6-35 所示。

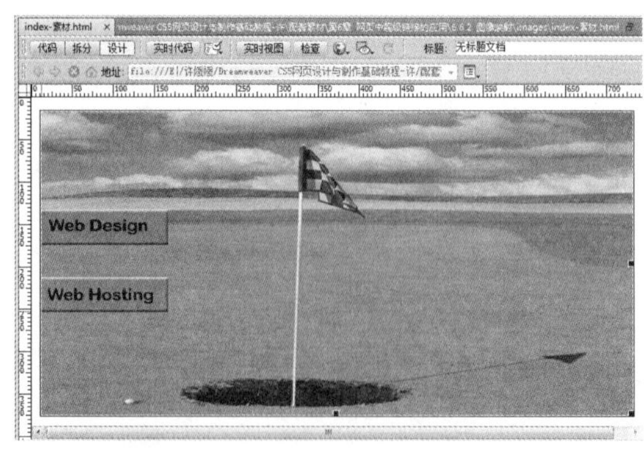

图 6-35

第 2 步 选中图像，①单击【属性】面板中的【矩形热点工具】按钮□；②并在图像上合适的位置单击，并拖动鼠标，绘制一个多边形热点区域；③弹出提示对话框，单击【确定】按钮，如图 6-36 所示。

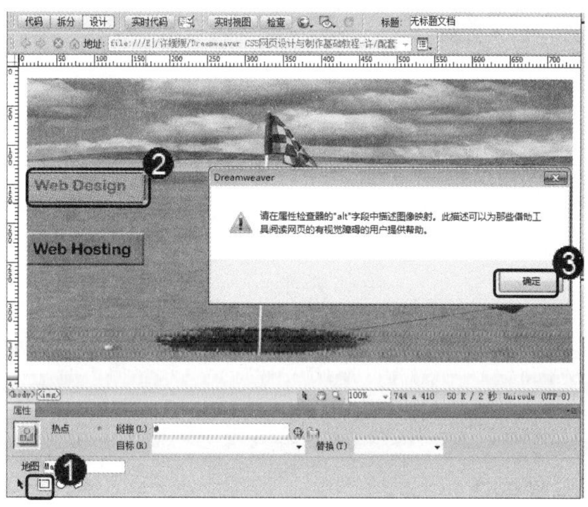

图 6-36

第 3 步 在【属性】面板的【链接】文本框中，①输入热点指向的链接地址；②单击展开【目标】下拉按钮，选择_blank 选项；③在【替换】文本框中输入文本，如图 6-37 所示。

图 6-37

第 4 步 保存文档，按 F12 键，即可在浏览器中单击图像中的热点区域，打开链接的页面，如图 6-38 所示。

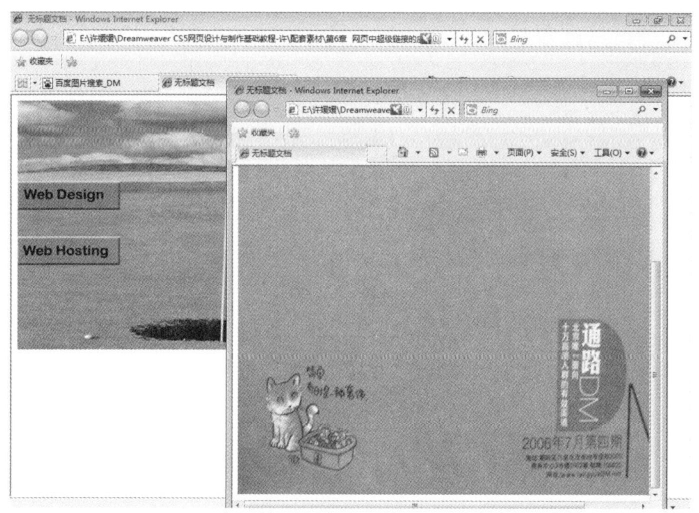

图 6-38

6.7 思考与练习

一、填空题

1. 超链接是构成网站最为重要的部分之一，单击网页中的________，即可转到相应的网页。

2. 超链接由________和________两部分组成，其中设置了链接的一端称为源端点，跳转到的页面或对象称为链接的目标端点。

3. 在网页中的链接按照链接路径的不同可以分为 3 种形式：________、_________和基于根目录路径。

二、判断题

1. 常规超链接包括中部超链接、外部超链接和脚本链接。（ ）

2. 内部超链接是指目标端点位于站点内部的超链接，其设置非常灵活。（ ）

三、思考题

1. 如何使用【属性】面板创建链接？

2. 如何使用指向文件图标创建链接？

第 7 章

使用表格布局页面

本章要点

- 创建表格
- 设置表格及单元格属性
- 编辑与调整表格结构
- 表格数据的处理
- 使用样式控制数据表格

本章主要内容

本章主要介绍创建表格、设置表格及单元格属性等知识与技巧，同时还讲解了编辑与调整表格结构、表格数据的处理、排序表格、导入/导出表格数据等，最后还针对实际的工作需求，讲解了使用样式控制数据表格、表格模型、表格标题和设计列的样式的方法。通过本章的学习，读者可以掌握使用表格布局页面方面的知识，为深入学习 Dreamweaver CS5 知识奠定基础。

7.1 创建表格

表格是网页设计中最有用、最常用的工具，除了排列数据和图像外，在网页布局中，表格更多地用于网页对象定位。本节将详细介绍创建表格方面的知识。

7.1.1 表格的基本概念

表格是由一些粗细不同的横线和竖线构成的，由横线和竖线相交形成的一个个方格称为单元格。单元格是表格的基本单位，每一个单元格都是一个独立的文本输入区域，可以输入文字和图形，并可单独进行排版和编辑，如图 7-1 所示。

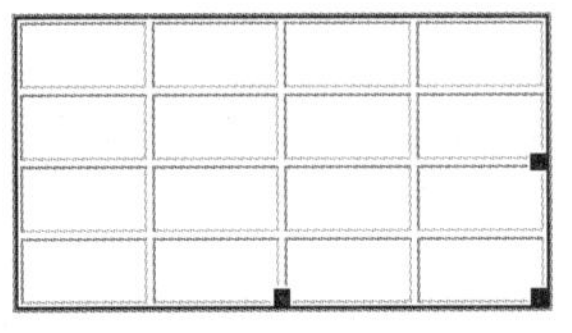

图 7-1

7.1.2 插入表格

表格是设计制作网页时不可缺少的元素，其以简洁明了和高效快捷的方式将图片、文本、数据和表单的元素有序地显示在页面上，可以设计出漂亮的页面。下面详细介绍插入表格的操作方法。

在菜单栏中选择【插入】→【表格】命令，弹出【表格】对话框。在该对话框中，可以设置表格的行数、列数、表格宽度、单元格间距、单元格边距和边框粗细等选项，如图 7-2 和图 7-3 所示。

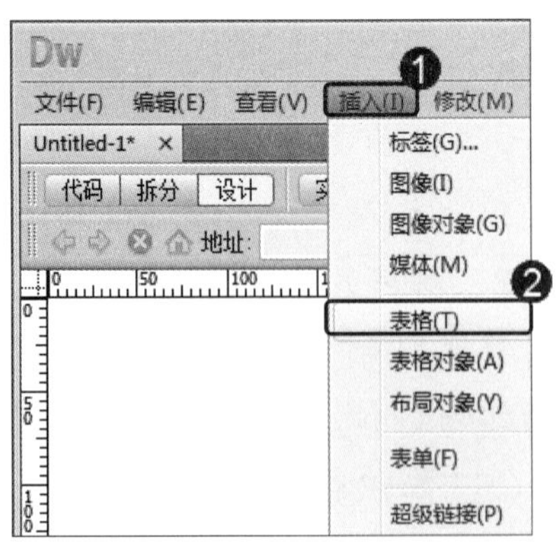

图 7-2

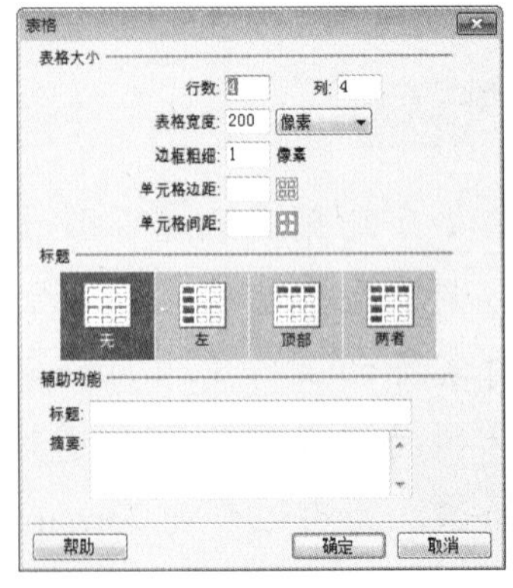

图 7-3

在【表格】对话框中，可以进行以下设置。

➢ 【行数】：该文本框用来设置表格的行数。

- 【列】：该文本框用来设置表格的列数。
- 【表格宽度】：该文本框用来设置表格的宽度，可以填入数值。紧随其后的下拉列表框用来设置宽度的单位，有两个选项：百分比和像素。当宽度的单位选择百分比时，表格的宽度会随浏览器窗口的大小而改变。
- 【单元格边距】：该文本框用来设置单元格内部空白的大小。
- 【单元格间距】：该文本框用来设置单元格与单元格之间的距离。
- 【边框粗细】：用来设置表格边框的宽度。
- 【标题】：定义表格的标题。
- 对齐标题按钮：定义表格标题的对齐方式。
- 【摘要】：可以在这里对表格进行注释。

知识精讲

创建表格还可以单击【插入】栏中的【表格】按钮，同样可以弹出【表格】对话框。

7.1.3　在表格中输入内容

表格创建完成后，可以向其中添加内容。在表格中添加的内容可以是文本、图像或数据。下面详细介绍在表格中输入内容的操作方法。

1. 输入文本

在表格中输入文本与在网页文档中输入文本的方法相同，首先，需要将光标定位在准备输入文本的单元格中，选择需要的输入法，输入相关文本文字。

如果文本超出了单元格的大小，单元格会自动扩展，如图 7-4 所示。

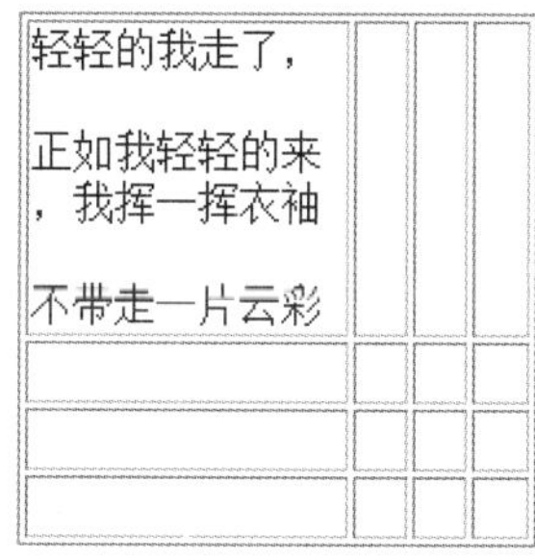

图 7-4

2. 导入图像

在表格中导入图像的方法与在网页文档中导入图像的方法相同，首先，将光标定位在准备导入图像的单元格中，然后导入图像文件。

如果图像超出了单元格大小，单元格会自动扩展，如图 7-5 所示。

图 7-5

3. 导入数据

在 Dreamweaver CS5 中，支持数据的导入与导出。新建 Dreamweaver CS5 文档，在菜单栏中选择【文件】→【导入】→【表格式数据】命令，弹出【导入表格式数据】对话框，在该对话框中可以对表格进行设置，如图 7-6 和图 7-7 所示。

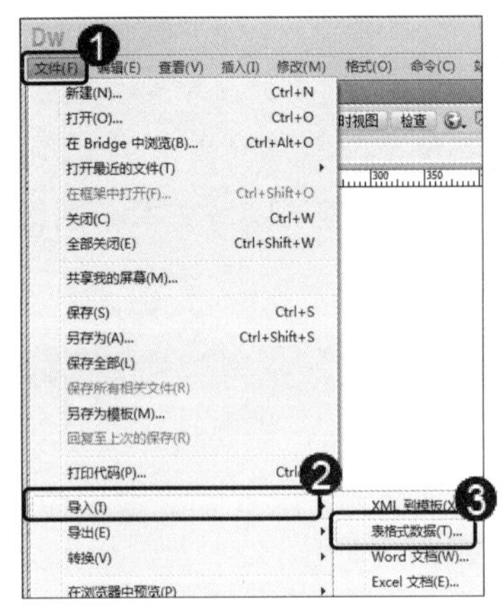

图 7-6

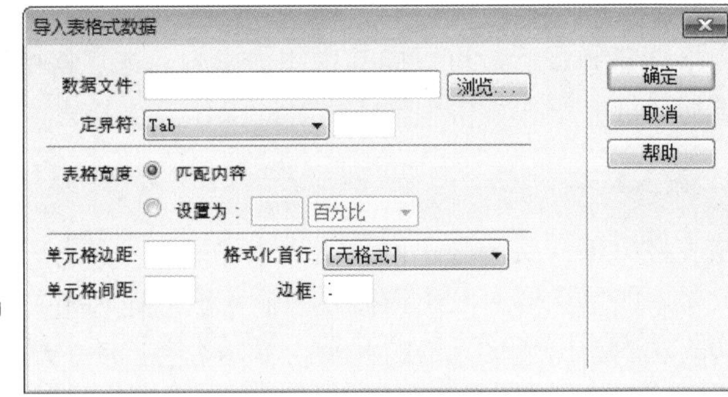

图 7-7

【导入表格式数据】对话框中各选项的含义如下。

- 【数据文件】：显示要导入的文件的名称。单击【浏览】按钮可以选择一个文件。
- 【定界符】：导入的文件中所使用的分隔符。
- 【表格宽度】：将创建的表格的宽度。

  【匹配内容】：使每个列足够宽以适应该列中最长的文本字符串。本例选中该复选框。

  【设置为】：可以以像素为单位指定固定的表格宽度，或按占浏览器窗口宽度的百分比指定表格宽度。本例选中该复选框。
- 【单元格边距】：单元格内容和单元格边框之间的像素数。
- 【单元格间距】：确定相邻的表格单元格之间的像素数。
- 【格式化首行】：确定应用于表格首行的格式设置。有四个格式设置选项：无格式、粗体、斜体或加粗斜体。本例选择“加粗斜体”。

- 【边框】：表格边框的宽度。

4. 导出数据

在 Dreamweaver CS5 中，不仅可以导入数据文件，还可以将文档中的数据文件导出。下面详细介绍导出数据的操作方法。

第 1 步 打开包含数据文件的 Dreamweaver 文档，在菜单栏中选择【文件】→【导出】→【表格】命令，如图 7-8 所示。

第 2 步 弹出【导出表格】对话框，①设置【定界符】和【换行符】参数；②单击【导出】按钮，如图 7-9 所示。

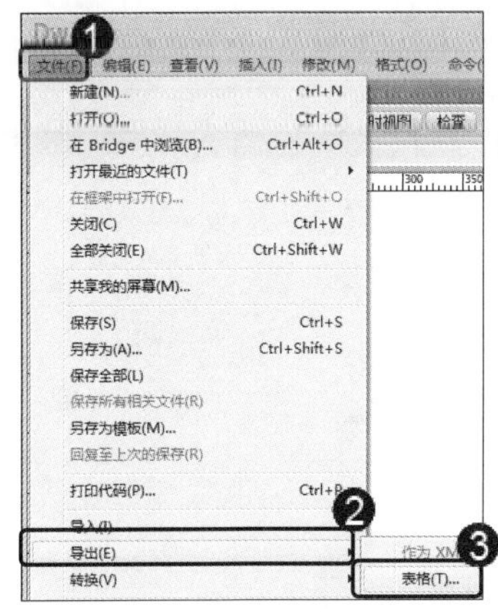

图 7-8

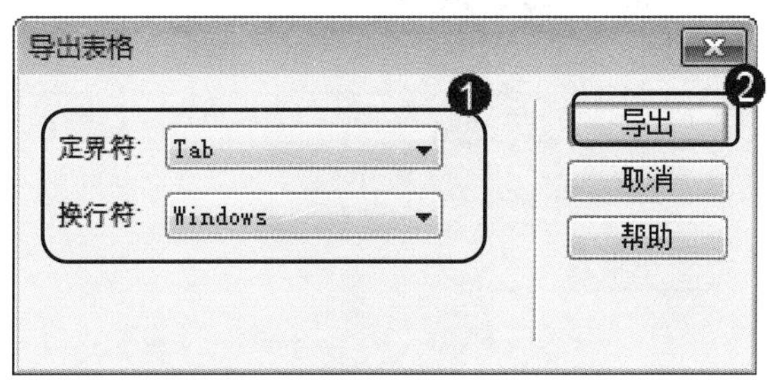

图 7-9

第 3 步 弹出【表格导出为】对话框，①选择准备保存的位置；②单击【保存】按钮，即可完成导出数据的操作，如图 7-10 所示。

图 7-10

考考您

请根据本节学习的创建表格方面的知识，在表格中输入内容，测试一下学习效果。

7.2 设置表格及单元格属性

对于插入的表格，可以进行一定的设置，通过设置表格和单元格属性能够满足网页设置的需要。本节将介绍设置表格及单元格属性方面的知识。

7.2.1 设置表格属性

设置表格属性可以使用网页文档的【属性】面板，在文档中插入表格之后选中当前表格，在【属性】面板中可以对表格进行相关设置，如图 7-11 所示。

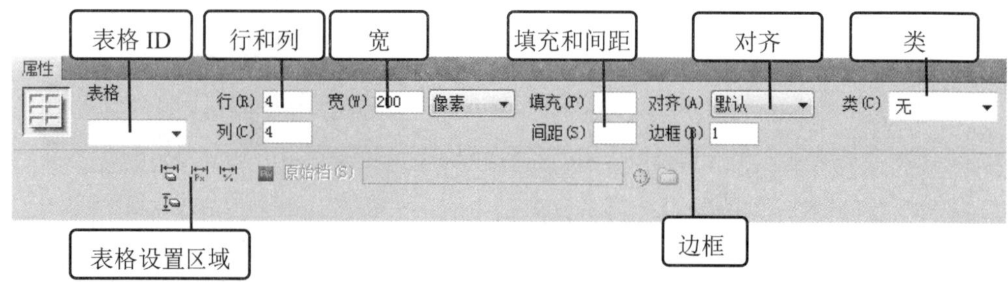

图 7-11

在表格【属性】面板中可以设置以下参数。

- 表格 ID：表格 ID 即为表格名称，在该下拉列表框中可以输入表格的名称。
- 【行】：在该文本框中可以设置表格的行数。
- 【列】：在该文本框中可以设置表格的列数。
- 【宽】：在该文本框中可以设置表格的宽度。单击文本框右侧下拉列表框的下拉按钮，在弹出的列表中可以选择表格宽度的单位。
- 【填充】：在该文本框中，可以输入单元格内容与单元格边框之间的像素值。
- 【间距】：在该文本框中，可以输入相邻单元格之间的像素值。
- 【对齐】：在该下拉列表框中可以设置表格相对于同一段落中其他元素的显示位置。单击下拉列表框右侧的下拉按钮，在弹出的列表中可以选择【默认】、【左对齐】、【右对齐】和【居中对齐】4 个选项。
- 【类】：在该下拉列表框中可以将 CSS 规则应用于对象。
- 【边框】：在该文本框中可以设置表格边框宽度的数值。
- 表格设置区域：其中包括【清除列宽】按钮，用于清除表格中设置的列宽；【将表格宽度设置成像素】按钮，用于将当前表格的宽度单位转换为像素；【将表格当前宽度转换成百分比】按钮，用于将当前表格的宽度单位转换为文档窗口的百分比单位；【清除行高】按钮，用于清除表格中设置的行宽。

7.2.2　设置单元格属性

在 Dreamweaver CS5 中，不但可以设置行或列的属性，还可以设置单元格的属性。下面详细介绍设置单元格属性的操作方法，如图 7-12 所示。

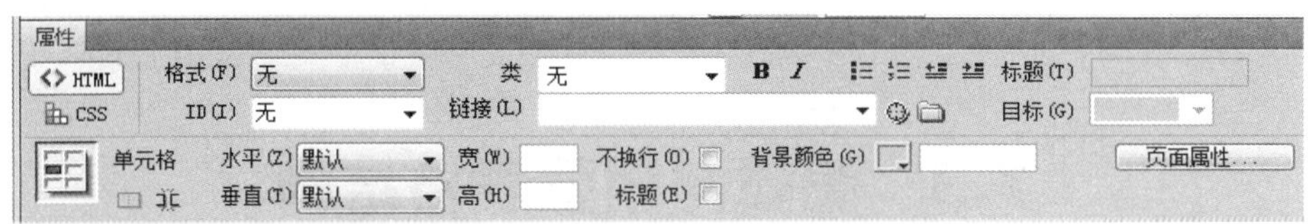

图 7-12

在单元格【属性】面板中可以设置以下参数。

- 【不换行】：选中【不换行】复选框，可以将单元格中所输入的文本显示在同一行，防止文本换行。
- 【标题】：选中【标题】复选框，可以将单元格中的文本设置为表格的标题。默认情况下，表格标题显示为粗体。
- 【合并】：选中表格中的连续多个单元格，单击【合并】按钮，将所选的单元格进行合并。
- 【拆分】：选中表格中的单个单元格，单击【拆分】按钮，弹出【拆分单元格】对话框，设置【拆分单元格】对话框之后单击【确定】按钮。
- 【水平】：单击【水平】下拉列表框右侧的下拉按钮，在弹出的列表中选择任意选项用于设置单元格内容的水平对齐方式。
- 【垂直】：单击【垂直】下拉列表框右侧的下拉按钮，在弹出的列表中选择任意选项用于设置单元格内容的垂直对齐方式。
- 【宽】和【高】：在【宽】和【高】文本框中输入表格宽度和高度的数值。
- 【背景颜色】：单击该下拉按钮，在弹出的颜色调板中选择相应的色块。
- 【页面属性】：单击【页面属性】按钮，可以弹出【页面属性】对话框，用于设置网页文档的属性。

7.2.3　设置列与行的属性

在 Dreamweaver CS5 中，不仅可以设置表格的属性，还可以设置表格中行与列的属性。下面详细介绍设置列与行属性的操作方法。

启动 Dreamweaver CS5，绘制表格，首先需要选中表格对象的行与列，在【属性】面板中即可对表格的行与列进行相关的设置，如图 7-13 所示。

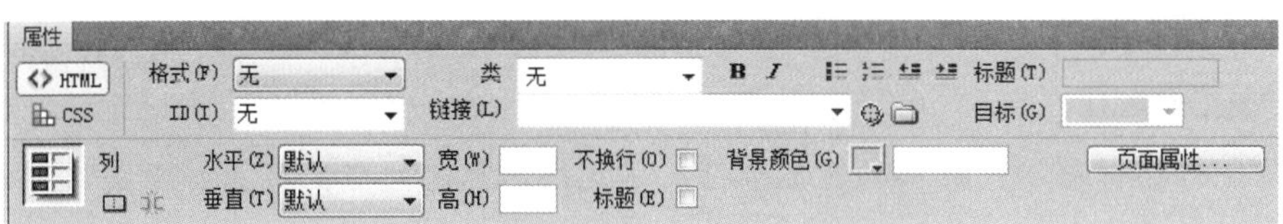

图 7-13

在行与列【属性】面板中设置的各项参数可参考 7.2.2 设置单元格的属性。

考考您

请根据本节学习的设置表格及单元格属性方面的知识，设置单元格的属性，测试一下学习效果。

7.3 编辑与调整表格结构

在网页中，可以对表格进行编辑与调整，从而美化表格。下面详细介绍编辑与调整表格结构的操作方法。

7.3.1 选择表格及单元格

在 Dreamweaver CS5 中编辑表格之前，需要先将其选中。下面详细介绍几种选择表格及单元格的操作方法。

1. 选择表格

启动 Dreamweaver CS5，单击表格上的任意一个边线框，可以选择整个表格；或者将光标置于表格内的任意位置，在菜单栏中选择【修改】→【表格】→【选择表格】命令，如图 7-14 和图 7-15 所示。

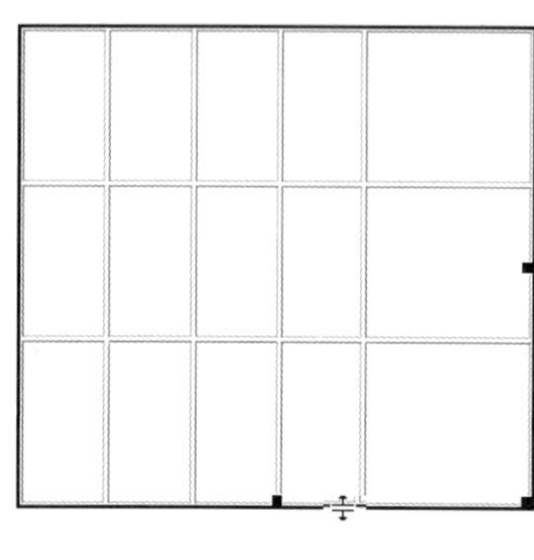

图 7-14

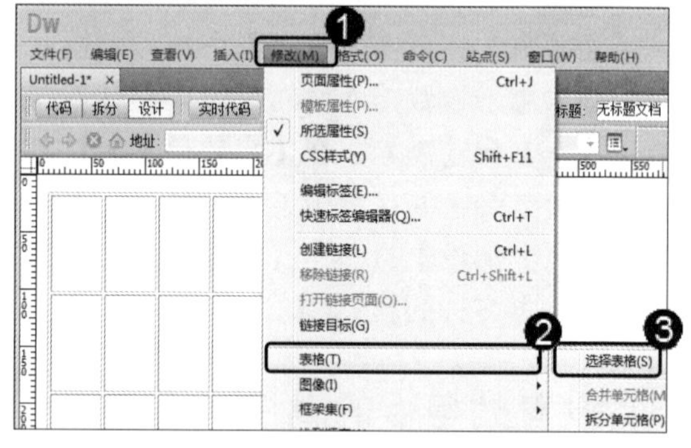

图 7-15

将鼠标指针移动到表格的上边框或下边框，当鼠标指针变成网格形状时，单击即可选中全部表格；将鼠标指针移动到表格上右击，在弹出的菜单中选择【表格】→【选择表格】命令，即可选择全部表格，如图 7-16 和图 7-17 所示。

知识精讲

将鼠标指针移动到表格的右侧边框或单元格内部时，当鼠标指针变成双箭头形状时单击，即可选中整个单元格。

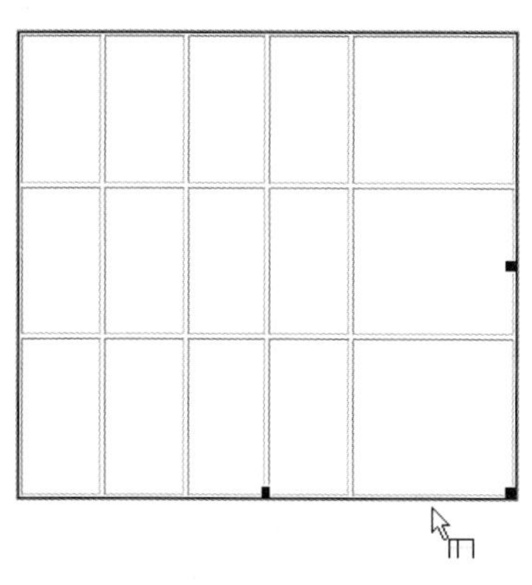

图 7-16

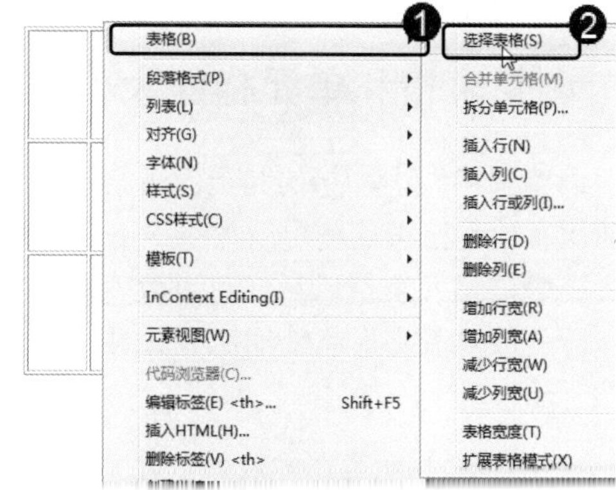

图 7-17

2. 选择单元格

在 Dreamweaver CS5 中，还可以选择一个或几个单元格。下面介绍几种选择单元格的方法。

选择单个单元格：将鼠标指针移动到表格区域，按住 Ctrl 键，当指针变成形状时单击，即可选中所需要的单元格，如图 7-18 所示。

选择不连续的单元格：将鼠标指针移动到表格区域，按住 Ctrl 键，当鼠标指针变成形状时单击，即可选择多个不连续的单元格，如图 7-19 所示。

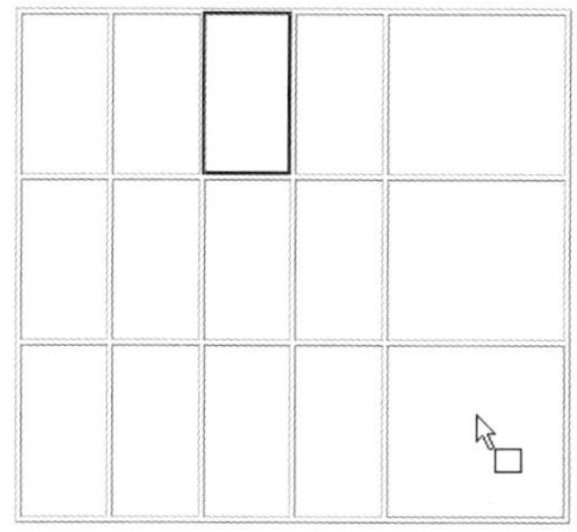

图 7-18

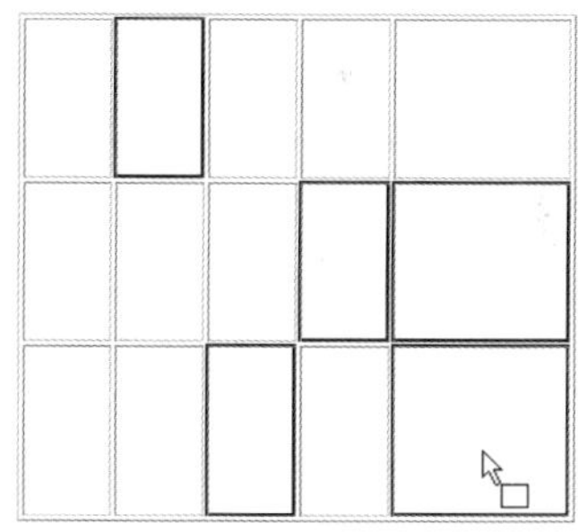

图 7-19

选择连续单元格：将光标定位于单元格内，按住 Shift 键，单击并拖动鼠标指针，即可选择连续的单元格，如图 7-20 所示。

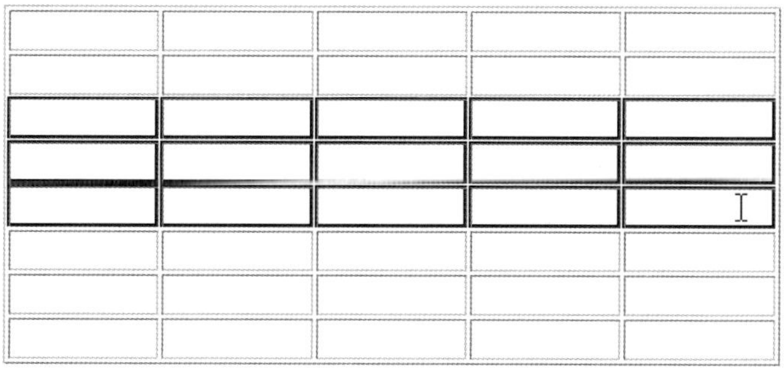

图 7-20

7.3.2 调整表格和单元格的大小

所谓调整表格大小，指的是更改表格的整体高度和宽度。当调整整个表格的大小时，表格中的所有单元格按比例更改大小。下面详细介绍调整表格和单元格大小的操作方法。

在文档中，插入表格以后，可以改变单元格的宽度和高度。将鼠标指针移动到表格内部，当指针变成双箭头形状⇹时，单击并拖动鼠标左键，即可调整表格的大小，如图 7-21 和图 7-22 所示。

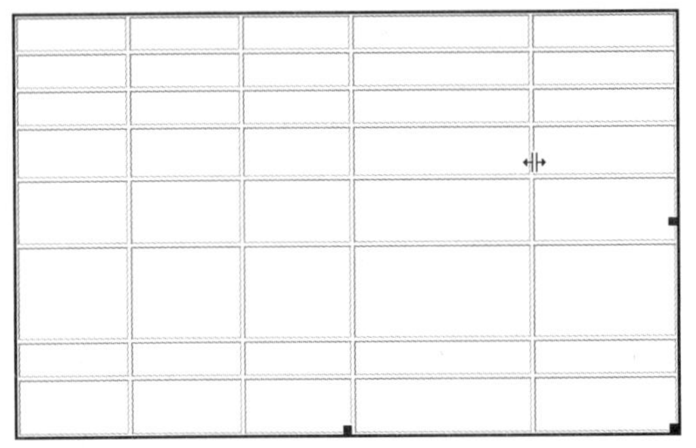

图 7-21

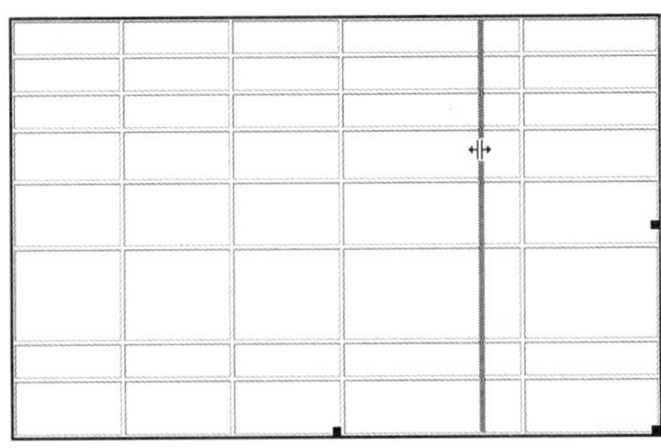

图 7-22

将鼠标指针移动到表格的外轮廓线上，当指针变成双向箭头形状⟷时，单击并拖曳，即可改变表格的大小，如图 7-23 和图 7-24 所示。

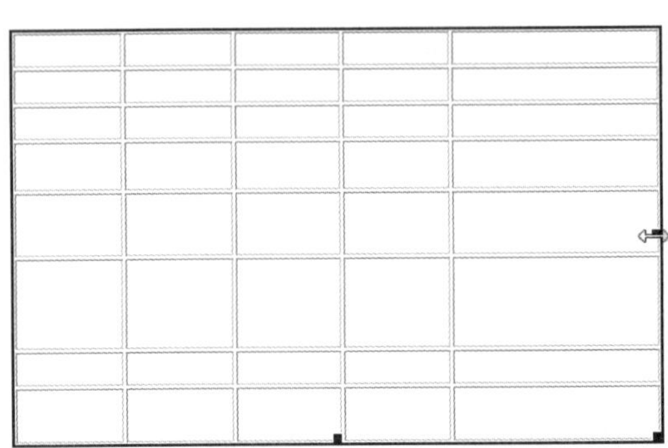

图 7-23

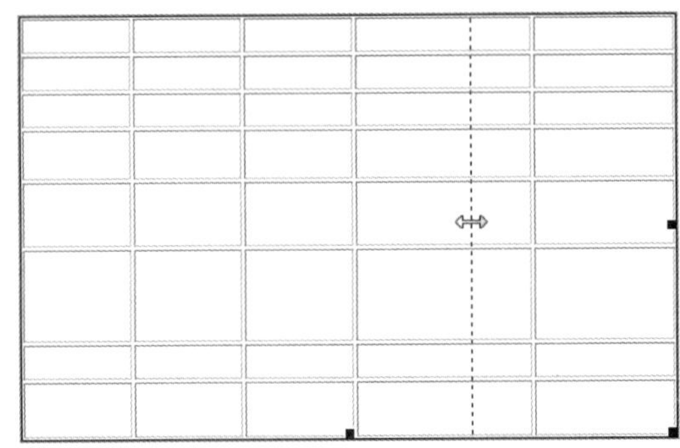

图 7-24

智慧锦囊

表格对象不仅可以改变宽度，还可以改变高度，将鼠标指针移动到表格的边角处，即可同时更改表格的宽度和高度。

7.3.3 增加和删除表格的行和列

如果表格对象的单元格区域不足或多余，可以对表格对象进行增加或删除行或列等的操作。下面详细介绍其操作方法。

第 1 步 打开 Dreamweaver CS5，绘制表格，如图 7-25 所示。

第 2 步 将光标放置在第 1 行的单元格中，在菜单栏中选择【修改】→【表格】→【插入行】命令，即可插入行，如图 7-26 所示。

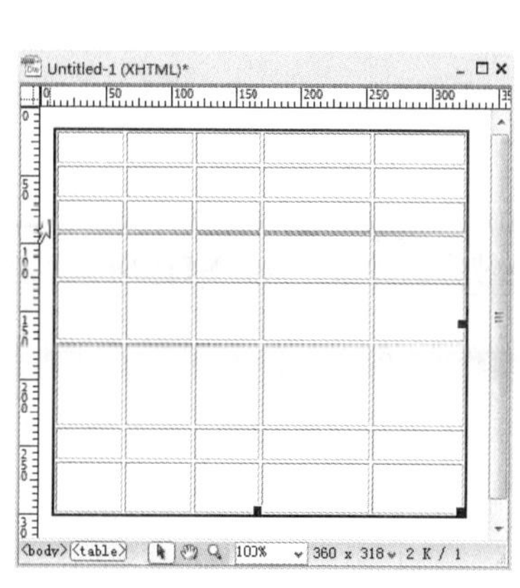

图 7-25

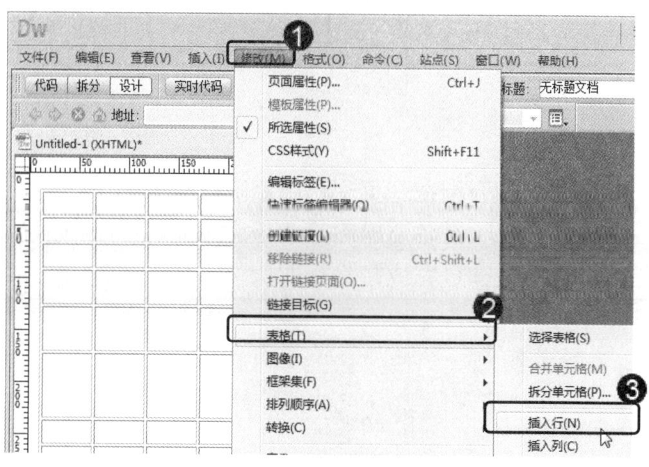

图 7-26

第 3 步 将光标放置在第 1 行的单元格中，在菜单栏中选择【修改】→【表格】→【插入列】命令，即可插入列，如图 7-27 所示。

第 4 步 将光标放置在第 2 行第 1 列的单元格中，在菜单栏中选择【修改】→【表格】→【插入行或列】命令，如图 7-28 所示。

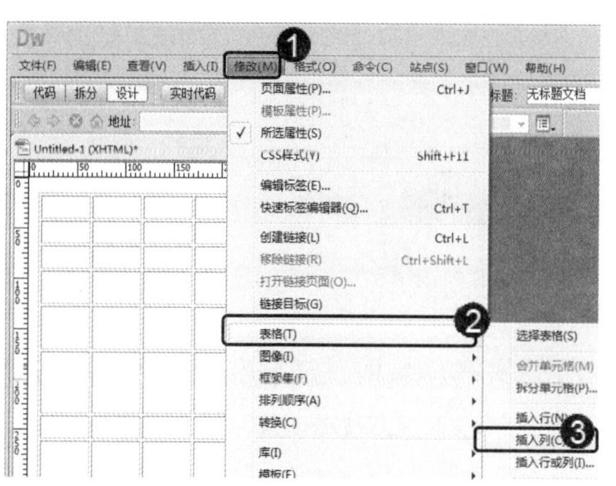

图 7-27

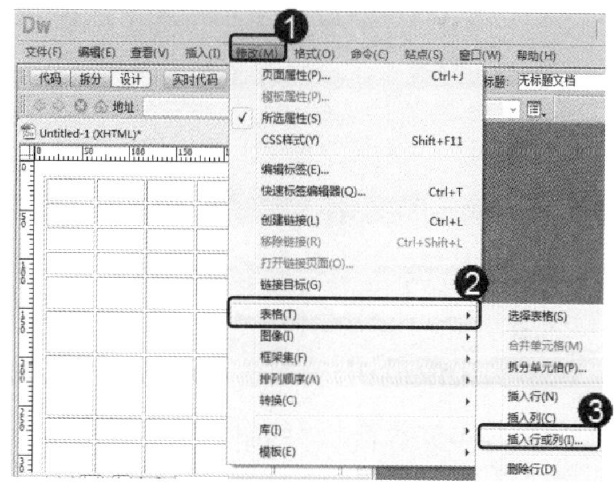

图 7-28

第 5 步 弹出【插入行或列】对话框，①在其中设置参数；②单击【确定】按钮，即可插入列，如图 7-29 所示。

知识精讲

将光标放置于插入行或列的位置后右击，在弹出的快捷菜单中，选择【表格】→【插入行或列】命令，同样可以弹出【插入行或列】对话框。

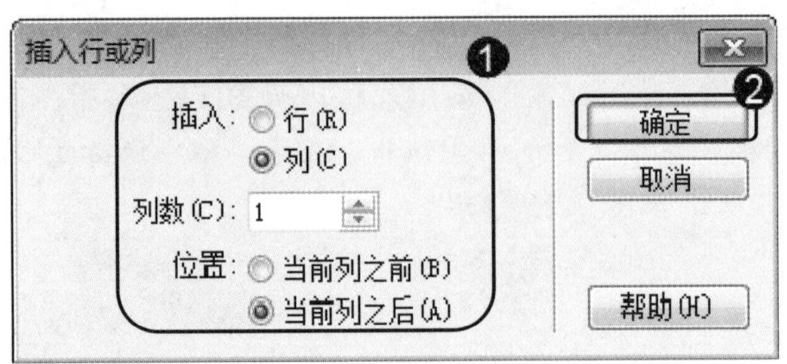

图 7-29

下面详细介绍在网页文档中删除行或列的操作方法。

将光标置于准备要删除行的任意单元格中，在菜单栏中选择【修改】→【表格】→【删除行】命令，即可完成删除行的操作，如图 7-30 所示。

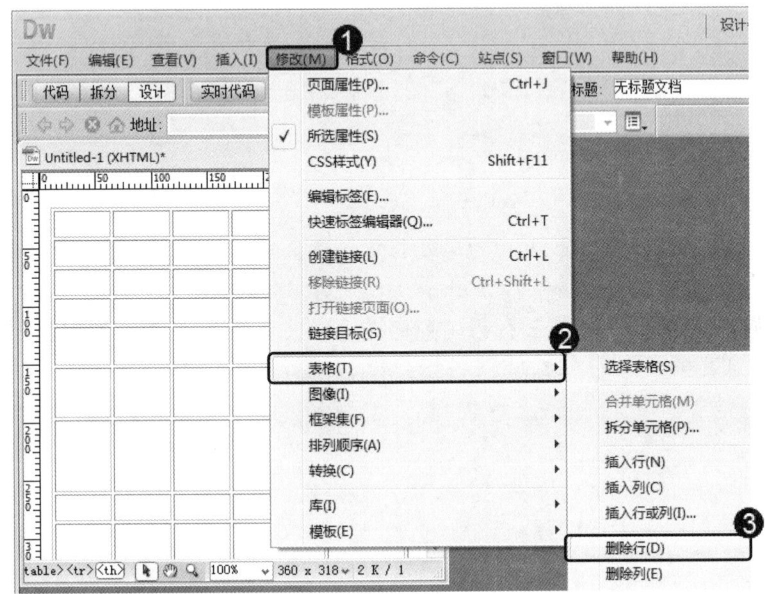

图 7-30

知识精讲

将光标放置于欲删除列的任意单元格中，在菜单栏中选择【修改】→【表格】→【删除列】命令，即可完成删除列的操作。

7.3.4 拆分单元格

在制作表格的过程中，可以对单元格进行拆分，从而达到理想的效果。下面详细介绍拆分单元格的操作。

第 1 步 打开 Dreamweaver CS5，绘制表格，将光标放置于准备拆分的单元格中，在菜单栏中选择【修改】→【表格】→【拆分单元格】命令，如图 7-31 所示。

第 2 步 弹出【拆分单元格】对话框，①设置参数；②单击【确定】按钮，如图 7-32 所示。

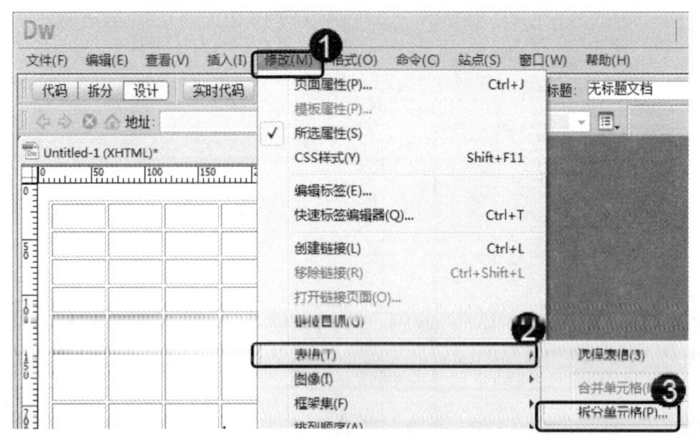

图 7-31

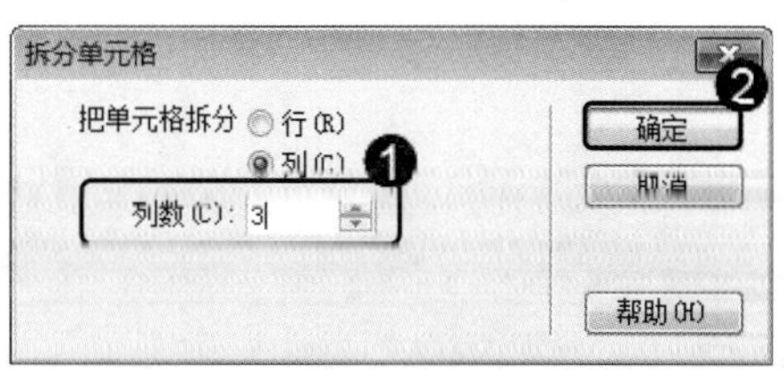

图 7-32

第 3 步 此时，可以看到单元格已经被拆分，如图 7-33 所示，通过以上步骤即可完成拆分单元格的操作。

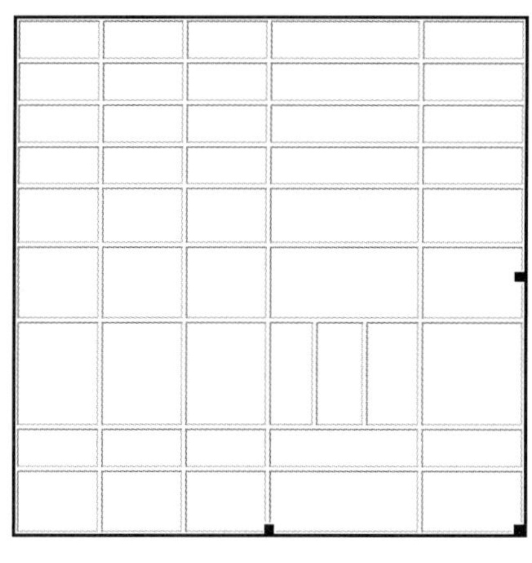

图 7-33

知识精讲

将光标置于准备拆分的单元格中后右击，在弹出的快捷菜单中选择【表格】→【拆分单元格】命令。弹出【拆分单元格】对话框，进行相应的设置，单击【确定】按钮，即可完成拆分单元格的操作。

7.3.5 合并单元格

合并单元格就是将多个单元格合并成一个单元格，在进行合并单元格的同时，需要先将其选中。下面详细介绍操作方法。

打开 Dreamweaver CS5，绘制一个表格，选中准备合并的单元格，在菜单栏中选择【修改】→【表格】→【合并单元格】命令，即可将多个单元格合并成一个单元格，如图 7-34 所示。

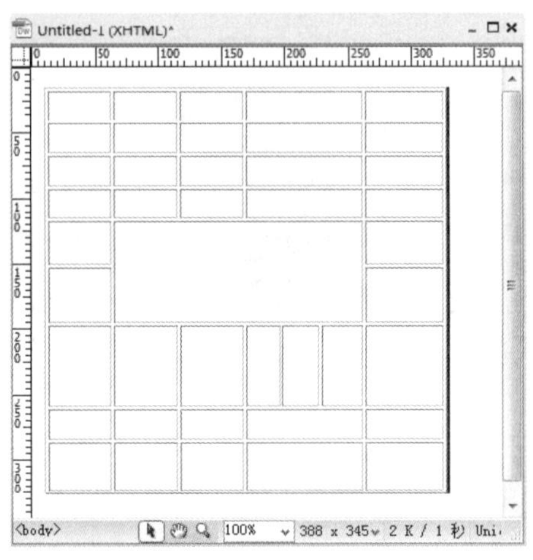

图 7-34

首先选中准备合并的单元格，然后右击，在弹出的快捷菜单中选择【表格】→【合并单元格】命令，即可完成合并单元格的操作。

7.3.6 剪切、复制、粘贴表格

在对表格进行编辑的同时，还可以进行剪切、复制和粘贴表格的操作。下面详细介绍其操作方法。

1. 复制和粘贴表格

复制表格的方法与复制文本对象的方法相同，首先，选中多个单元格对象，在菜单栏中选择【编辑】→【拷贝】命令，即可复制表格，如图 7-35 所示。

将光标定位于准备粘贴单元格的位置，在菜单栏中选择【编辑】→【粘贴】命令，即可将复制的多个对象粘贴到当前表格中，如图 7-36 所示。

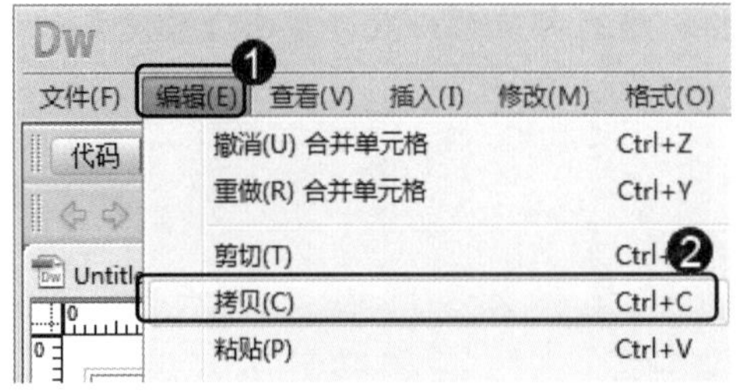

图 7-35

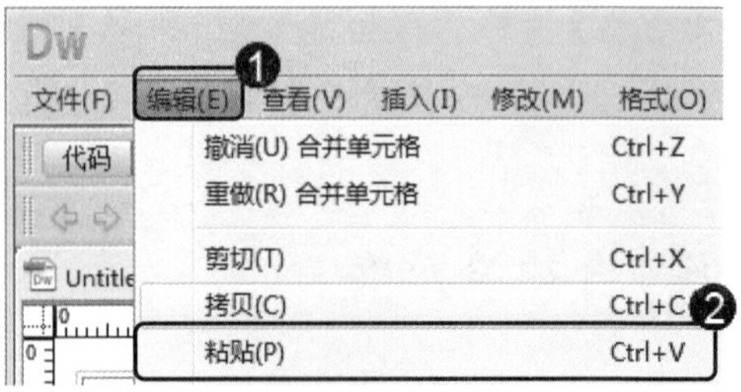

图 7-36

2. 剪切表格

剪切表格的方法与剪切文本对象的方法相同，首先，选中准备剪切的多个单元格对象，在菜单栏中选择【编辑】→【剪切】命令，即可剪切表格，如图 7-37 所示。

将光标定位于准备粘贴单元格的位置，在菜单栏中选择【编辑】→【粘贴】命令，即可将剪切的多个单元格对象粘贴到当前表格中，如图 7-38 所示。

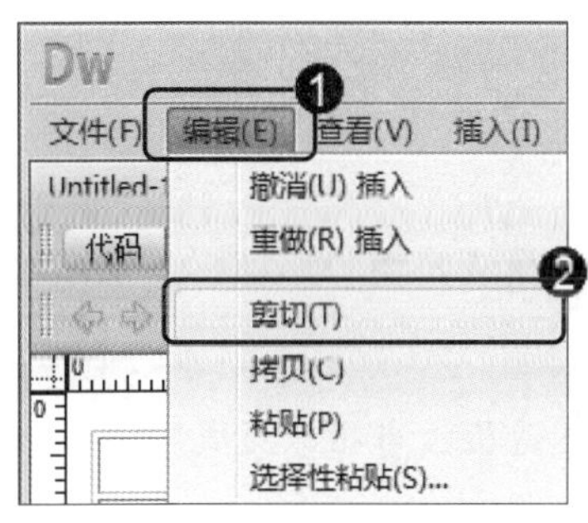

图 7-37

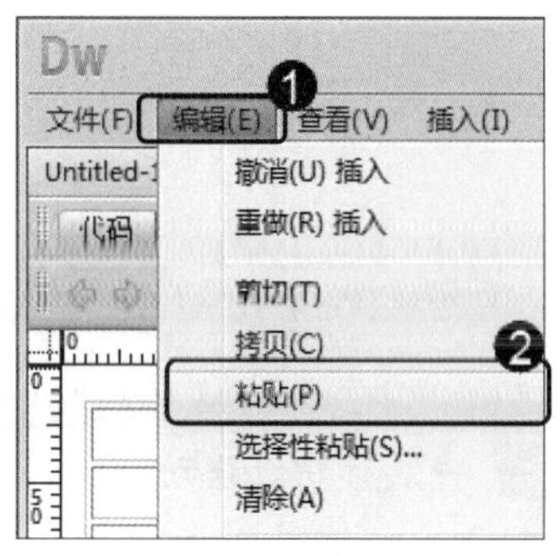

图 7-38

知识精讲

选中准备剪切的多个单元格对象，在菜单栏中选择【编辑】→【剪切】命令，在准备粘贴的表格中右击，在弹出的快捷菜单中选择【粘贴】命令，同样可以实现操作。

考考您

请根据本节学习的编辑与调整表格结构方面的知识，增加和删除表格的行和列，测试一下学习效果。

7.4　表格数据的处理

在 Dreamweaver CS5 中，还提供了对表格数据的处理，包括排序表格和导入导出表格数据。本节将详细介绍处理表格数据方面的知识。

7.4.1　排序表格

排序表格一般是针对具有格式数据的表格而言，Dreamweaver CS5 可以方便地将表格内的数据排序。下面详细介绍其操作方法。

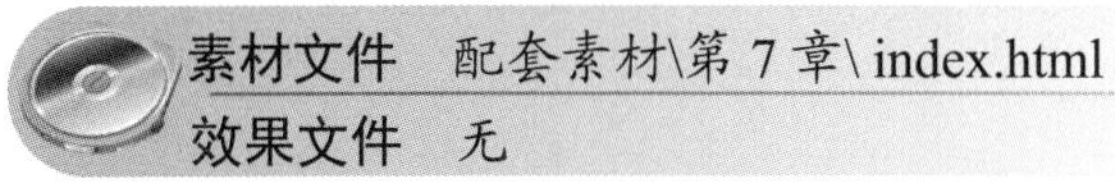

素材文件　配套素材\第 7 章\ index.html

效果文件　无

第 1 步 启动 Dreamweaver CS5，在菜单栏中选择【文件】→【打开】命令，打开素材文件，如图 7-39 所示。

序号	姓名	日期
1	莉莉	1987.6.23
2	样样	1988.3.25
3	小虎	1987.2.25
4	大大	1968.2.12
5	周礼	1989.2.10
6	王批	1988.5.20
7	周至	1986.7.5

图 7-39

第 2 步 将鼠标指针移动到表格的上边框或下边框，当指针变成网格形状时单击，即可选中全部表格，如图 7-40 所示。

序号	姓名	日期
1	莉莉	1987.6.23
2	样样	1988.3.25
3	小虎	1987.2.25
4	大大	1968.2.12
5	周礼	1989.2.10
6	王批	1988.5.20
7	周至	1986.7.5

图 7-40

第 3 步 在菜单栏中选择【命令】→【排序表格】命令，如图 7-41 所示。

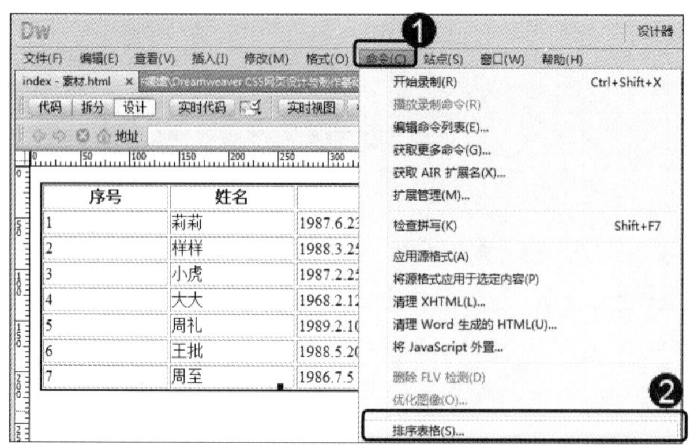

图 7-41

第 4 步 弹出【排序表格】对话框，①设置参数；②单击【确定】按钮，如图 7-42 所示。

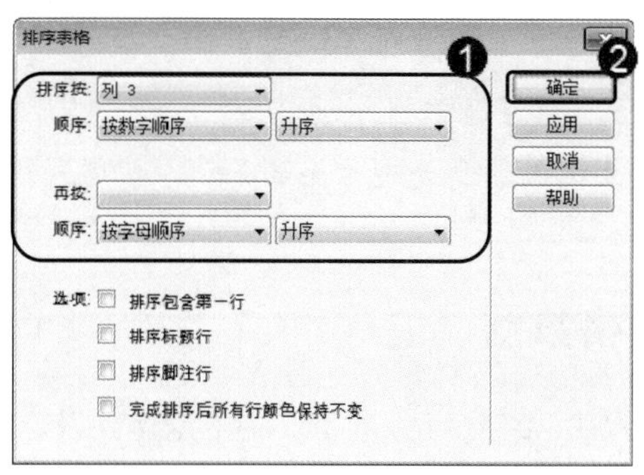

图 7-42

第 5 步 此时，在窗口中已经将表格排序，如图 7-43 所示。通过以上步骤即可完成排序表格的操作。

序号	姓名	日期
4	大大	1968.2.12
7	周至	1986.7.5
3	小虎	1987.2.25
1	莉莉	1987.6.23
2	样样	1988.3.25
6	王批	1988.5.20
5	周礼	1989.2.10

图 7-43

在【排序表格】对话框中可以设置以下参数。

- 【排序按】：选择排序需要最先依据的列。
- 【顺序】：确定哪个列的值将用于对表格的行进行排序。
- 【再按】：可以选择作为其次依据的列，同样可以在【顺序】中选择排序方式和排序方向。
- 【排序包含第一行】：可以选择是否从表格的第一行开始进行排序。
- 【排序标题行】：使用与 body 行相同的条件对表格 thead 部分中的所有行进行排序。
- 【排序脚注行】：使用与 body 行相同的条件对表格 tfoot 部分中的所有行进行排序。
- 【完成排序后所有行颜色保持不变】：排序时不仅移动行中的数据，行的属性也会随之移动。

智慧锦囊

如果表格中含有合并或者拆分的单元格，那么表格将无法使用表格排序的功能进行排序。

考考您

请根据本节学习的表格数据的处理方面的知识，排序表格，测试一下学习效果。

7.4.2 导入/导出表格数据

可以将在另一个应用程序(如 Microsoft Excel)中创建并以分隔文本的格式(其中的项以制表符、逗号、冒号或分号隔开)保存的表格式数据导入 Dreamweaver 中，并设置为表格格式。下面详细介绍导入/导出表格数据的操作方法。

第 1 步 启动 Dreamweaver CS5，在菜单栏中选择【插入】→【表格对象】→【导入表格式数据】命令，如图 7-44 所示。

第 2 步 弹出【导入表格式数据】对话框，①单击【数据文件】文本框右边的【浏览】按钮，选择数据文件；②在【定界符】下拉列表框中选择【逗点】；③单击【确定】按钮，如图 7-45 所示。

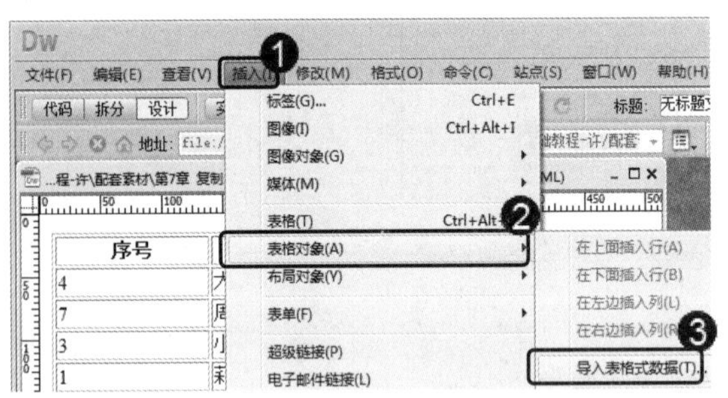

图 7-44

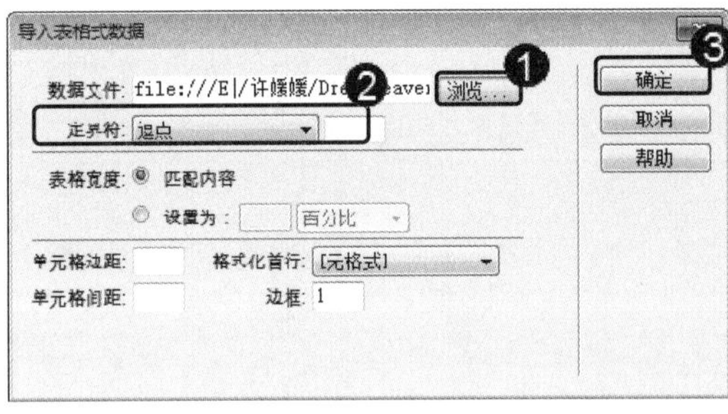

图 7-45

第 3 步 此时，已经将文件导入到窗口中，如图 7-46 所示。通过以上步骤即可完成导入表格式数据的操作。

序号	姓名	日期
4	大大	1968.2.12
7	周至	1986.7.5
3	小虎	1987.2.25
1	莉莉	1987.6.23
2	样样	1988.3.25
6	王批	1988.5.20
5	周礼	1989.2.10

图 7-46

在【导入表格式数据】对话框中可以设置以下参数。

- 【数据文件】：单击【浏览】按钮选择一个文件。
- 【定界符】：要导入的文件中所使用的分隔符。
- 【表格宽度】：表格的宽度。如果选中【匹配内容】单选按钮，则可使每个列足够宽以适应该列中最长的文本字符串；选中【设置为】单选按钮，则以像素为单位指定固定的表格宽度，或按占浏览器窗口宽度的百分比指定表格宽度。

➢　【边框】：指定表格边框的宽度(以像素为单位)。

➢　【单元格边距】：单元格内容与单元格边框之间的像素数。

➢　【单元格间距】：相邻的表格单元格之间的像素数。

如果需要导出表格数据，首先需要将光标移至准备导出的表格中的任意单元格中，在菜单栏中选择【文件】→【导出】→【表格】命令，弹出【导出表格】对话框。设置相应参数，单击【确定】按钮，即可完成导出表格数据的操作，如图 7-47 和图 7-48 所示。

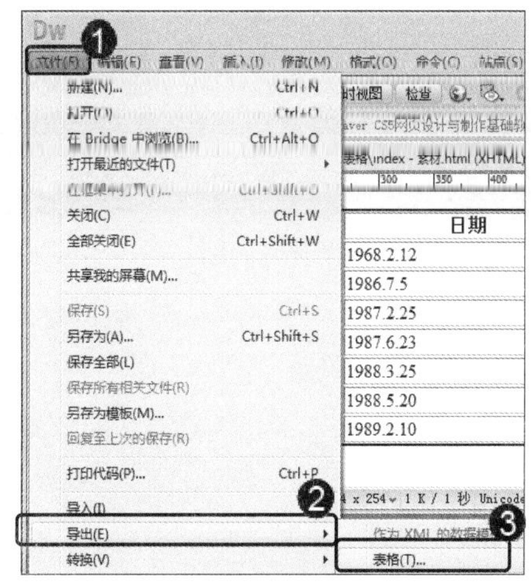

图 7-47

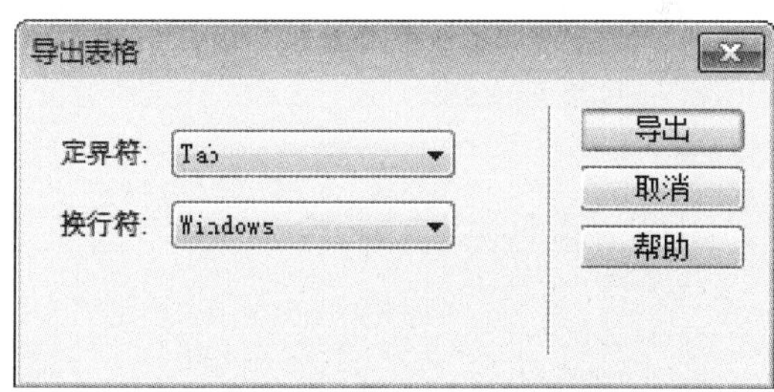

图 7-48

在【导出表格】对话框中可以设置以下参数。

➢　【定界符】：指定应该使用哪种定界符在导出的文件中隔开各项。

➢　【换行符】：指定将在哪种操作系统中打开导出的文件：Windows、Macintosh 还是 UNIX(不同的操作系统具有不同的指示文本行结尾的方式)。

考考您

请根据本节学习的表格数据的处理方面的知识，导入/导出表格数据，测试一下学习效果。

7.5　使用样式控制数据表格

使用 CSS 可以以 HTML 无法提供的方式来设置文本格式和定位文本，从而能更加灵活自如地控制页面的外观。本节将详细介绍使用样式控制数据表格方面的知识。

7.5.1　表格模型

网页设计中，页面布局是一个重要的部分，Dreamweaver CS5 提供了多种方法来创建和控制网页布局，最普通的方法就是使用表格，使用表格可以简化页面布局设计过程、导入表格化数据、设计页面分栏及定位页面上的文本和图像等。

通过使用<thead>、<tbody>、<tfood>元素，将表格行聚集为组，可以构建更复杂的表格。<thead>标签用于指定表格标题行；<tfood>是表格标题行的补充，是一组作为脚注的行；<tbody>标签标记表格的正文部分，表格可以有一个或者多个<tbody>部分。

下面是一个包含表格行组的数据表格，代码如下：

```
<table width="570" height="217" border="1">
  <tr>
    <th colspan="5" scope="col">本周安排</th>
  </tr>
  <tr>
    <td>星期一</td>
    <td>星期二</td>
    <td>星期三</td>
    <td>星期四</td>
    <td>星期五</td>
  </tr>
  <tr>
    <td>学习</td>
    <td>美术</td>
    <td>休息</td>
    <td>音乐</td>
    <td>美术</td>
  </tr>
  <tr>
    <td>上课</td>
    <td>书法</td>
    <td>上课</td>
    <td>休息</td>
    <td>学习</td>
  </tr>
</table>
</body>
```

按 F12 键，即可在浏览器中浏览表格，如图 7-49 所示。

图 7-49

智慧锦囊

Web 浏览器通过基于浏览器对表格标记理解的默认样式设计显示表格。单元格之间或者表格周围通常没有边框，表格数据单元格使用普通文本。

7.5.2　表格标题

caption 元素可定义一个表格标题，caption 标签必须紧随 table 标签之后，只能对每个表格定义一个标题，通常这个标题在表格上方居中显示。

在一般情况下，可以使用 caption-side 标签，caption-side 用来定义网页中的表格标题显示位置。caption-side 属性值如表 7-1 所示。

表 7-1　caption-side 属性值

值	效　果
bottom	标题出现在表格之后
top	标题出现在表格之前
inherit	设置 caption-side 值

智慧锦囊

IE 浏览器不支持 caption-side 属性。在 IE 浏览器中，表格标题总是出现在表格行之前。

7.5.3　表格样式控制

在 Dreamweaver CS5 中，通过表格样式的控制，可以对表格进行相应的设置。下面详细介绍表格样式控制方面的知识。

1. <table-layout >标签

表示设置或检索表格的布局算法。其中包括: <auto>和<fixed>。

auto：默认值，默认的自动算法，布局将基于各单元格的内容，表格在每个单元格内的所有内容都读取计算之后才会显示出来。

fixed：固定布局的算法，在这种算法中，表格和列的宽度取决于 col 对象的宽度总和。假如没有指定，则取决于第一行每个单元格的宽度；假如表格没有指定宽度(Width)属性，则表格被呈递的默认宽度为 100%。

2. <COL>标签

指定基于列的表格默认属性，使用 span 属性可以指定 COLGROUP 定义的表格列数，该属性的默认值为 1。

3. <COLGROUP> 标签

指定表格中一列或一组列的默认属性，使用 span 属性可以指定 COLGROUP 定义的表格列数，该属性的默认值为 1。

4. <border-collapse >标签

设置或检索表格的行和单元格的边是合并在一起还是按照标准的 HTML 样式分开，语法包括<separate>和<collapse>，其中前者是默认值。

5. <border-spacing >标签

设置或检索当表格边框独立(例如当 border-collapse 属性等于 separate)时，行和单元格的边在横向和纵向上的间距，其中<length>是由浮点数字和单位标识符组成的长度值，不可为负值。

6. <empty-cells >标签

设置或检索当表格的单元格无内容时，是否显示该单元格的边框。只有当表格行和列的边框独立(例如当 border-collapse 属性等于 separate)时，此属性才起作用。

考考您

请根据本节学习的使用样式控制数据表格方面的知识，设计列的样式，测试一下学习效果。

7.6 实践案例与上机指导

通过本章的学习，读者基本可以掌握使用表格布局页面以及一些常见的操作方法。下面通过练习操作，以达到巩固学习、拓展提高的目的。

7.6.1 使用表格布局模式设计网页

在 Web 标准推出之前，所有的网站都是使用网格布局的，使用网格布局既方便又快捷。下面详细介绍使用表格布局模式设计网页的操作方法。

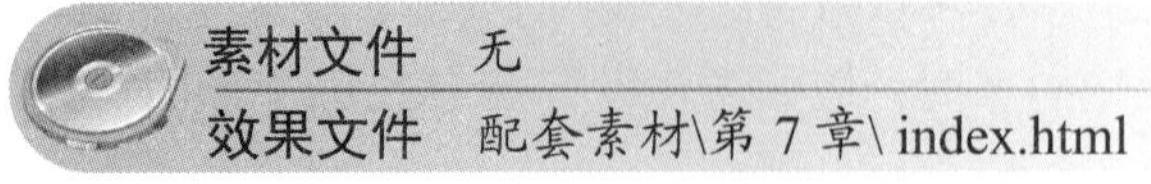
素材文件 无
效果文件 配套素材\第 7 章\ index.html

第 1 步 启动 Dreamweaver CS5，在菜单栏中选择【文件】→【新建】命令，弹出【新建文档】对话框。新建 HTML 文档，并将其保存，如图 7-50 所示。

第 2 步 使用相同的方法，选择【文件】→【新建】命令，新建一个 CSS 文件，并将其保存，如图 7-51 所示。

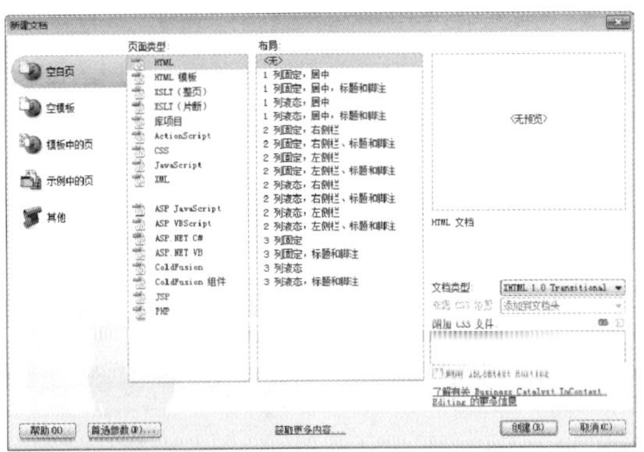

图 7-50

图 7-51

第 3 步 在【CSS 样式】面板中，单击【CSS 样式】上的【附加样式表】按钮，如图 7-52 所示。

第 4 步 弹出【链接外部样式表】对话框，①单击【文件/URL】下拉列表框右边的【浏览】按钮，添加刚刚创建的外部样式表文件；②单击【确定】按钮，如图 7-53 所示。

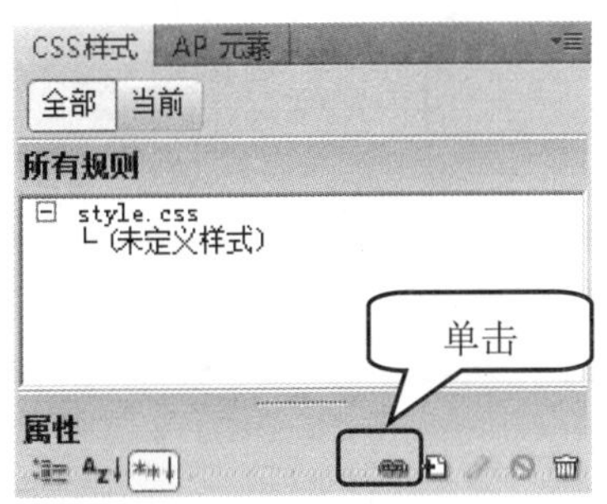

图 7-52

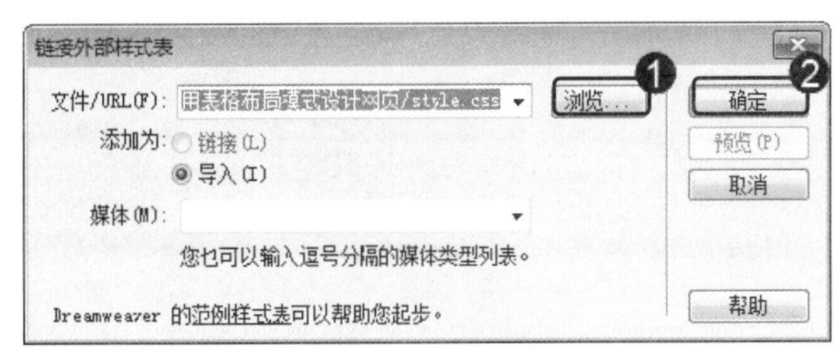

图 7-53

第 5 步 在【CSS 样式】面板中，单击【CSS 样式】上的【新建 CSS】按钮，如图 7-54 所示。

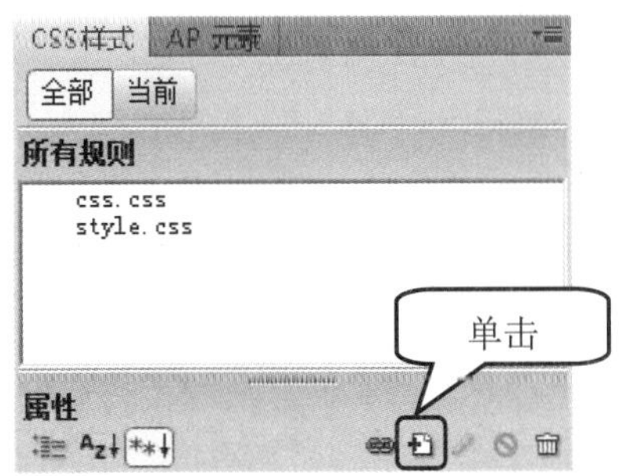

图 7-54

第 6 步 弹出【新建 CSS 规则】对话框，①单击展开【选择器类型】区域的下拉按钮，选择【标签(重新定义 HTML 元素)】选项；②单击展开【规则定义】下拉按钮，选择 style.css

选项；③单击【确定】按钮，如图 7-55 所示。

第 7 步 在【分类】列表框中，①选择【类型】选项；②设置各项的参数，如图 7-56 所示。

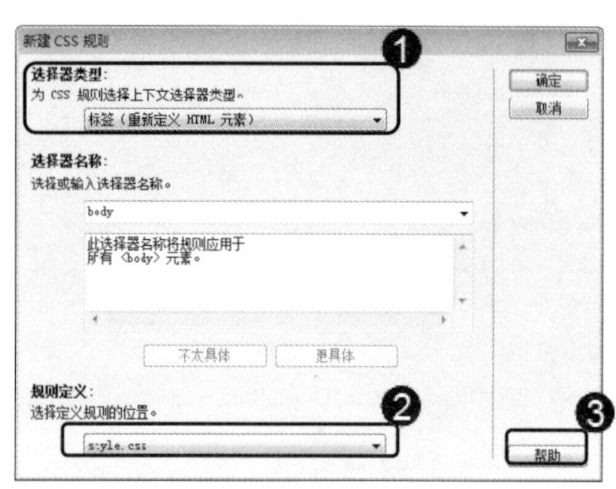

图 7-55

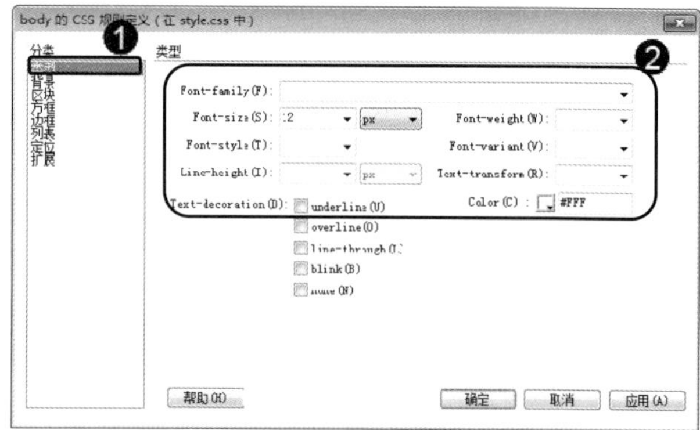

图 7-56

第 8 步 在【分类】列表框中，①选择【背景】选项；②设置各项的参数，如图 7-57 所示。

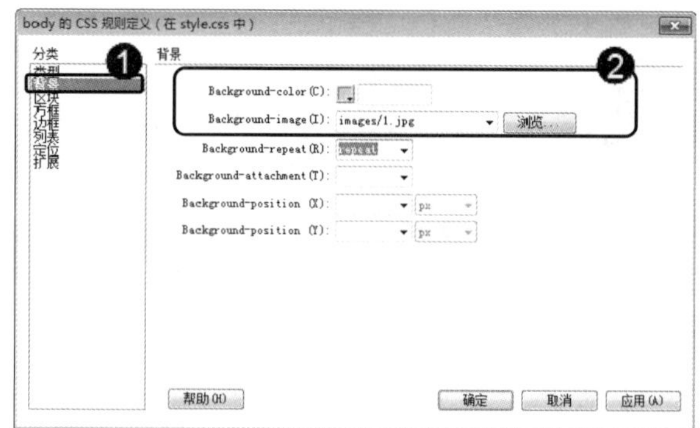

图 7-57

第 9 步 在【分类】列表框中，①选择【方框】选项；②设置各项的参数；③单击【确定】按钮，如图 7-58 所示。

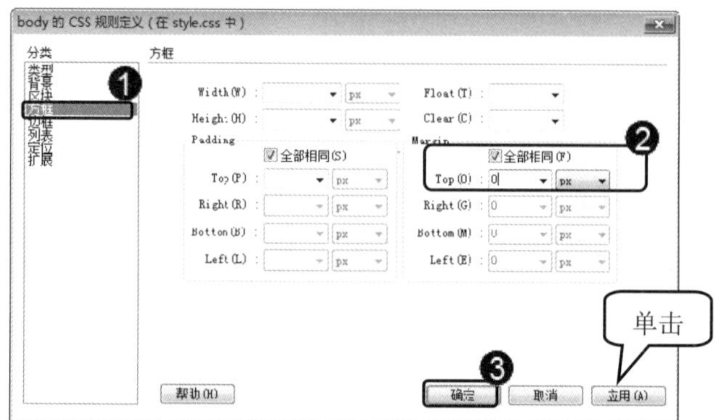

图 7-58

第 10 步 在【当前】界面可以查看到相应的各项参数和网页效果，如图 7-59 所示。

第 11 步 在【插入】栏中单击【表格】按钮，如图 7-60 所示。

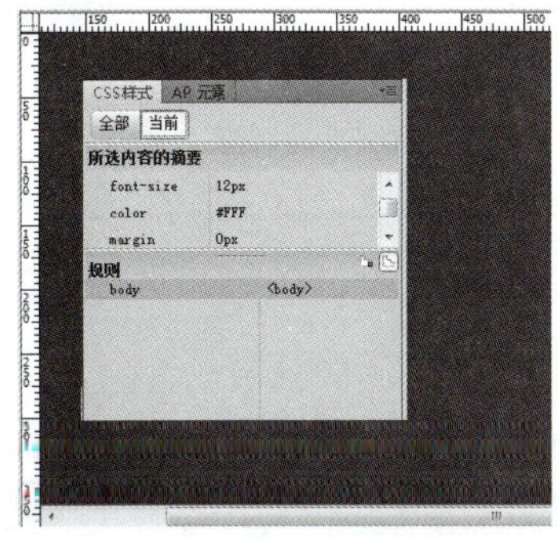

图 7-59

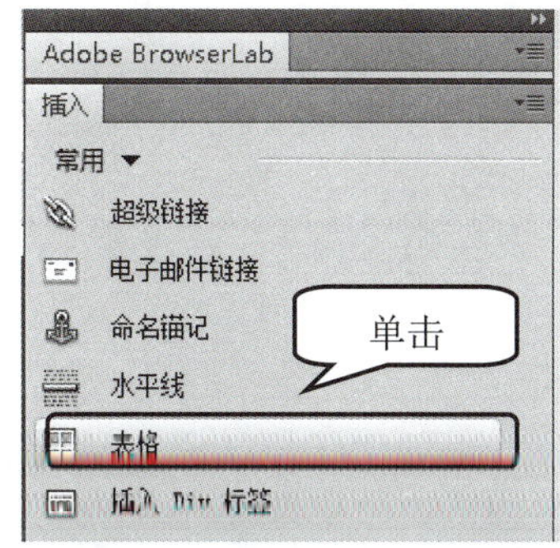

图 7-60

第 12 步 弹出【表格】对话框，①设置行数和列；②设置【表格宽度】参数；③单击【确定】按钮，如图 7-61 所示。

第 13 步 在【属性】面板中设置【宽】为 45，如图 7-62 所示。

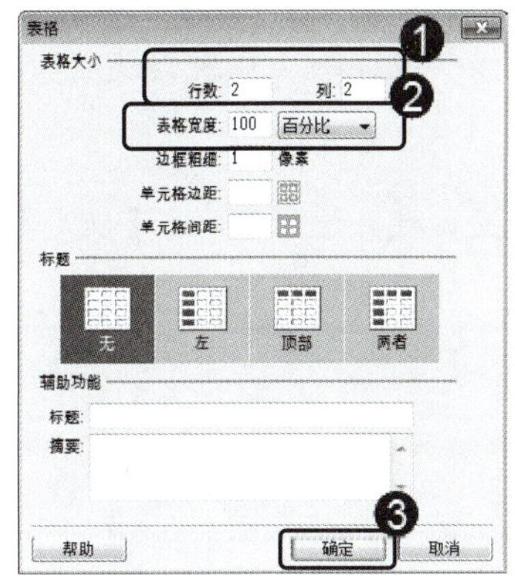

图 7-61

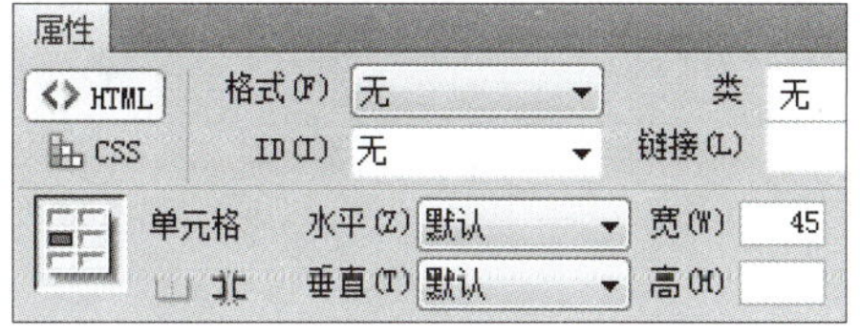

图 7-62

第 14 步 在【插入】栏中单击【图像】按钮，弹出【选择图像源文件】对话框，①选择图像 4；②单击【确定】按钮，如图 7-63 所示。

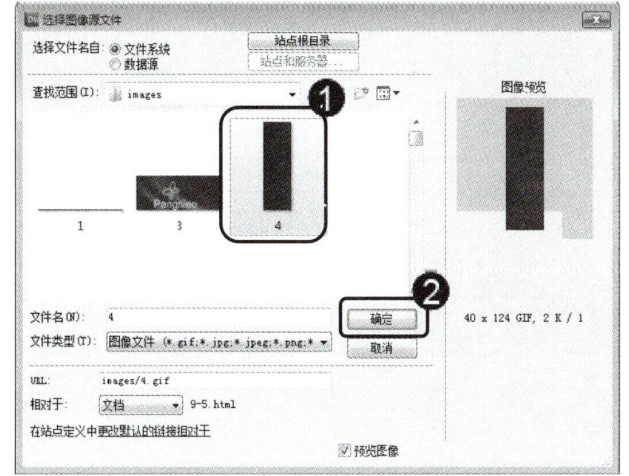

图 7-63

第 15 步 将光标移至第 1 行第 2 列的位置，插入表格，①设置参数数值；②单击【确定】按钮，如图 7-64 所示。

第 16 步 在【属性】面板中，①设置【宽】为 260；②单击展开【垂直】下拉按钮，选择【顶端】选项，并在单元格中插入图像(配套素材\第 7 章\7.6.1\images\4.gif)，如图 7-65 所示。

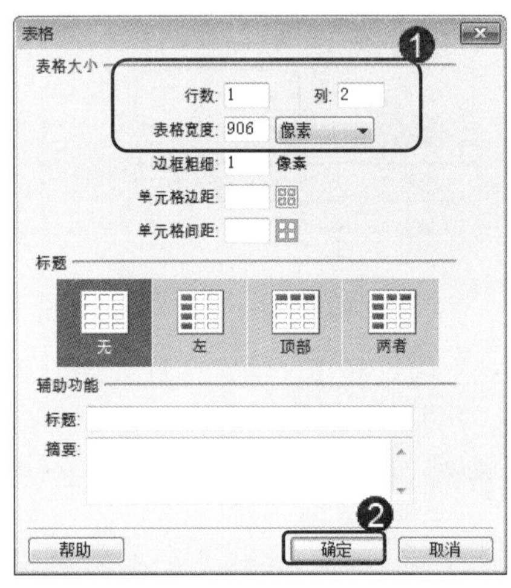

图 7-64

图 7-65

第 17 步 在视图第 2 列表格中继续插入表格，①设置参数数值；②单击【确定】按钮，如图 7-66 所示。

第 18 步 在刚刚插入的表格的第 1 列单元格中，继续插入表格，①设置参数数值；②单击【确定】按钮，如图 7-67 所示。

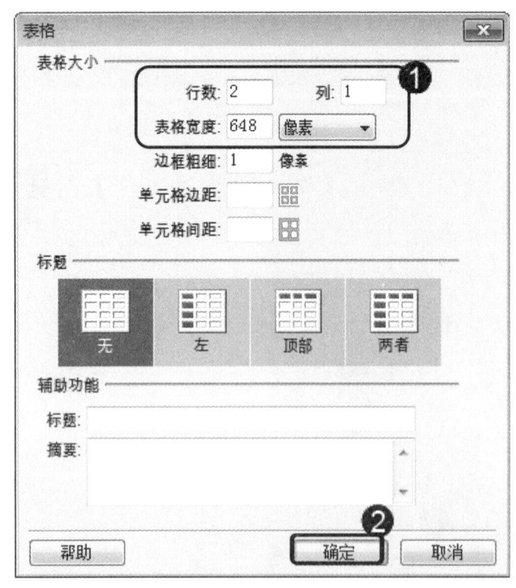

图 7-66

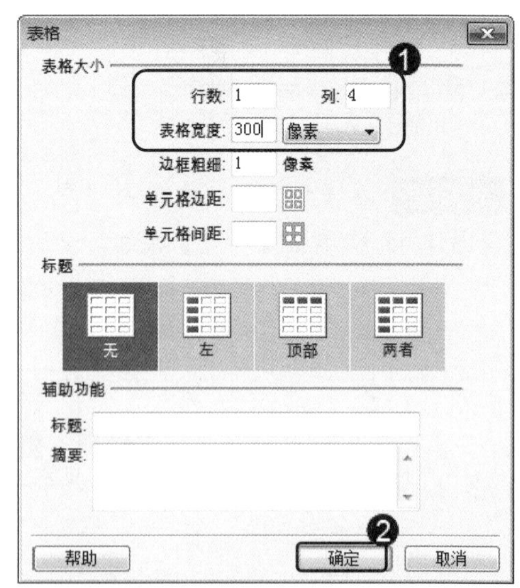

图 7-67

第 19 步 在【属性】面板中单击展开【水平】下拉按钮，选择【右对齐】选项，如图 7-68 所示。

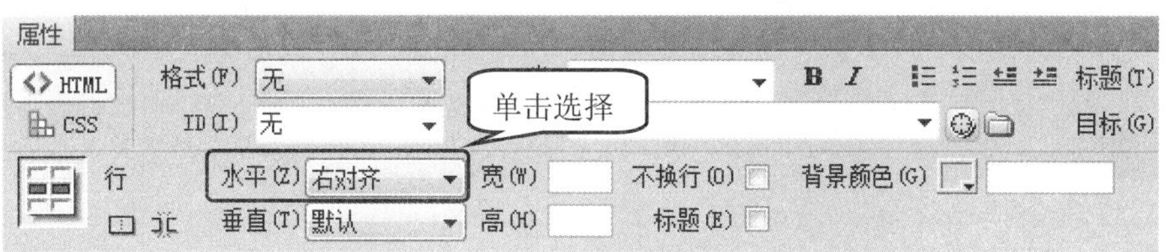

图 7-68

第 20 步 在表格中输入文本，如图 7-69 所示。

第 21 步 将光标移至上一级表格的第 2 行中，并在【属性】面板中，①设置【宽】为 90；②【垂直】属性为【顶端】选项，如图 7-70 所示。并在【插入】栏中单击【媒体】按钮。

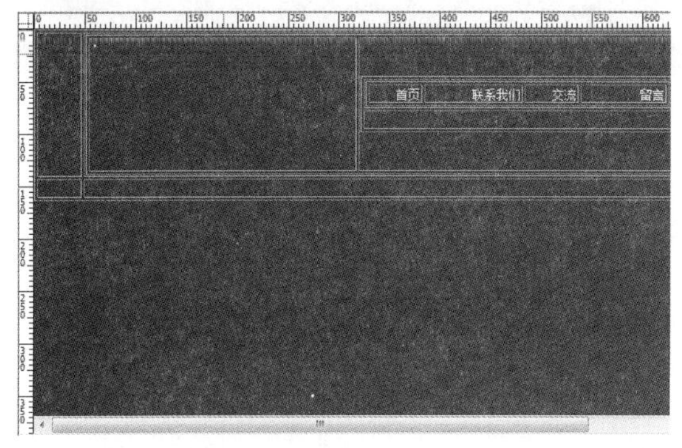

图 7-69

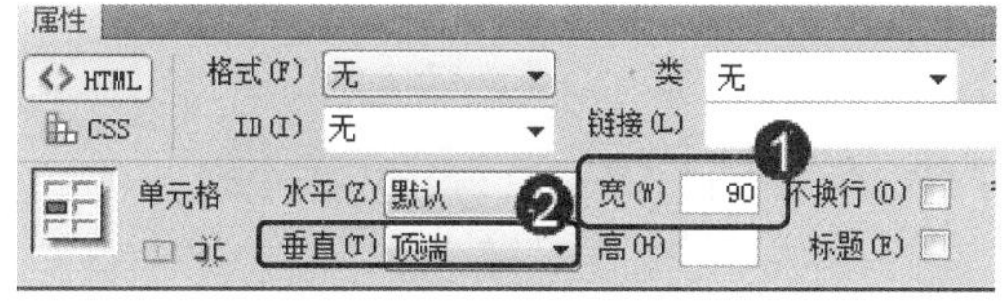

图 7-70

第 22 步 弹出【选择 SWF】对话框，①选择 7-1 素材；②单击【确定】按钮，如图 7-71 所示。

第 23 步 在最下端的单元格中插入文本，并将光标放置于文本末端。在【插入】栏中单击【图像】按钮，弹出【选择图像源文件】对话框，①选择图像；②单击【确定】按钮，如图 7-72 所示。

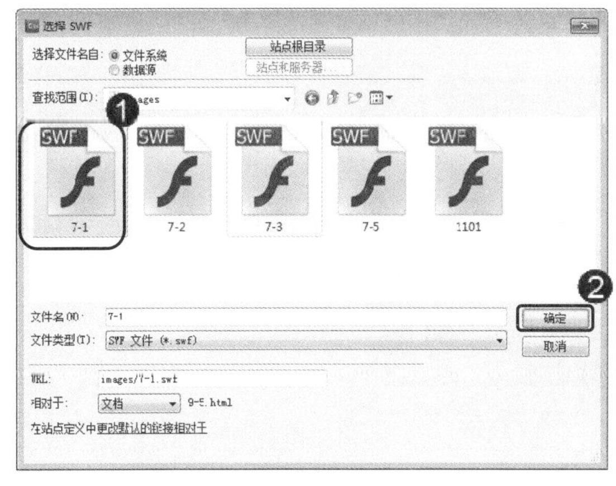

图 7-71

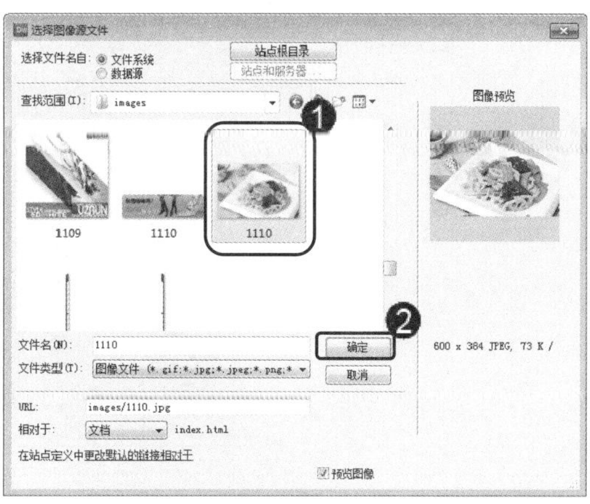

图 7-72

第 24 步 将光标放置在视图中左上角第 2 个单元格中，在【插入】栏中选择【媒体】

按钮，弹出【选择 SWF】对话框，①选择 7-2 素材；②单击【确定】按钮，如图 7-73 所示。

第 25 步 保存文档。按 F12 键，即可在浏览器中浏览到网页的视觉效果，如图 7-74 所示。

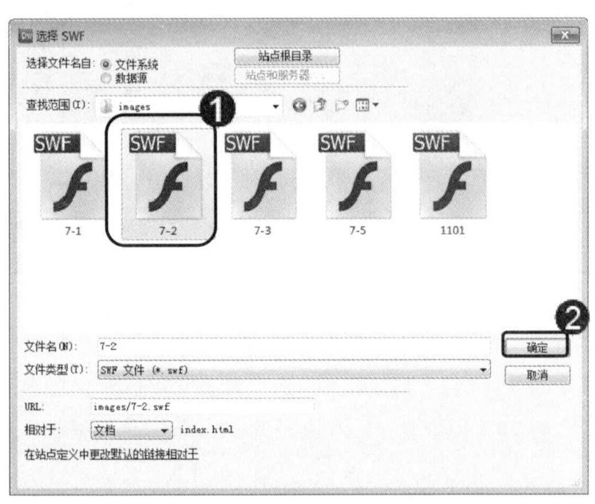

图 7-73

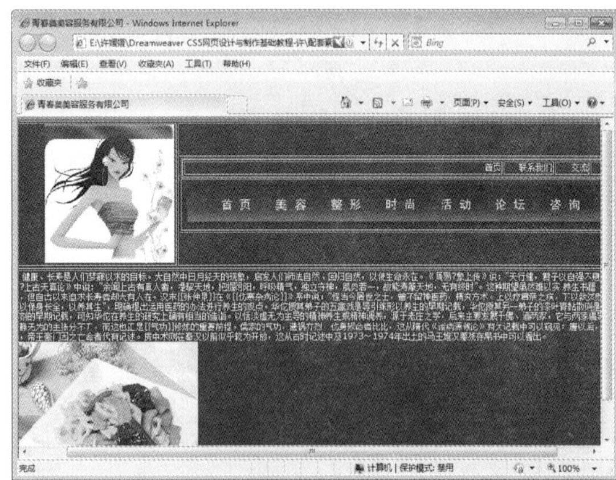

图 7-74

7.6.2 制作网页细线表格

在网页中，可以绘制表格，并对表格进行编辑。下面详细介绍制作网页细线表格的操作方法。

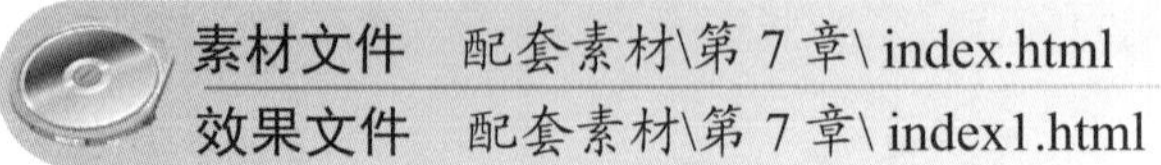

第 1 步 启动 Dreamweaver CS5，在菜单栏中选择【文件】→【打开】命令，打开素材文件，如图 7-75 所示。

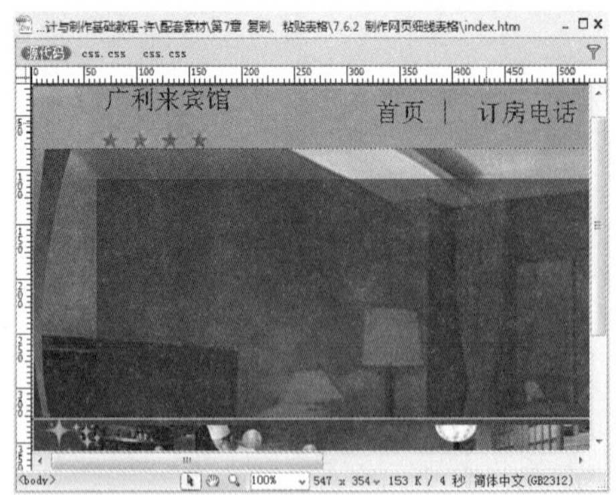

图 7-75

第 2 步 将光标放置在准备插入表格的位置，在【插入】栏中单击【表格】按钮，如图 7-76 所示。

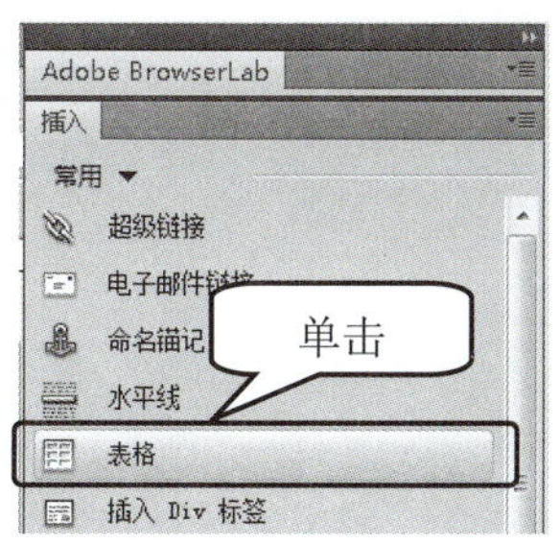

图 7-76

第 3 步 弹出【表格】对话框，⑴设置各项参数；⑵单击【确定】按钮，如图 7-77 所示。

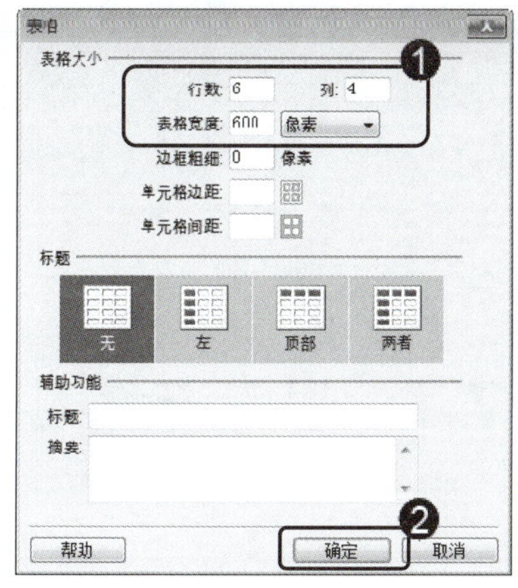

图 7-77

第 4 步 在【属性】面板中，分别设置【填充】、【间距】、【边框】和【对齐】的参数，如图 7-78 所示。

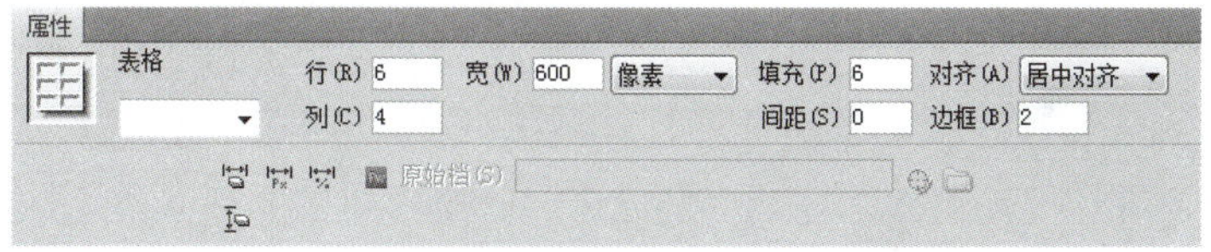

图 7-78

第 5 步 选择准备使用的字体，在单元格中输入相应的文本，如图 7-79 所示。

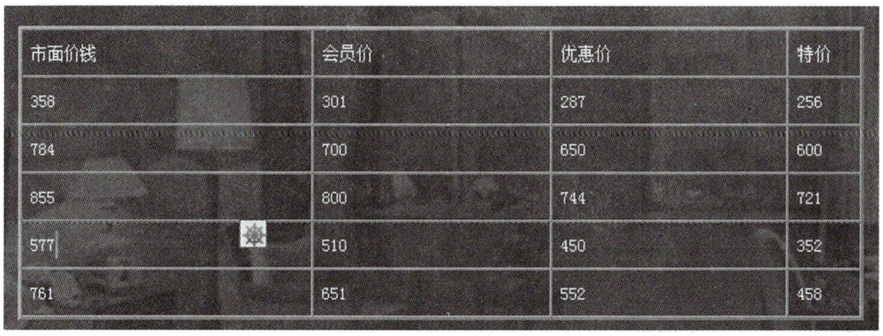

市面价钱	会员价	优惠价	特价
358	301	287	256
784	700	650	600
855	800	744	721
577	510	450	352
761	651	552	458

图 7-79

第 6 步 保存文档。按 F12 键，即可在浏览器中浏览到网页的效果，如图 7-80 所示。

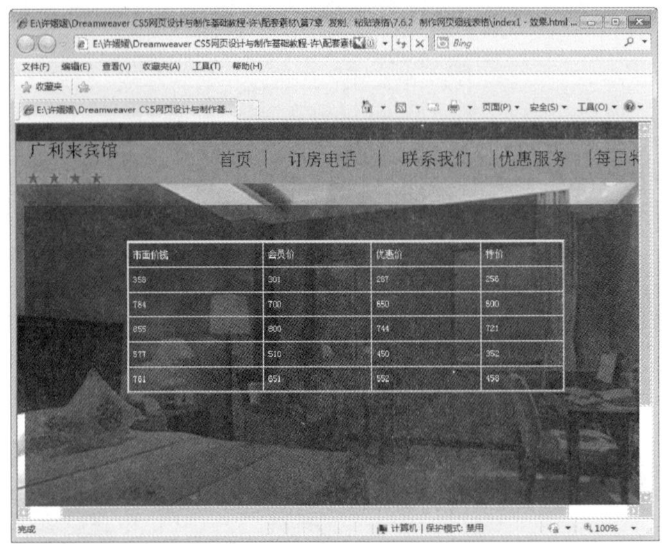

图 7-80

7.7 思考与练习

一、填空题

1. __________是网页设计中最有用、最常用的工具，除了排列数据和图像外，在网页布局中，表格更多地用于网页对象____________。

2. 表格是由一些粗细不同的横线和竖线构成的，由横线和竖线相交的一个个方格称为_________。

3. 单元格是_________的基本单位，每一个单元格都是一个独立的文本输入区域，可以输入__________和________，并单独进行排版和编辑。

4. _______是网页设计制作不可缺少的元素，以简洁明了和高效快捷的方式将图片、文本、数据和表单的元素有序地显示在页面上，可以设计出漂亮的___________。

5. 在 Dreamweaver CS5 中，不仅可以导入_____________，还可以将文档中的数据文件导出。

二、判断题

1. 表格创建完成后，可以向表格中添加内容，在表格中添加的内容可以包括文本、图像或数据。（　）

2. 在表格中输入文本与在网页文档中输入文本的方法不同，首先，需要将光标定位在准备输入文本的单元格中，然后输入相关文本。（　）

3. 如果文本超出了单元格的大小，单元格会自动扩展。（　）

4. 对于插入的表格，只通过设置表格和单元格属性不能够满足网页设置的需要。（　）

5. 所谓调整表格大小，指的是更改表格的整体高度和宽度。　(　　)

三、思考题

1. 如何导入数据？
2. 如何选择表格？

新起点 电脑教程

第 8 章

应用 CSS 样式美化网页

本章要点

- 认识 CSS 样式表
- 创建 CSS 样式
- 将 CSS 应用到网页
- 设置 CSS 样式

本章主要内容

本章主要介绍认识 CSS 样式表、CSS 的基本概念、CSS 样式的类型和 CSS 样式的基本语法等知识与技巧，同时还讲解了创建 CSS 样式、建立标签样式、建立类样式、建立复合内容样式等，最后还针对实际的工作需求，讲解了将 CSS 应用到网页、设置 CSS 样式、设置文本样式和设置背景样式等方法。通过本章的学习，读者可以掌握应用 CSS 样式美化网页方面的知识，为深入学习 Dreamweaver CS5 知识奠定基础。

8.1 认识 CSS 样式表

运用 CSS 样式表可以依次对若干个网页所有的样式进行控制，CSS 是 Cascading Style Sheet 的缩写，有些书上称为“层叠样式表”或“级联样式表”，是一种网页制作的新技术，已经被大多数的浏览器所支持。本节将详细介绍认识 CSS 样式表方面的知识。

8.1.1 CSS 的基本概念

CSS(Cascading Style Sheet)，中文译为“层叠样式表”，是用于控制网页样式并允许将样式信息与网页内容分离的一种标记性语言。CSS 是 1996 年由 W3C 审核通过，并且推荐使用的。

CSS 是一系列格式设置规则，控制 Web 页面内容的显示方式。使用 CSS 设置页面格式时，可将内容与表现形式分开，用于定义代码表现形式的 CSS 规则通常保存在另一个文件(外部样式表)或 HTML 文档的文件头部分。

简单地说，CSS 的引入就是为了使得 HTML 能够更好地适应页面的美工设计。以 HTML 为基础，提供了丰富的格式化功能，并且网页设计者可以针对各种可视化浏览器设置不同的样式风格等。

CSS 的引入随即引发了网页设计的一个又一个新高潮，使用 CSS 设计的优秀页面层出不穷。

CSS 样式表有以下特点。

- 可以将网页的显示控制与显示内容分离。
- 能更有效地控制页面的布局。
- 可以制作出体积更小、下载更快的网页。
- 可以更快、更方便地维护及更新大量的网页。

8.1.2 CSS 样式的类型

CSS 样式的类型包括自定义 CSS(类样式)、重定义标签的 CSS 和 CSS 选择器样式(高级样式)。下面详细介绍其各种类型。

1. 自定义 CSS(类样式)

自定义样式最大的特点就是具有可选择性，可以自由决定将该样式应用于哪些元素，就文本操作而言，可以选择一个字、一行、一段乃至整个页面中的文本添加自定义的样式。选择样式应用范围实质是在要使用样式的一对标签之间(如选择范围中没有标签，则 Dreamweaver 会自动添加一个名为 span 的标签)添加一个 class=“classname”语句(classname 是引用的样式名称)。

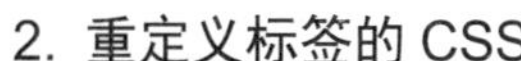

2. 重定义标签的 CSS

重定义标签的 CSS 实际上重新定义了现有 HTML 标签的默认属性，具有“全局性”。一旦对某个标签重定义样式，页面中所有该标签都会按 CSS 的定义显示。但是值得注意的是，只有成对出现的 HTML 标签(如<td></td>)才能进行重定义，单个标签(如<hr>)不能进行重定义。

3. CSS 选择器样式(高级样式)

CSS 选择器样式可以用来控制标签属性，通常用来设置链接文字的样式。对链接文字的控制，有以下 4 种类型。

- “a:link”(链接的初始状态)：用于定义链接的常规状态。
- “a:hover”(鼠标指向的状态)：如果定义了这种状态，当鼠标指针移到链接上时，即按该定义显示，用于增强链接的视觉效果。
- “a:visited”(访问过的链接)：对已经访问过的链接，按此定义显示。为了能正确区分已经访问过的链接。“a:visited”的显示方式要不同于普通文本及链接的其他状态。
- “a:active”(在链接上按下鼠标时的状态)：用于表现鼠标按下时的链接状态。实际中应用较少。如果没有特别的需要，可以定义成与“a:link”状态或者“a:hover”状态相同。

8.1.3　CSS 样式的基本语法

CSS 的基本语法由三部分构成：选择器(Selector)、属性(Property)和属性值(Value)。如：

```
selector {property: value}

p {color:blue}
```

HTML 中所有的标签都可以作为选择器。

如果需要添加多个属性，在两个属性之间要使用分号进行分隔。下面的样式包含两个属性：一个是对齐方式居中，一个是字体颜色为红，两个样式需要使用分号进行分隔。如：

```
p {text-align:center;color:red}
```

为了提高样式代码的可读性，可以将代码分行书写：

```
p{
text-align: center;
color: black;
font-family: arial
}
```

1. 选择器组

如果需要将相同的属性和属性值赋予多个选择器，选择器之间需要使用逗号进行分隔。

```
H2,h3,h4,h5,h6,h7
{
color: red
}
```

上面的例子是将所有正文标题(<h2>到<h7>)的字体颜色变成红色。

2. 类选择器

利用类选择器，可以使用同样的 HTML 标签创建不同的样式。

如段落“<p>”有两种样式：一种是左对齐，一种是右对齐。可以如下书写：

```
p.right {text-align:right}
p.center {text-align:center}
```

其中 right 和 center 是两个类。然后可以引用这两个类，代码如下：

```
<p class="center">左对齐显示</p>
<p class="right">右对齐显示</p>
```

也可以不用 HTML 标签，直接用“.”加上类名称作为一个选择器，代码如下：

```
.center {text-align: center}
```

通用的类选择器没有标签的局限性，可以用于不同的标签，如：

```
<h1 class = "center">标题居中显示</h1>
<p class = "center">段落居中显示</p>
```

3. CSS 注释

为了方便以后更好地阅读 CSS 代码，可以为 CSS 添加注释。

CSS 注释以“/*”开头，以“*/”结束。如：

```
/*段落样式*/
p
{
text-align: center;
/*居中显示*/
color: black;
font-family: arial
```

知识精讲

CSS 的定义代码由一系列的格式定义组成，可以应用到使用标准 HTML 标记格式的文本上，也可以应用到通过 Class(类)属性所设定范围的文本上。

考考您

请根据本节学习的认识 CSS 样式表方面的知识，应用 CSS 样式基本语法，测试一下学习效果。

8.2　创建 CSS 样式

在熟悉了 CSS 和 CSS 基本语法之后，便可以创建 CSS 样式，其中包括建立标签样式、建立类样式、建立复合内容样式、建立 ID 样式和链接外部样式表。本节将详细介绍创建 CSS 样式方面的知识。

8.2.1　建立标签样式

标签样式是网页中最为常见的一种样式，一般在创建页面时，首先会建立一个 body 标签样式。下面详细介绍建立标签样式的操作方法。

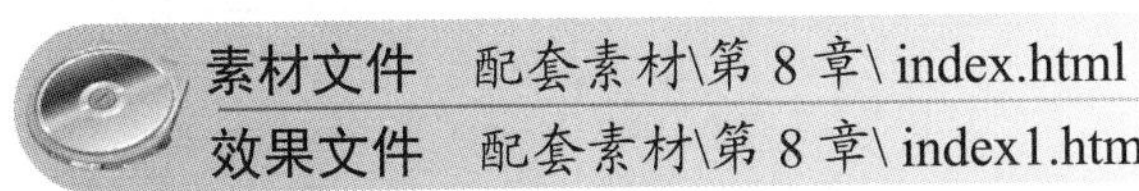

第 1 步　启动 Dreamweaver CS5，在菜单栏中选择【文件】→【打开】命令，打开素材文件，如图 8-1 所示。

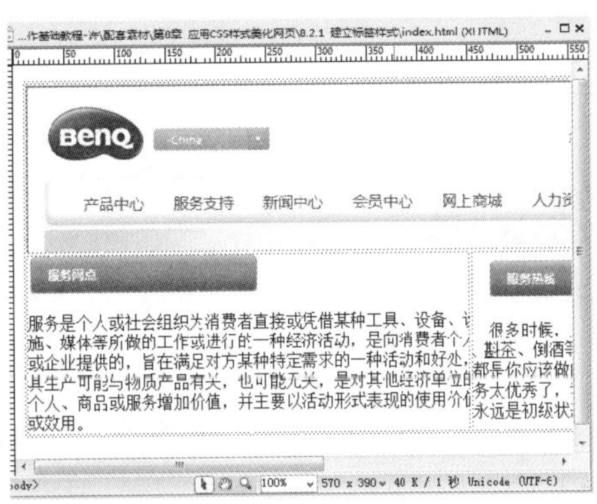

图 8-1

第 2 步　在【CSS 样式】面板上单击【新建 CSS 规则】按钮，如图 8-2 所示。

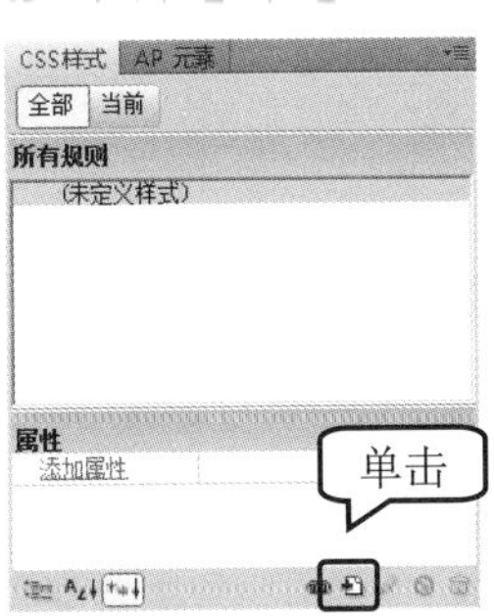

图 8-2

第 3 步　弹出【新建 CSS 规则】对话框，①单击展开【选择器类型】下拉按钮，选择

【标签(重新定义 HTML 元素)】；②单击【帮助】按钮，如图 8-3 所示。

第 4 步 弹出【CSS 规则定义】对话框，①在【分类】列表框中选择各项进行设置；②单击【确定】按钮，如图 8-4 所示。

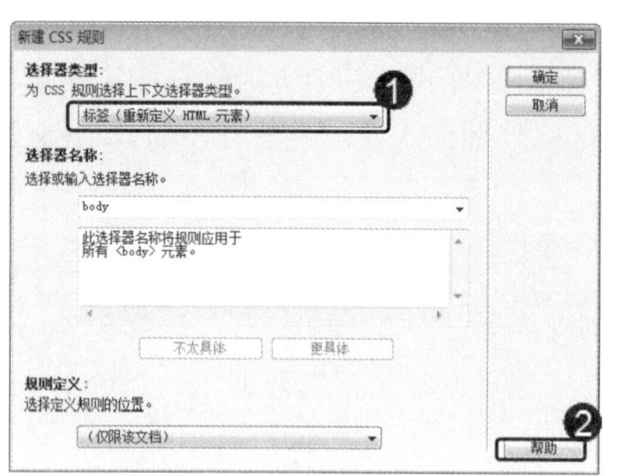
图 8-3

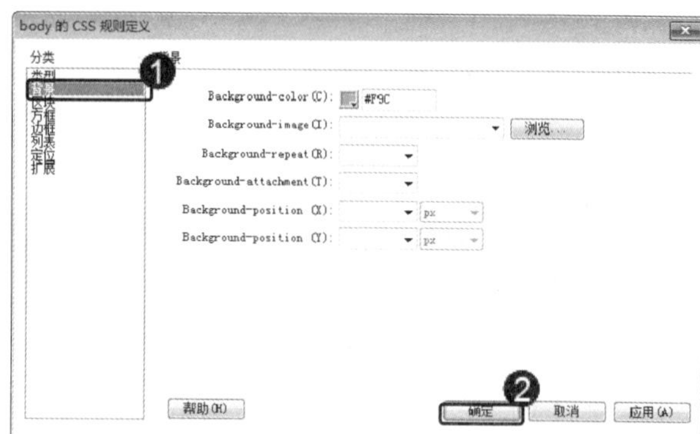
图 8-4

第 5 步 切换至【代码】视图，可以看到在代码中添加了相应的代码，如图 8-5 所示。

第 6 步 保存文档。按 F12 键，即可在浏览器中浏览到网页的视觉效果，如图 8-6 所示。

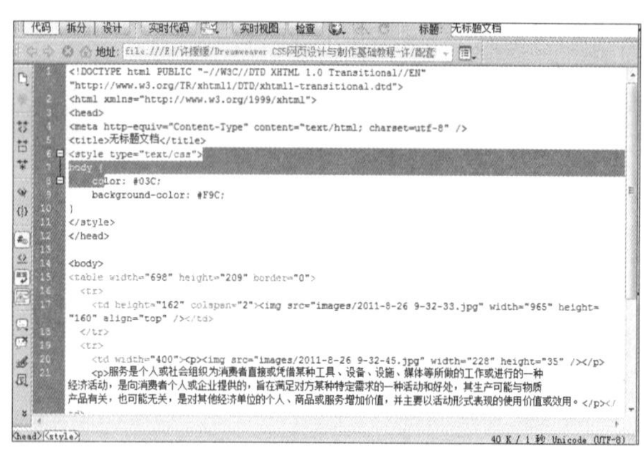
图 8-5

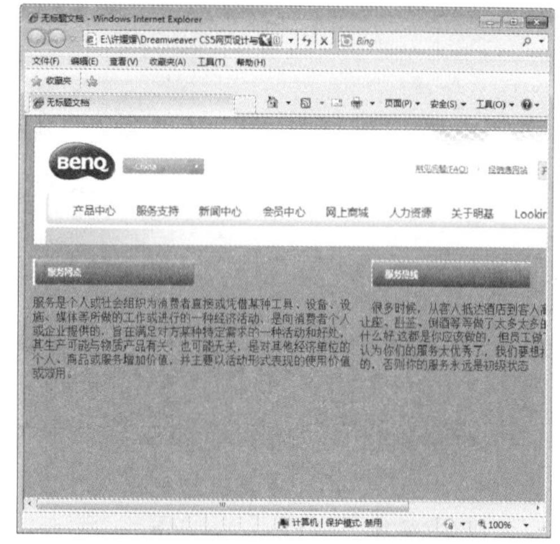
图 8-6

8.2.2 建立类样式

通过类样式的使用，可以对网页中的元素进行更加精确的控制，达到理想的效果。下面详细介绍建立类样式的操作方法。

第 1 步 在【CSS 样式】面板上，单击【新建 CSS 规则】按钮，如图 8-7 所示。

第 2 步 弹出【新建 CSS 规则】对话框，①单击展开【选择器类型】下拉按钮，选择【类(可应用于任何 HTML 元素)】；②单击【确定】按钮，如图 8-8 所示。

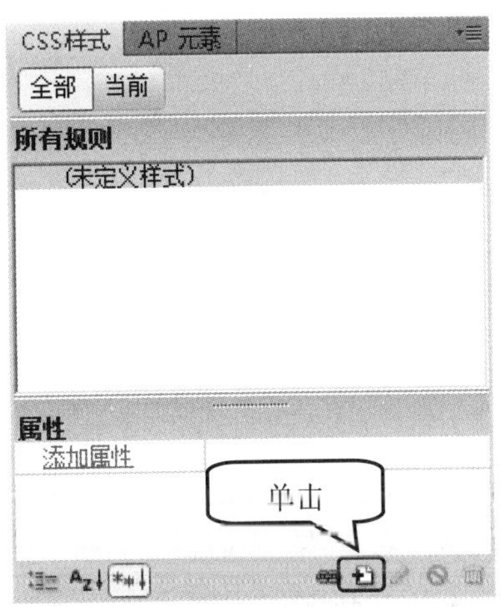

图 8-7

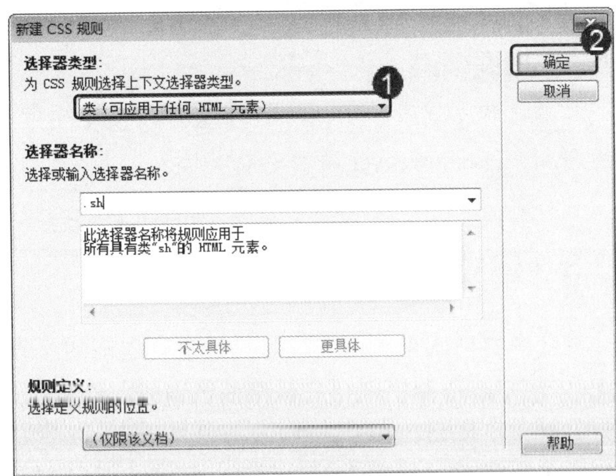

图 8-8

第 3 步 弹出【CSS 规则定义】对话框，①在【分类】列表框中选择各项进行设置；②单击【确定】按钮，如图 8-9 所示。

第 4 步 切换至【代码】视图，可以看到在代码中添加了相应的代码，如图 8-10 所示。

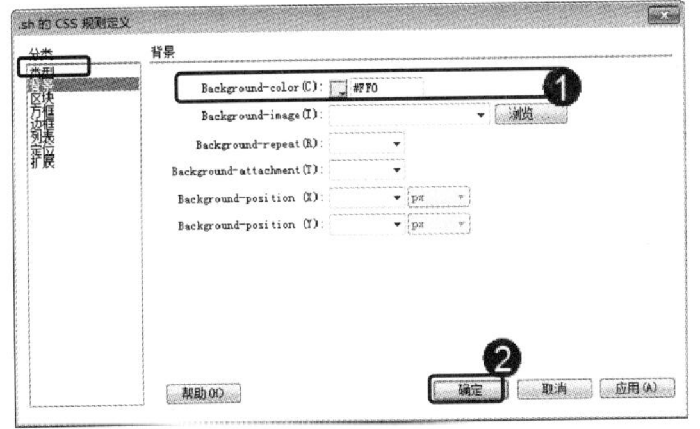

图 8-9

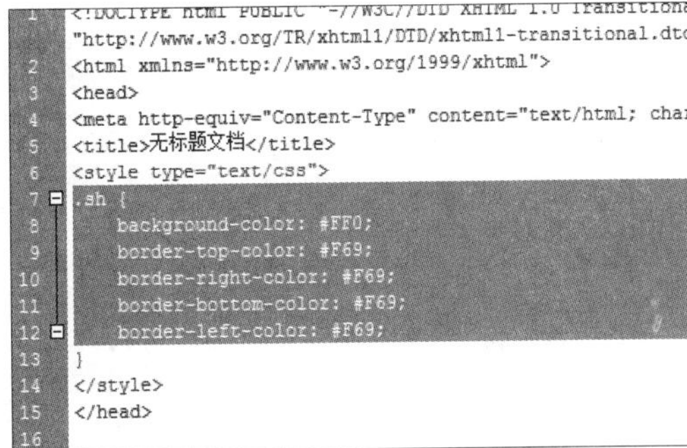

图 8-10

第 5 步 保存文档。按 F12 键，即可在浏览器中浏览到网页的视觉效果，如图 8-11 所示。

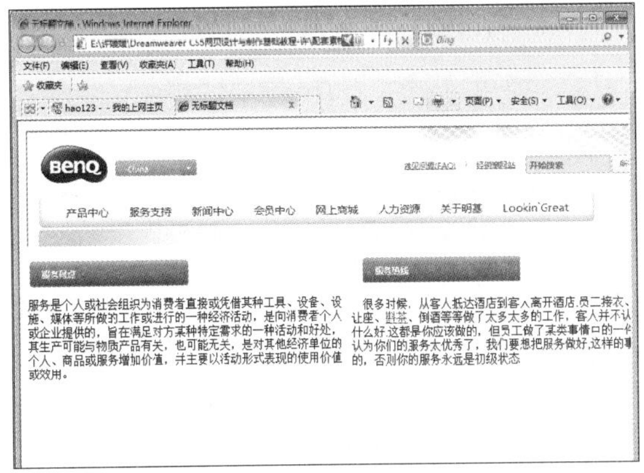

图 8-11

知识精讲

类名称必须以“.”开头，并且可以包含任何字母和数值组合，如果没有输入开头的句点，Dreamweaver 将自动将其输入。

8.2.3 建立复合内容样式

复合内容样式重新定义特定元素组合的格式，或其他 CSS 允许的选择器表单的格式，例如：每当 h3 标题出现在表格单元格内时，就会应用选择器 tdh3，表示可以定义的同时影响两个或多个标签。

在【新建 CSS 规则】对话框中单击展开【选择器类型】下拉按钮，选择【复合内容(基于选择的内容)】选项，在【选择器名称】下拉列表中，包括了 4 个选项，如图 8-12 所示。

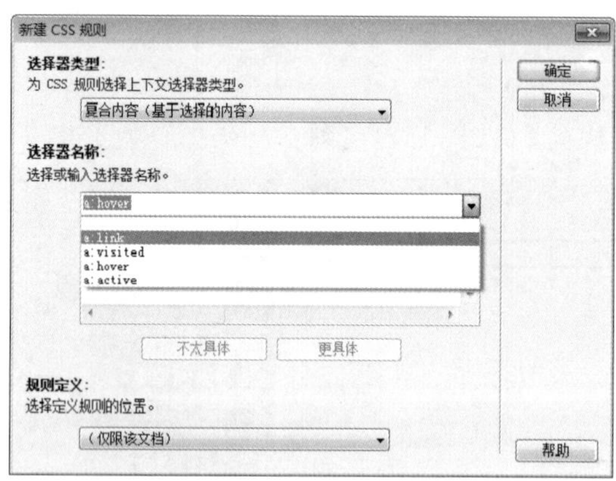

图 8-12

在【选择器名称】下拉列表中的各项参数如下。

a:active：定义了链接被激活时的样式，即已经单击链接，但页面还没跳转的样式。

a:hover：定义了鼠标停留在链接的文字上时的样式，一般定义文字、颜色等。

a:link：定义了设置有链接的文字的样式。

a:visited：定义了浏览者已经访问过的链接样式。

8.2.4 建立 ID 样式

建立 ID 样式主要用于定义包含特定 ID 属性的标签格式。下面详细介绍建立 ID 样式的操作方法。

第 1 步 在【CSS 样式】面板上单击【新建 CSS 规则】按钮，如图 8-13 所示。

第 2 步 弹出【新建 CSS 规则】对话框，①单击展开【选择器类型】下拉按钮，选择【ID(仅应用于一个 HTML 元素)】；②单击【确定】按钮，如图 8-14 所示。

第 3 步 弹出【CSS 规则定义】对话框，①在【分类】列表框中选择【方框】选项；②设置参数；③单击【确定】按钮，如图 8-15 所示。

第 4 步 在【插入】栏中单击【插入 Div 标签】按钮，如图 8-16 所示。

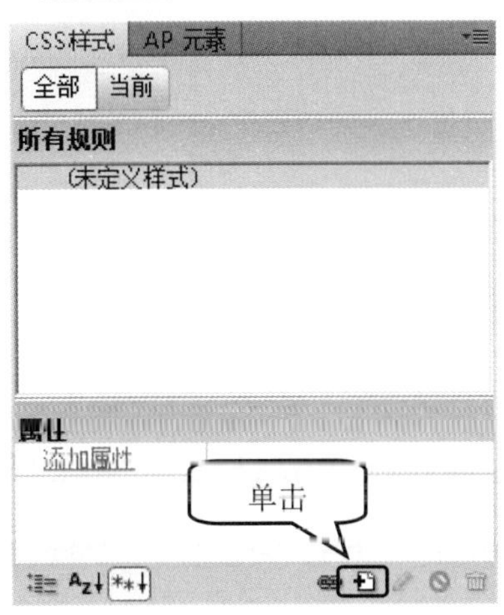

图 8-13

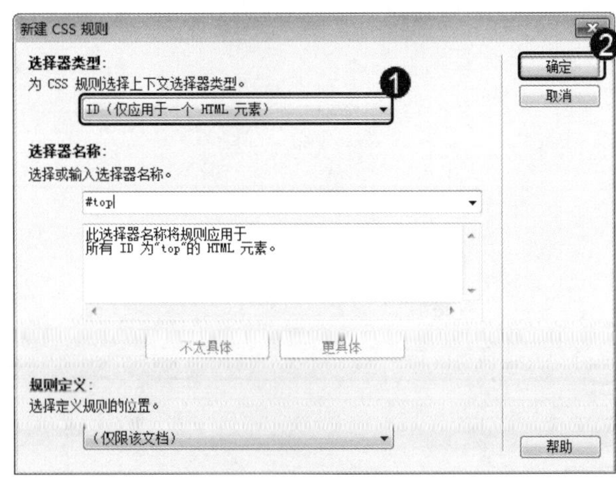

图 8-14

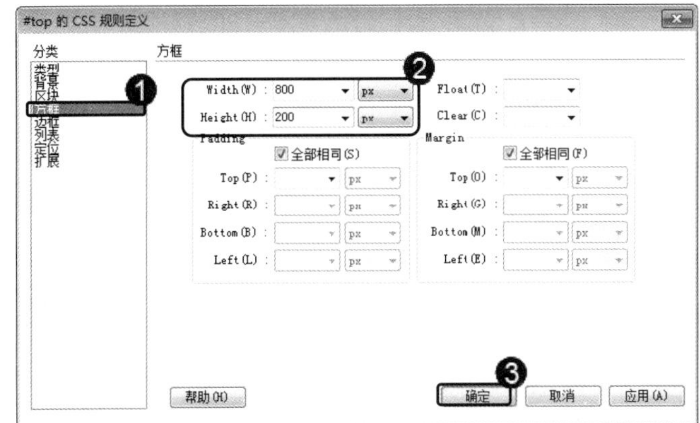

图 8-15

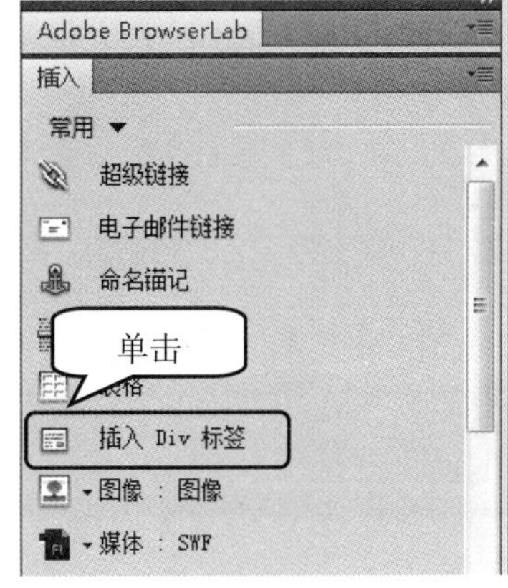

图 8-16

第 5 步 弹出【插入 Div 标签】对话框，①单击展开【插入】下拉列表，选择【在结束标签之前】选项；②单击 ID 下拉列表，选择 top 选项；③单击【确定】按钮，如图 8-17 所示。

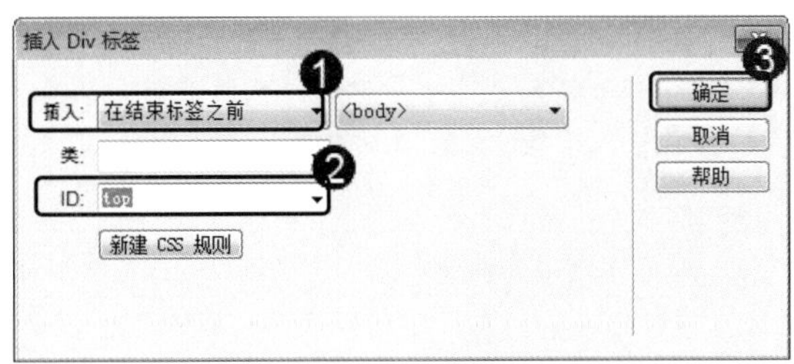

图 8-17

第 6 步 此时，已经插入 ID 名称为 top 的 Div。在页面中可看到刚刚创建#top 的 CSS 样式表，如图 8-18 所示。

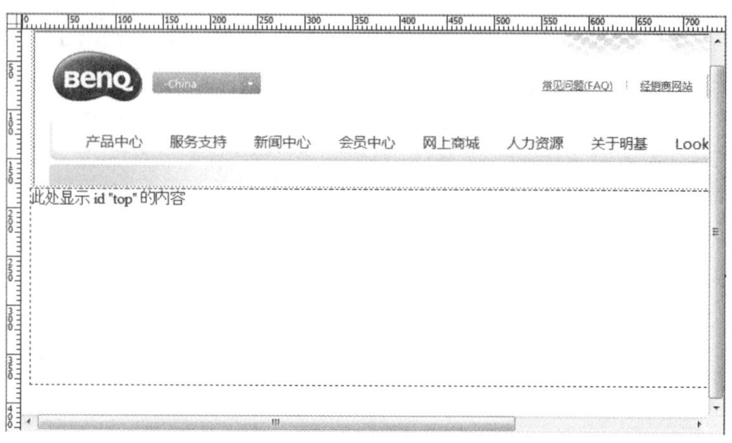

图 8-18

知识精讲

在【选择器名称】下拉列表框中输入的 ID 必须以井号(#)开头，并且可以包含任何字母和数字组合。

8.2.5 链接外部样式表

CSS 样式不但可以直接嵌入到页面中，而且可以保存为独立的样式文件(扩展名为.css)，需要引用样式文件中的 CSS 样式时，可以将其链接到网页文档中。下面介绍链接外部样式表的操作方法。

单击【CSS 样式】面板下方的【附加样式表】按钮，弹出【链接外部样式表】对话框，单击【文件/URL】右边的【浏览】按钮，插入文件。选中【链接】单选按钮，单击【确定】按钮，即可完成添加外部链接样式表的操作，如图 8-19 和图 8-20 所示。

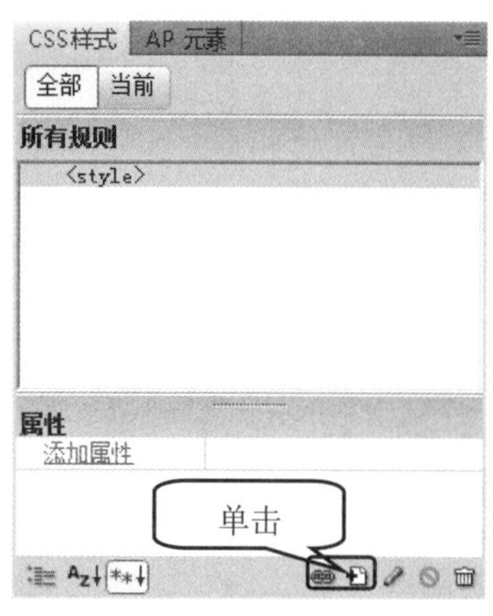

图 8-19

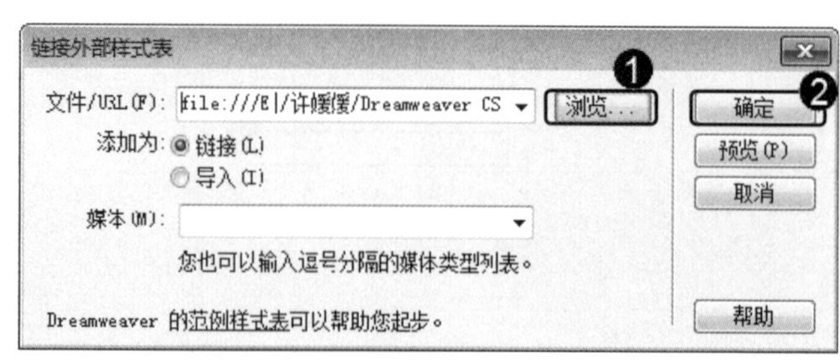

图 8-20

考考您

请根据本节学习的创建 CSS 样式方面的知识，建立复合内容样式，测试一下学习效果。

8.3　将 CSS 应用到网页

在 Dreamweaver CS5 中，还可将 CSS 应用到网页中，以使网页更加独特。本节将详细介绍将 CSS 应用到网页方面的知识。

8.3.1　内联样式表

内联样式表是在现有 HTML 元素的基础上，用 style 属性把特殊的样式直接加入到那些控制信息的标记中，比如下面的例子：

```
<p style="color: #ff0000">内联样式表</p>
```

这种样式表只会对元素起作用，而不会影响 HTML 文档中的其他元素。也正因为如此，内联样式表通常用在需要特殊格式的某个网页对象上，在这个实例中，各段文字都定义了自己的内联式样式表：

```
<p style="color:#ff0000">这段文字将显示为红色</p>
<p style="color:#000000; background-color:yellow;">这段文字的背景色为<I>黄色
</I></p>
<p style=" font-family: '华文彩云'; font-size:24px">这段文字将以黑体显示</p>
```

这段代码中的第一个 P 元素中的样式表将文字用华文彩云显示，还有一个特殊的地方是第二个 P 元素中还嵌套了<I>元素，这种性质通常称为继承性，也就是说子元素会继承父元素的样式。

8.3.2　内部样式表

内部样式表是把样式表放到页面的<head>区中，这些定义的样式就应用到页面中。样式表是用<style>标记插入的，从下例中可以看出<style>标记的用法：

```
<head>
<style type="text/css">
<!--
hr {color: sienna}
p {margin-left: 20px}
body {background-image: url("images/back40.gif")}
-->
</style>
</head>
```

知识精讲

有些低版本的浏览器不能识别 style 标记，意味着低版本的浏览器会忽略 style 标记中的内容，并把 style 标记中的内容以文本直接显示到页面上。为了避免这样的情况发生，一般加 HTML 注释的方式(<!-- 注释 -->)隐藏内容而不让其显示。

8.3.3 外部样式表

外部样式表是指将样式表作为一个独立的文件保存在计算机上，这个文件以“.css”作为文件的扩展名。样式在样式表文件中定义和在嵌入式样式表中的定义是一样的，只是不再需要 style 元素。比如下面例子中就是将嵌入式样式定义到一个样式表文件 mystyle.css 中，这个样式表文件的内容应该为嵌入式样式表中的所有样式。

```
h1{
   font-size: 36px;
   font-family: "隶书";
   font-weight: bold;
   color: #993366;
}
```

CSS 样式表在页面中应用的主要目的在于实现良好的网站文件管理及样式管理，分离式结构有助于合理划分表现与内容。

考考您

请根据本节学习的将 CSS 应用到网页方面的知识，建立外部样式表，测试一下学习效果。

8.4 设置 CSS 样式

在 Dreamweaver CS5 中，可以对 CSS 样式格式进行精确定制。在【CSS 规则定义】对话框中，可以完成样式的有关设置。本节将详细介绍设置 CSS 样式方面的知识。

8.4.1 设置文本样式

在网页中设置文本样式和在 Word 中设置文本样式相同。下面详细介绍设置文本样式的操作方法。

在【CSS 规则定义】对话框的【分类】列表框中选择【类型】选项，即可对文本的样式进行设置，如图 8-21 所示。

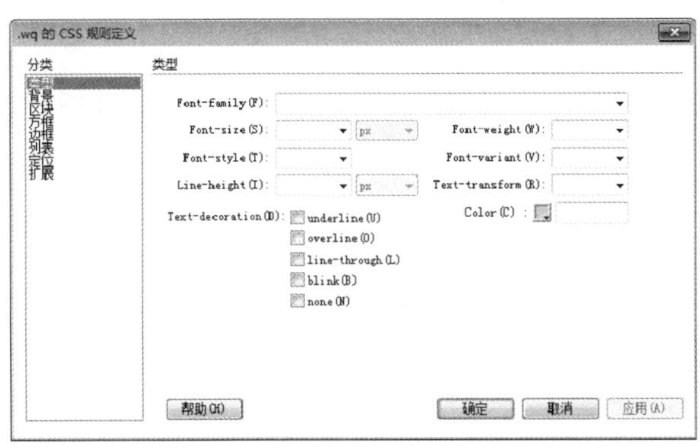

图 8-21

在【类型】区域中可以对各个选项进行设置。

- Font-family(F)(字体)下拉列表框：为样式设置字体。
- Font-size(S)(大小)下拉列表框：定义文本大小。可设置相对大小或者绝对大小，设置绝对大小时还可以在其右边的下拉列表中选择单位，常使用“点数(pt)”为单位，一般把正文字体大小设置为 9pt 或 10.5pt。
- Font-style(T)(样式)下拉列表框：设置字体的特殊格式，包括“正常”、“斜体”和“偏斜体”三个选项。
- Line-height(I)(行高)下拉列表框：设置文本所在行的高度。选择“正常”项，则由系统自动计算行高和字体大小；也可以直接在其中输入具体的行高数值，然后在右边的下拉列表中选择单位。注意行高的单位应该和文字的单位一致，行高的值应等于或略大于文字大小。
- Font-weight(W)(粗细)下拉列表框：设置文字的笔画粗细。选择粗细数值，可以指定字体的绝对粗细程度，选择“粗体”、“特粗”和“细体”则可以指定字体相对的粗细程度。
- Font-variant(V)(变体)下拉列表框：设置文本的小型大写字母变体。即将小写字母改为大写，但显示尺寸仍按小写字母的尺寸显示。该设置只有在浏览器中才能看到效果。
- Text-transform(R)(大小写)下拉列表框：将英文单词的首字母大写或全部大写或全部小写。
- Text-decoration(D)(修饰)选项区域：向文本中添加下划线、上划线或删除线，或使文本闪烁，常规文本的默认设置是“无”，链接的默认设置是“下划线”。
- Color(C)(颜色)：设置文本颜色。可以通过颜色选择器选取，也可以直接在文本框中输入颜色值。

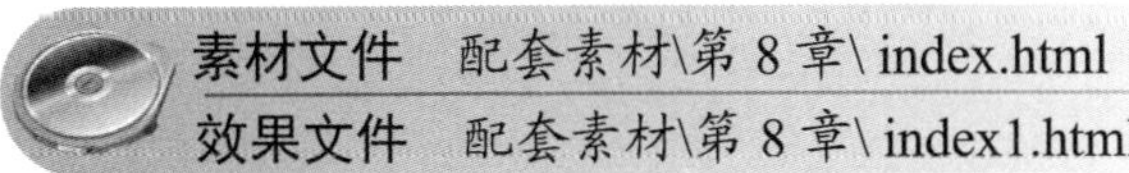

第 1 步　启动 Dreamweaver CS5，在菜单栏中选择【文件】→【打开】命令，打开素材文件，如图 8-22 所示。

第 2 步 在【CSS 样式】面板上单击【新建 CSS 规则】按钮，如图 8-23 所示。

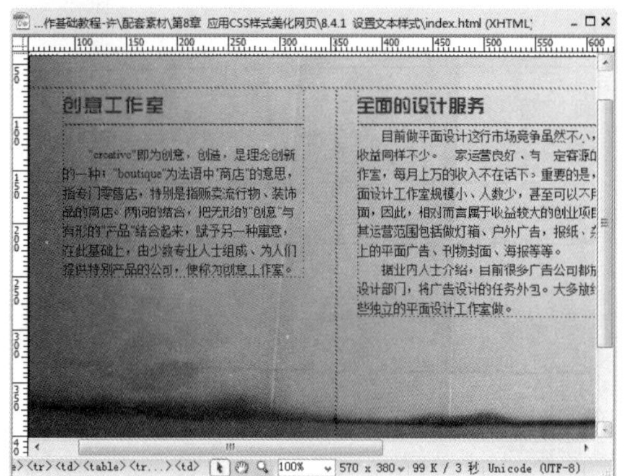

图 8-22

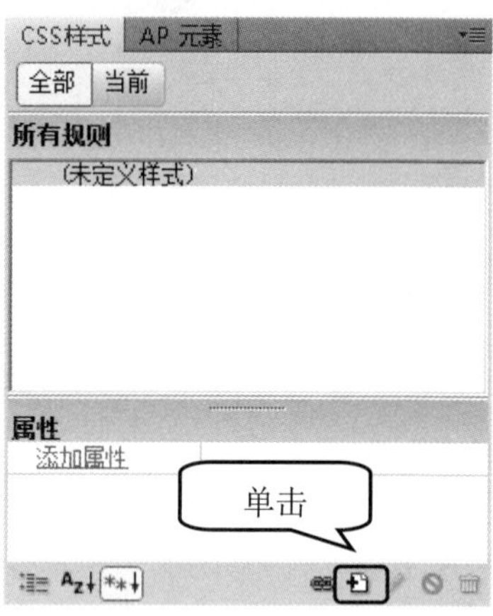

图 8-23

第 3 步 弹出【新建 CSS 规则】对话框，①单击展开【选择器类型】下拉按钮，选择【类(可应用于任何 HTML 元素)】；②在【选择器名称】下拉列表框中输入文本；③单击【确定】按钮，如图 8-24 所示。

第 4 步 弹出【CSS 规则定义】对话框，①在【分类】列表中，选择【类型】选项；②设置参数；③单击【确定】按钮，如图 8-25 所示。

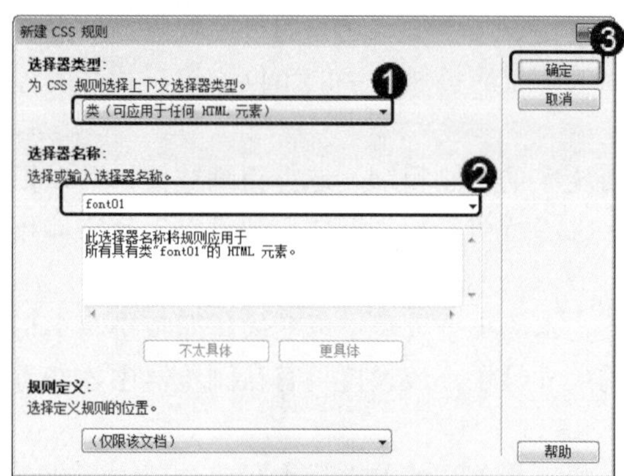

图 8-24

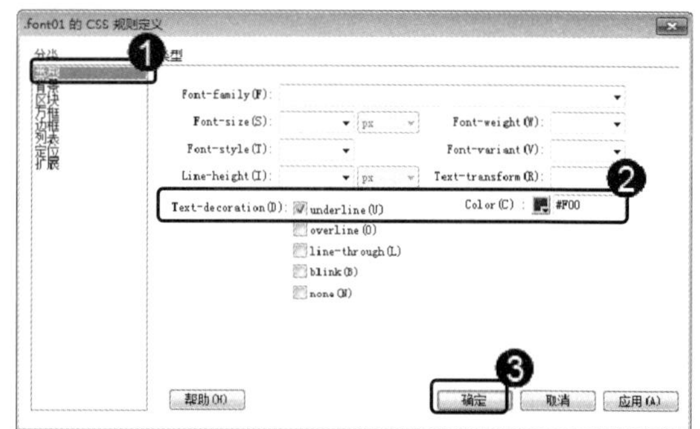

图 8-25

第 5 步 选中需要应用 CSS 样式的文字内容，在【属性】面板中，①单击展开【类】下拉按钮；②选择刚刚定义的 CSS 样式，如图 8-26 所示。

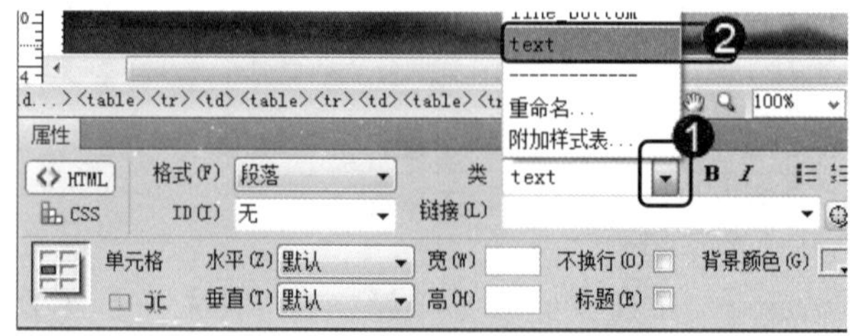

图 8-26

第 6 步 此时，在页面中即可看到刚刚定义的文本样式效果，如图 8-27 所示。通过以上步骤即可完成操作。

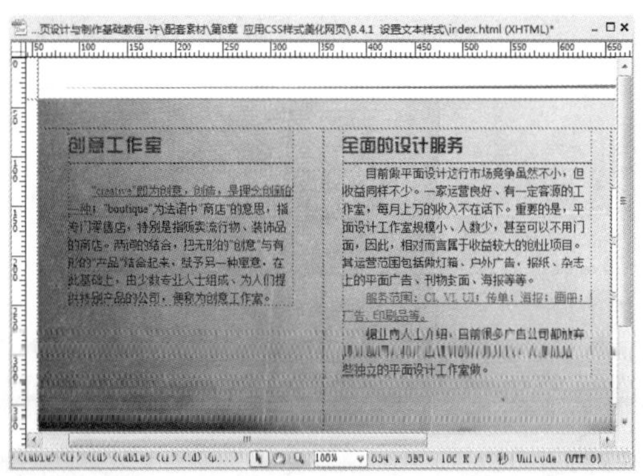

图 8-27

8.4.2　设置背景样式

在不使用 CSS 样式的情况下，利用页面属性只能够使用单一颜色或用图像水平垂直平铺来设置背景。使用【CSS 规则定义】对话框的【背景】选项能够更加灵活地设置背景，可以对页面中的任何元素应用背景属性，如图 8-28 所示。

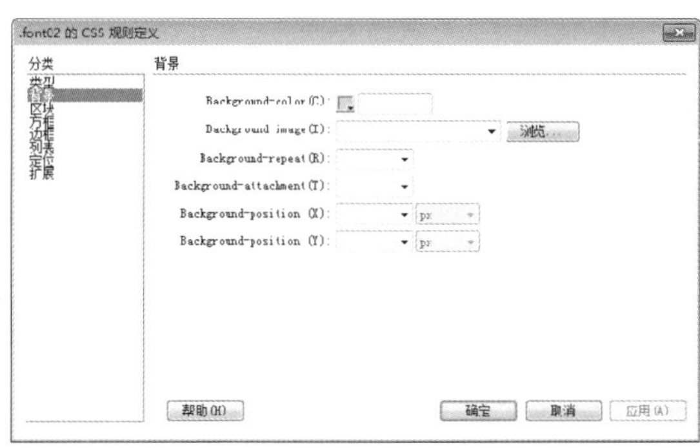

图 8-28

在【背景】区域中，可以对各个选项进行设置。

- Background-color(C)(背景颜色)项：设置元素的背景颜色。
- Background-image(I)(背景图像)项：设置元素的背景图像。
- Background-repeat(R)(重复)下拉列表框：设置当使用图像作为背景时是否需要重复显示，一般用于图像尺寸小于页面元素面积的情况，包括以下 4 个选项。“不重复”：表示只在元素开始处显示一次图像；“重复”：表示在应用样式的元素背景的水平方向和垂直方向上重复显示该图像；“横向重复”：表示在应用样式的元素背景的水平方向上重复显示该图像；“纵向重复”：表示在应用样式的元素背景的垂直方向上重复显示该图像。
- Background-attachment(T)(附件)下拉列表框：有两个选项，即“固定”和“滚动”，分别决定背景图像是固定在原始位置还是可以随内容一起滚动。

➢ Background-position(X)(水平位置)和 Background-positition(Y)(垂直位置)：指定背景图像相对于元素的对齐方式，可以用于将背景图像与页面中心水平和垂直对齐。

根据上面所讲的知识，熟悉背景样式的各项参数功能。下面详细介绍设置背景样式的操作方法。

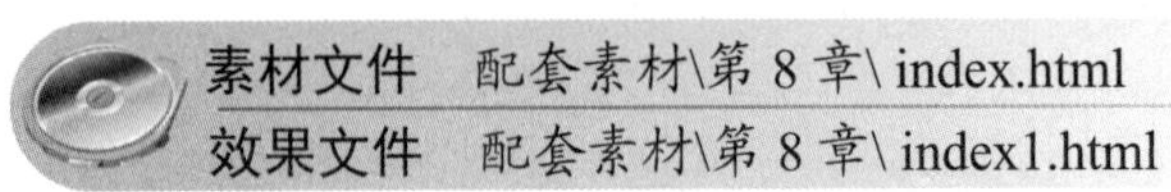
素材文件　配套素材\第 8 章\ index.html
效果文件　配套素材\第 8 章\ index1.html

第 1 步 启动 Dreamweaver CS5，在菜单栏中选择【文件】→【打开】命令，打开素材文件，如图 8-29 所示。

第 2 步 在【CSS 样式】面板上，单击【新建 CSS 规则】按钮，如图 8-30 所示。

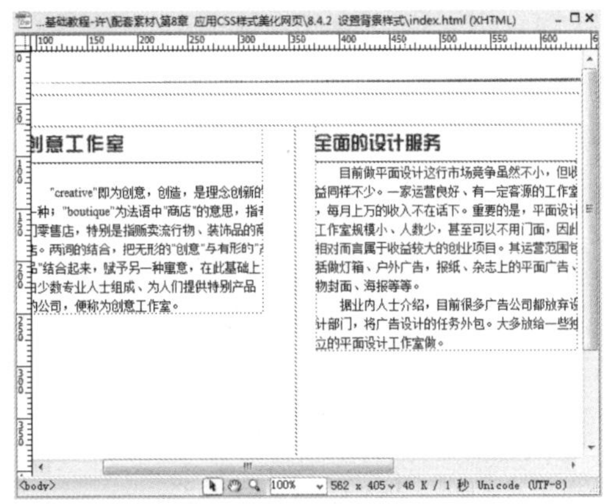

图 8-29

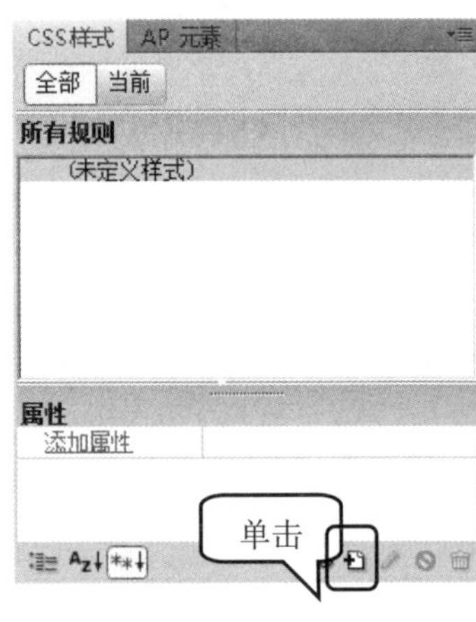

图 8-30

第 3 步 弹出【新建 CSS 规则】对话框，①单击展开【选择器类型】下拉按钮，选择【类(可应用于任何 HTML 元素)】；②在【选择器名称】文本框中输入文本；③单击【确定】按钮，如图 8-31 所示。

第 4 步 弹出【CSS 规则定义】对话框，①在【分类】列表框中选择【背景】选项；②设置参数；③单击【确定】按钮，如图 8-32 所示。

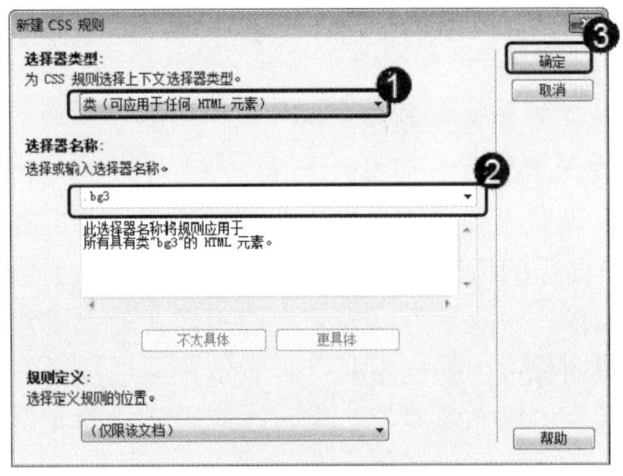

图 8-31

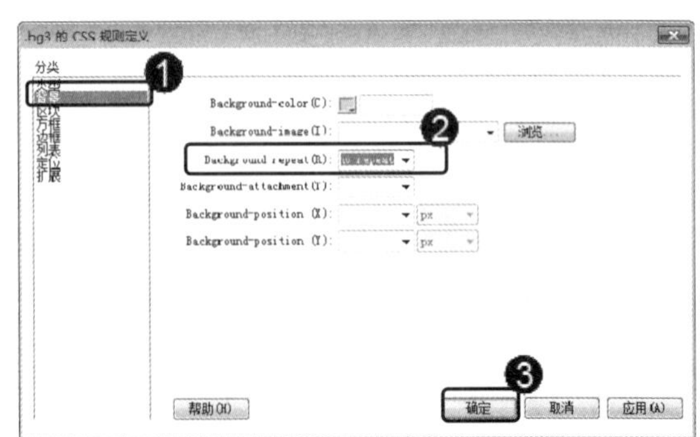

图 8-32

第 5 步 在页面中选中需要应用背景样式的内容，在【属性】面板中，①单击展开【类】下拉按钮；②选择刚刚定义的 CSS 样式，如图 8-33 所示。

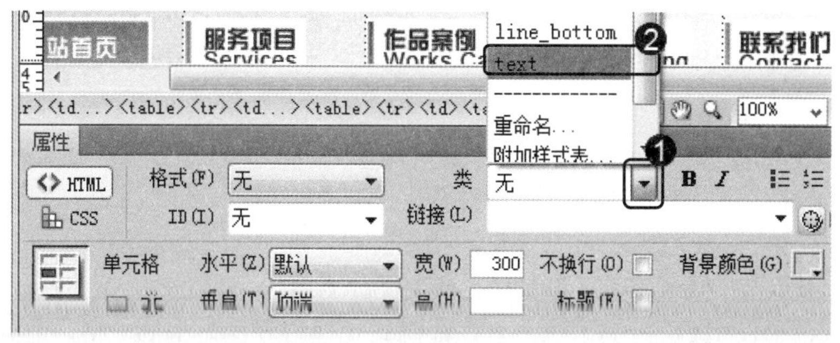

图 8-33

第 6 步 此时，在页面中即可看到刚刚定义的背景样式效果，如图 8-34 所示。通过以上步骤即可完成操作。

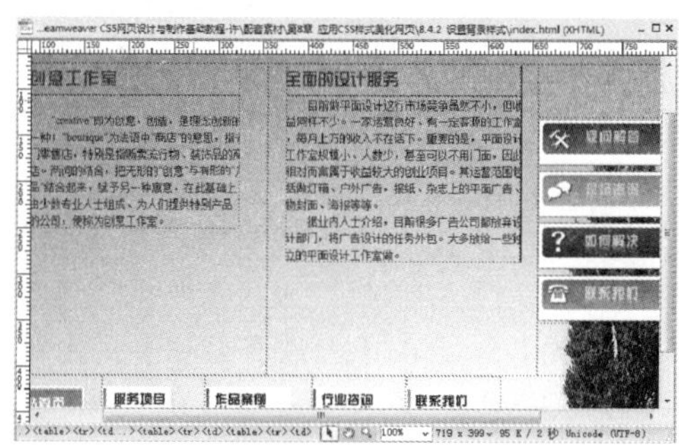

图 8-34

8.4.3　设置区块样式

使用【区块】类别可以定义段落文本中文字的字距、对齐方式等格式。在【CSS 规则定义】对话框左侧选择【区块】选项，即可进行相应的设置，如图 8-35 所示。

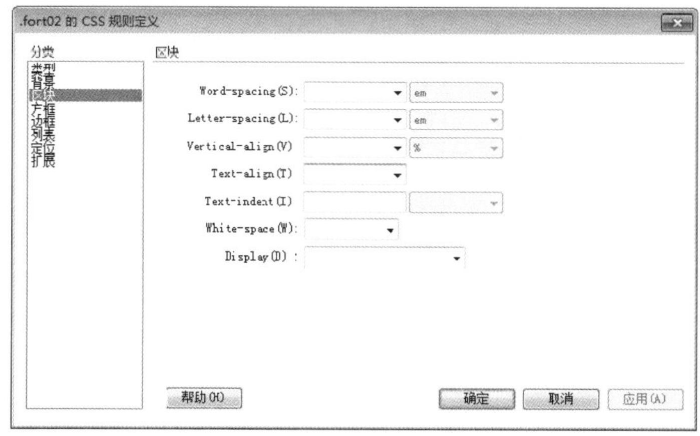

图 8-35

在【区块】区域中可以对各个选项进行设置。

- Word-spacing(S)(单词间距)文本框：设置英文单词之间的距离。
- Letter-spacing(L)(字母间距)文本框：增加或减小文字之间的距离，若要减小字符间距，可以指定一个负值。
- Vertical-align(V)(垂直对齐)下拉列表框：设置应用元素的垂直对齐方式。
- Text-align(T)(文本对齐)下拉列表框：设置应用元素的水平对齐方式，包括“居左”、“居右”、“居中”和“两端对齐”四个选项。
- Text-indent(I)(文字缩进)文本框：指定每段中的第一行文本缩进的距离，可以使用负值创建文本凸出，但显示方式取决于浏览器。
- White-space(W)(空格)下拉列表框：确定如何处理元素中的空格，包括 3 个选项。“正常”：按正常的方法处理其中的空格，即将多个空格处理为一个；“保留”：将所有的空格都作为文本用<pre>标记进行标识，保留应用样式元素原始状态；“不换行”：文本只有在遇到
标记时才换行。
- Display(D)(显示)下拉列表框：设置是否以及如何显示元素，如果选择“无”则会关闭应用此属性的元素的显示。

根据上面所讲的知识，详细了解了各个参数的属性。下面详细介绍设置区块样式的操作方法。

第 1 步 在【CSS 样式】面板上单击【新建 CSS 规则】按钮，如图 8-36 所示。

第 2 步 弹出【新建 CSS 规则】对话框，①单击展开【选择器类型】下拉按钮，选择【类(可应用于任何 HTML 元素)】；②在【选择器名称】文本框中输入文本；③单击【确定】按钮，如图 8-37 所示。

第 3 步 弹出【CSS 规则定义】对话框，①在【分类】列表框中选择【区块】选项；②设置参数；③单击【确定】按钮，如图 8-38 所示。

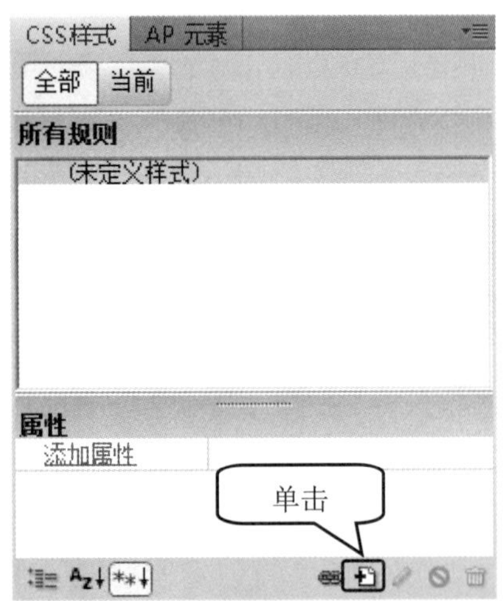

图 8-36

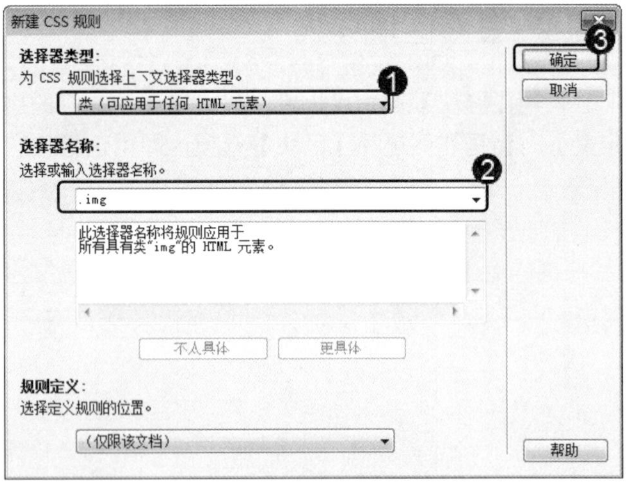

图 8-37

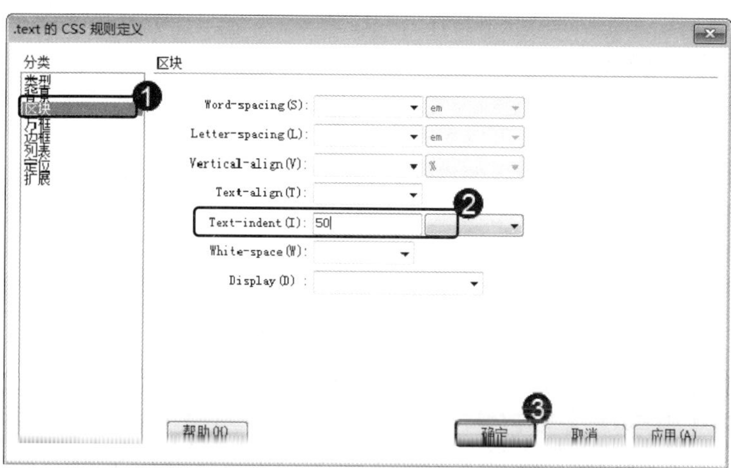

图 8-38

第 4 步　在页面中选中准予应用区块样式的文字，在【属性】面板中，①单击展开【类】下拉按钮；②选择刚刚定义的 CSS 样式，如图 8-39 所示。

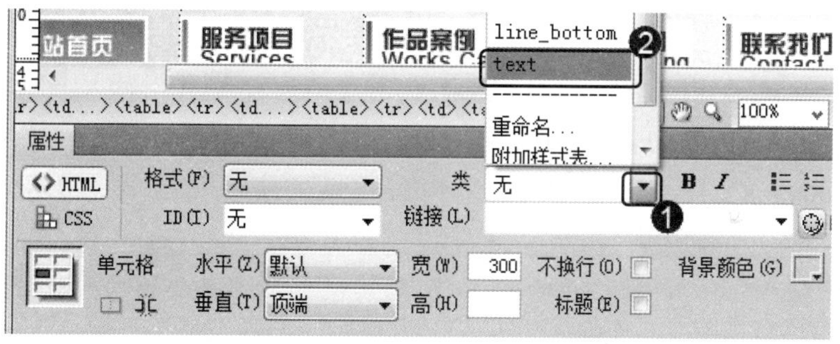

图 8-39

第 5 步　此时，在页面中即可看到刚刚定义的首行缩进的效果，如图 8-40 所示。通过以上步骤即可完成操作。

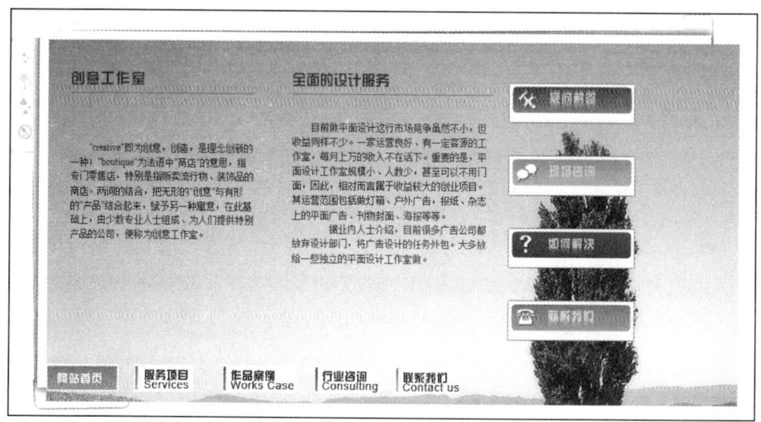

图 8-40

8.4.4 设置方框样式

在图像的【属性】面板上，可以设置图像的大小、图像水平和垂直方向上的空白区域等，方框样式完善并丰富了这些属性设置，定义特定元素的大小及其与周围元素间距等属性，如图 8-41 所示。

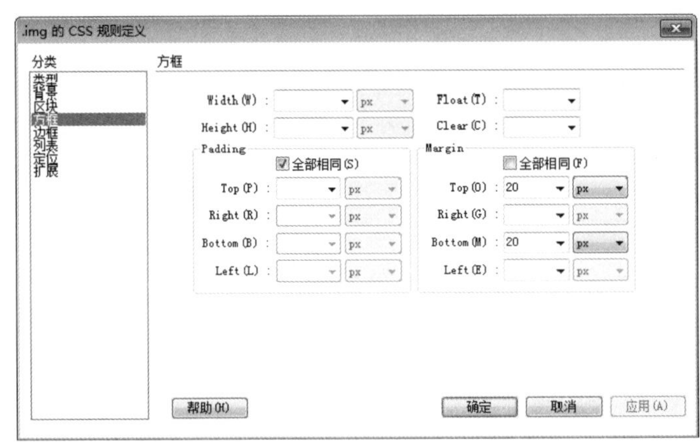

图 8-41

在【方框】区域中可以对各个选项进行设置。

- Width(W)(宽)和 Height(H)(高)文本框：设定宽度和高度，只有在样式应用于图像或层时，才起作用。
- Float(T)(浮动)下拉列表框：设置文本、层、表格等元素在哪个边围绕元素浮动，元素按设置的方式环绕在浮动元素的周围。
- Clear(C)(清除)下拉列表框：设置元素的哪一边不允许有层，如果层出现在被清除的那一边，则元素将移动到层的下面。
- Padding(填充)选项区域：指定元素内容与元素边框之间的间距(如果没有边框，则为边距)。【全部相同(S)】复选框为应用此属性元素的“上”、“右”、“下”和“左”侧设置相同的填充属性。取消选中【全部相同(S)】复选框可分别设置元素各个边的填充。
- Margin(边界)选项区域：指定一个元素的边框与其他元素之间的间距，只有当样式应用于文本块一类的元素(如段落、标题、列表等)时，才起作用。【全部相同(F)】复选框为应用此属性元素的“上”、“右”、“下”和“左”侧设置相同的边距属性。取消选中【全部相同(F)】复选框可分别设置元素各个边的边距。

根据上面所讲的知识，详细了解了各个参数的属性。下面详细介绍设置方框样式的操作方法。

第 1 步 在【CSS 样式】面板上单击【新建 CSS 规则】按钮，如图 8-42 所示。

第 2 步 弹出【新建 CSS 规则】对话框，①单击展开【选择器类型】下拉按钮，选择【类(可应用于任何 HTML 元素)】；②在【选择器名称】下拉列表框中输入文本；③单击【确定】按钮，如图 8-43 所示。

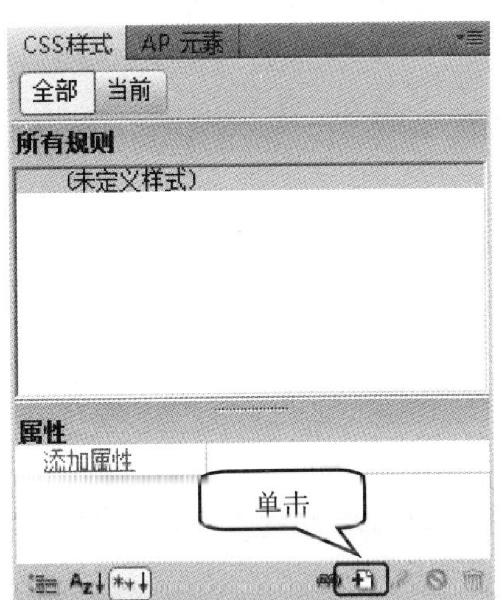

图 8-42

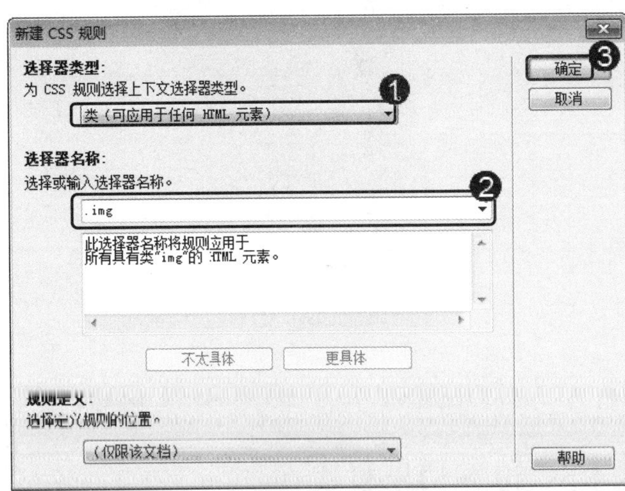

图 8-43

第 3 步　弹出【CSS 规则定义】对话框，①在【分类】列表框中选择【方框】选项；②设置参数；③单击【确定】按钮，如图 8-44 所示。

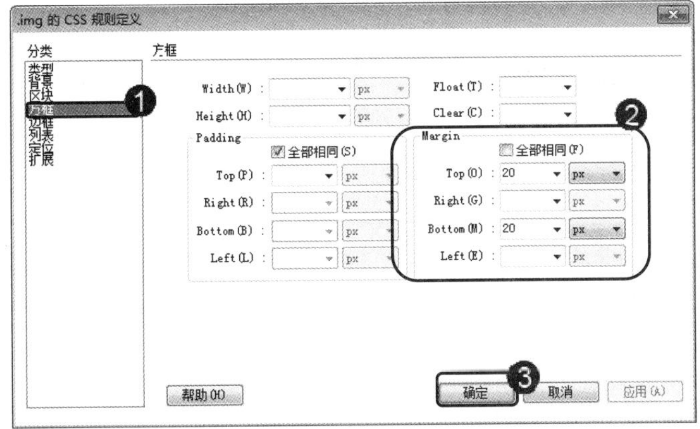

图 8-44

第 4 步　在页面中选中需要应用方框样式的图像，在【属性】面板中，①单击展开【类】下拉按钮；②选择刚刚定义的 CSS 样式，如图 8-45 所示。

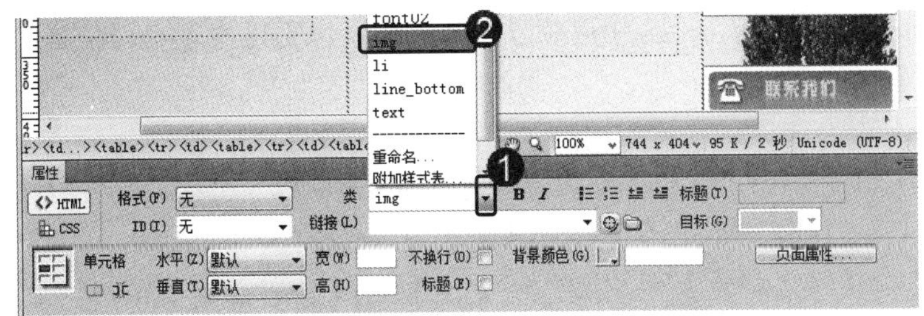

图 8-45

第 5 步　此时，在页面中即可看到刚刚定义的首行缩进的效果，如图 8-46 所示。通过以上步骤即可完成操作。

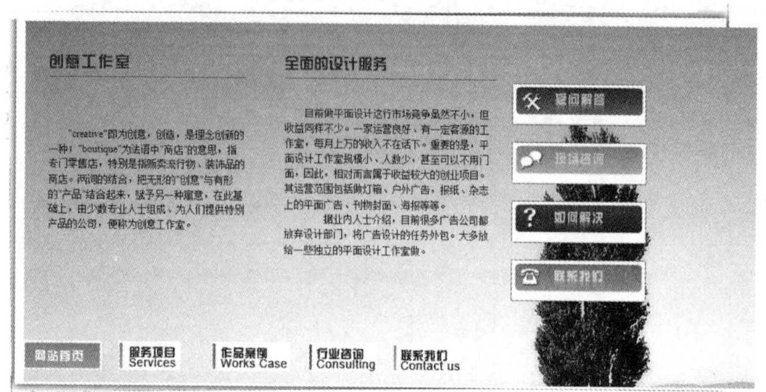

图 8-46

8.4.5 设置边框样式

在 Dreamweaver CS5 中，使用【边框】选项可以定义元素周围边框的宽度、颜色和样式等，如图 8-47 所示。

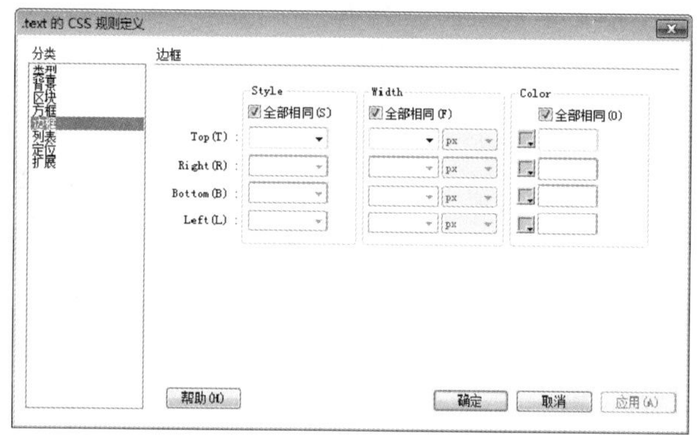

图 8-47

在【边框】区域中可以对各个选项进行设置。

- Style(样式)选项组：设置边框的外观样式。边框样式包括【无】、【点划线】、【虚线】、【实线】、【双线】、【槽状】、【脊状】、【凹陷】和【凸出】等，所定义的样式只有在浏览器中才呈现出效果，且实际显示方式还与浏览器有关。
- Width(宽度)选项组：设置元素边框的粗细，包括【细】、【中】、【粗】，也可设定具体数值。
- Color(颜色)选项：设置边框的颜色。

根据上面所讲的知识，详细了解了各个参数的属性。下面详细介绍设置边框样式的操作方法。

第 1 步 在【CSS 样式】面板上，单击【新建 CSS 规则】按钮，如图 8-48 所示。

第 2 步 弹出【新建 CSS 规则】对话框，①单击展开【选择器类型】下拉按钮，选择【类(可应用于任何 HTML 元素)】；②在【选择器名称】下拉列表框中输入文本；③单击【确定】按钮，如图 8-49 所示。

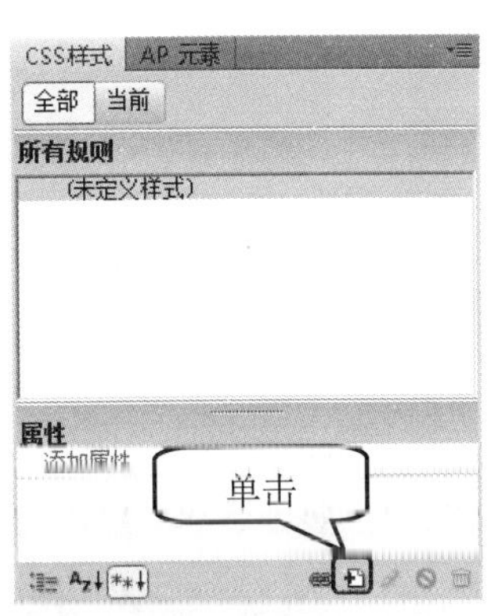

图 8-48

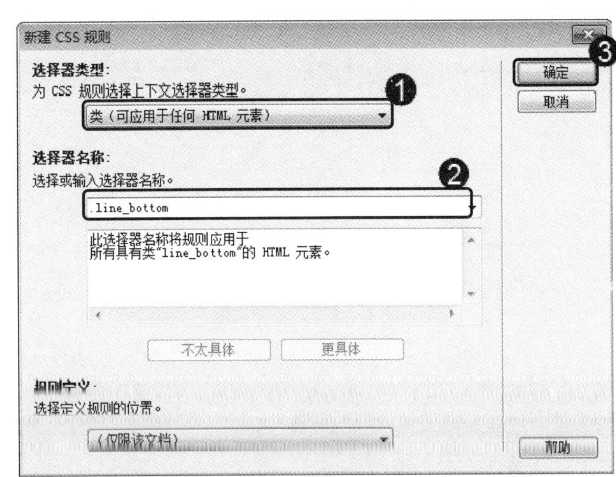

图 8-49

第 3 步　弹出【CSS 规则定义】对话框，①在【分类】列表框中选择【边框】选项；②设置参数；③单击【确定】按钮，如图 8-50 所示。

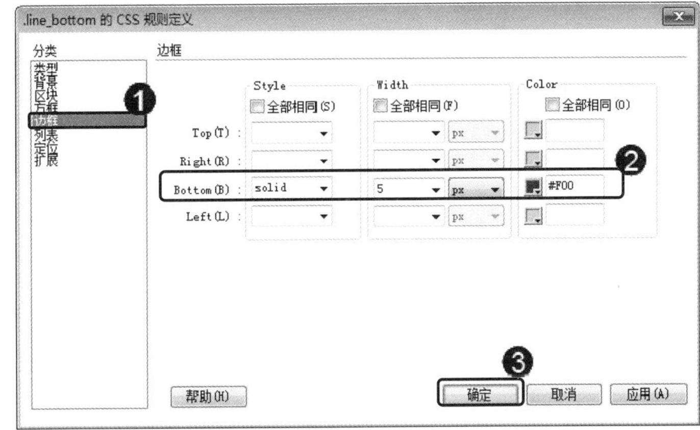

图 8-50

第 4 步　在页面中选中需要应用边框样式的单元格，在【属性】面板中，①单击展开【类】下拉按钮；②选择刚刚定义的 CSS 样式，如图 8-51 所示。

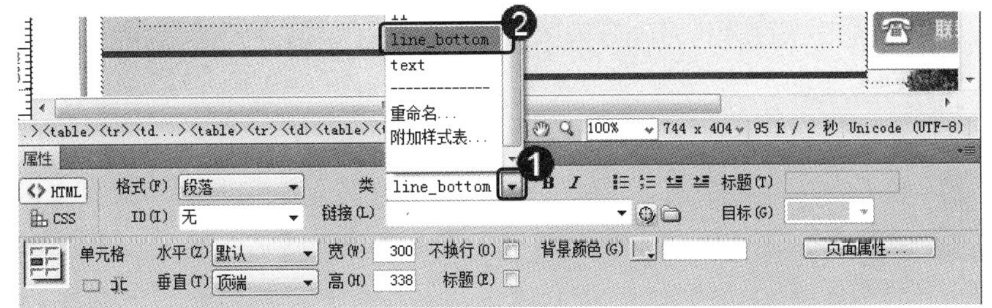

图 8-51

第 5 步　此时，在页面中即可看到刚刚定义的效果，如图 8-52 所示。通过以上步骤即可完成操作。

图 8-52

8.4.6 设置列表样式

在 Dreamweaver CS5 中，【列表】选项为列表标记定义项目符号、大小和类型等，如图 8-53 所示。

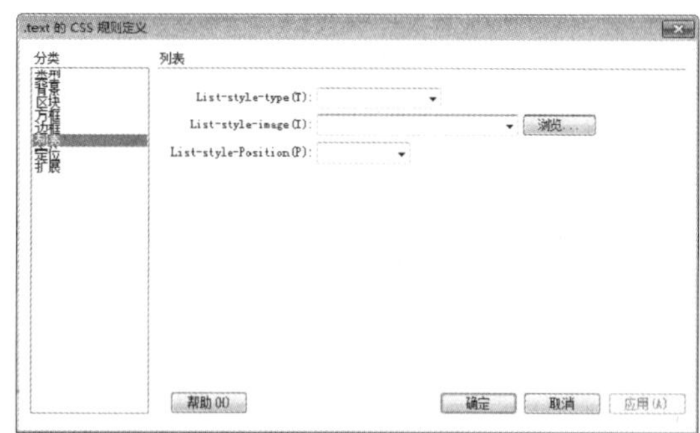

图 8-53

在【列表】区域中可以对各个选项进行设置。

- List-Style-type(T)(类型)下拉列表框：设置项目符号或编号的外观。
- List-style-image(I)(项目符号图像)文本框：用于为项目符号指定自定义图像，可以输入图像的路径，或单击【浏览】按钮选择图像。
- List-style-Position(P)(位置)下拉列表框：设置列表项换行时是缩进还是边缘对齐，选择【内】设置列表换行时为缩进，选择【外】设置列表换行时为边缘对齐。

根据上面所讲的知识，详细了解了各个参数的属性。下面详细介绍设置列表样式的操作方法。

第 1 步 在【CSS 样式】面板上单击【新建 CSS 规则】按钮，如图 8-54 所示。

第 2 步 弹出【新建 CSS 规则】对话框，①单击展开【选择器类型】下拉按钮，选择【类(可应用于任何 HTML 元素)】；②在【选择器名称】下拉列表框中输入文本；③单击【确定】按钮，如图 8-55 所示。

第 3 步 弹出【CSS 规则定义】对话框，①在【分类】列表框中选择【列表】选项；②设置参数；③单击【确定】按钮，如图 8-56 所示。

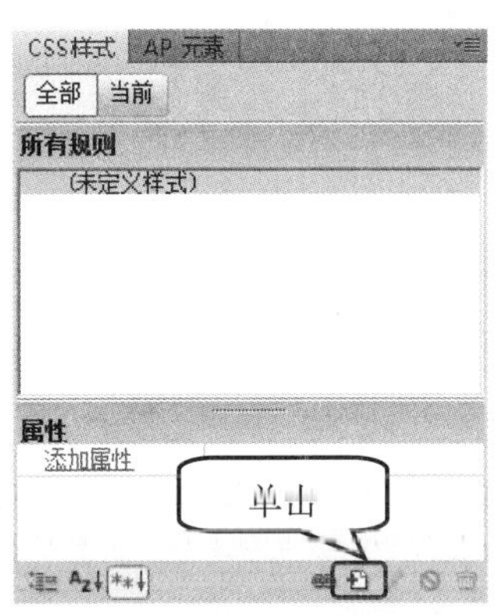

图 8-54

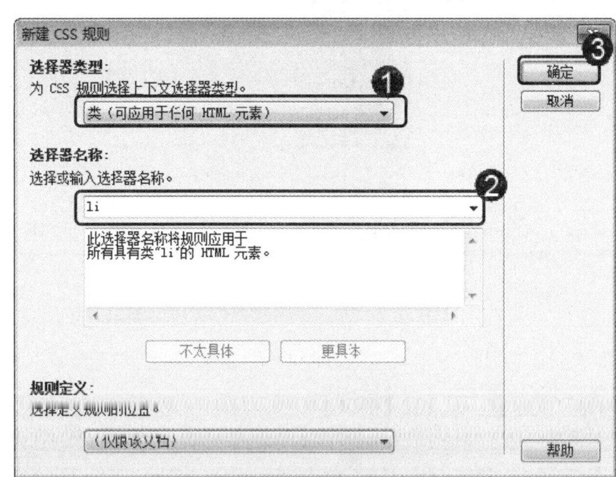

图 8-55

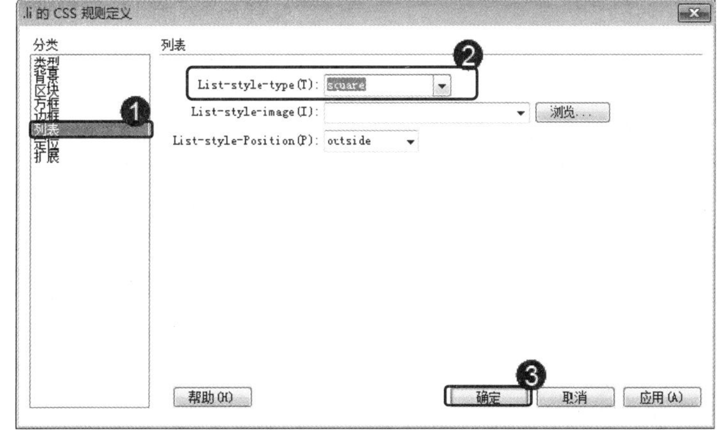

图 8-56

第 4 步　在页面中选中需要应用列表样式的文字，在【属性】面板中，①单击【项目列表】按钮；②单击展开【类】下拉按钮，选择刚刚定义的 CSS 样式，如图 8-57 所示。

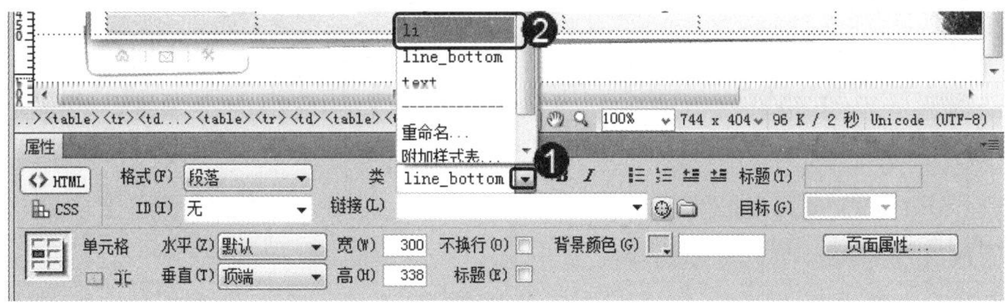

图 8-57

第 5 步　此时，在页面中即可看到刚刚定义的效果，如图 8-58 所示。通过以上步骤即可完成操作。

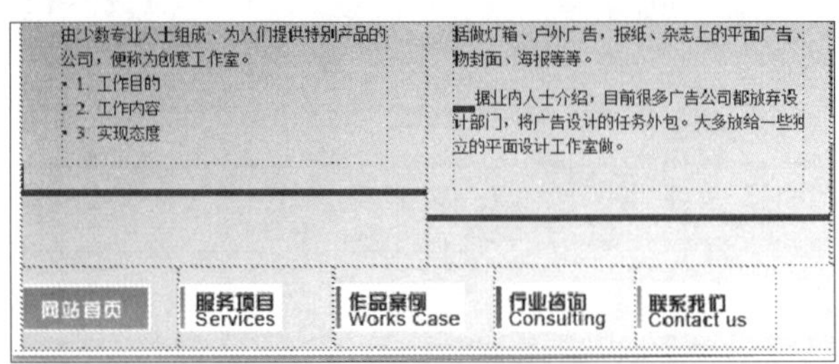

图 8-58

8.4.7 设置定位样式

【定位】选项用于设置层的相关属性。使用定位样式可以自动新建一个层并把页面中使用该样式的对象放到层中，并且用在对话框中设置的相关参数控制新建层的属性，如图 8-59 所示。

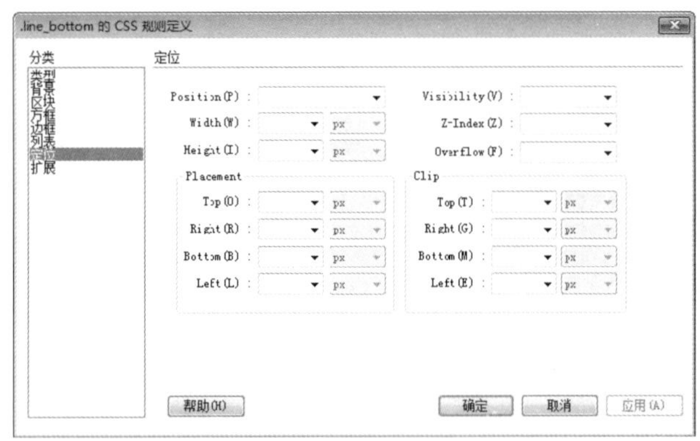

图 8-59

在【定位】区域中可以对各个选项进行设置。

> Position(P)(类型)选项：其中有三个选项：【绝对】，使用绝对坐标定位层，在【定位】文本框中输入相对于页面左上角的坐标值；【相对】，使用相对坐标定位层，在【定位】文本框中输入相对于应用样式的元素在网页中原始位置的偏离值，这一设置无法在编辑窗口中看到效果；【静态】，使用固定位置，设置层的位置不移动。

> Visibility(V)(显示)下拉列表框：确定层的可见性，如果不指定显示属性，则默认情况下大多数浏览器都继承父级的属性。

> Z-Index(Z)下拉列表框：确定层的叠加顺序。

> Overflow(F)(溢位)下拉列表框：确定当层的内容超出层的大小时的处理方式。

> Placement(置入)选项组：指定层的位置和大小，具体含义主要根据在【类型】下拉列表中的设置，由于层是矩形的，需要两个点就可以准确地描绘层的位置和形状。第 1 个是左上角的顶点，由“左”和“上”两项进行设置；第 2 个是右下角的顶点，用“下”和“右”两项进行调协。

> Clip(裁切)选项组：设置限定层中可见区域的位置和大小。

8.5　实践案例与上机指导

通过本章的学习，读者基本可以掌握应用 CSS 样式美化网页以及一些常见的操作方法。下面通过练习操作，以达到巩固学习、拓展提高的目的。

8.5.1　设置扩展样式

扩展选项是 CSS 规则定义面板中的最后一项，其中集合了分页，鼠标效果和视觉效果等内容，在【CSS 规则定义】对话框中选择【扩展】选项，即可进行相应的设置，如图 8-60 所示。

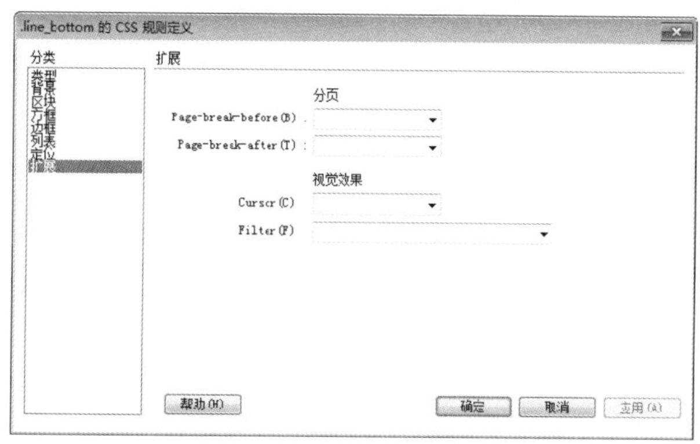

图 8-60

在【扩展】区域中可以对各个选项进行设置。

- 【分页】：打印时在样式所控制的对象之前或者之后强行分页。
- Cursor(鼠标效果)：定义的是当鼠标悬浮在该元素上时的样式，对应的 CSS 属性是 Cursor。
- Filter(CSS 滤镜)：又称过滤器，可为网页中的元素添加各种效果。

8.5.2　样式冲突

将两个或两个以上的 CSS 规则应用于同一元素时，这些规则可能会发生冲突并产生意外的结果，一般会存在以下两种情况。

一种是应用于同一元素的多个规则分别定义了元素的不同属性，这时，多个规则同时起作用。

另一种是两个或两个以上的规则同时定义了元素的同一属性，这种情况称为样式冲突。如果发生冲突，浏览器按就近优先原则应用 CSS 规则。

如果应用于同一元素的两种规则的属性发生冲突，则浏览器按离元素本身最近规则的属性显示。如一个样式 mycss1{color=red}应用于<body>标签，另一个样式 mycss2{color=green}应用于文本所处的<p>标签，则文本按 mycss2 规定的属性显示为绿色。

如果链接在当前文档的两个外部样式表文件同时重定义了同一个 HTML 标签，则后链接的样式表文件优先(在 HTML 文档中，后链接的外部样式表文件的链接代码在先链接的链接代码之后)。

8.6 思考与练习

一、填空题

1. 自定义样式最大的特点就是具有__________，可以自由决定将该样式应用于哪些元素，就文本操作而言，可以选择一个字、一行、一段乃至整个页面中的文本添加_______的样式。

2. 实际上重新定义了现有 HTML 标签的默认属性，具有_____________。

3. CSS 的基本语法由三部分构成：__________、___________和___________。

二、判断题

1. 运用 CSS 样式表可以依次对若干个网页所有的样式进行控制。 ( )

2. 简单地说，CSS 的引入就是为了使得 CSS 能够更好地适应页面的美工设计。 ( )

3. CSS 样式的类型包括自定义 CSS(类样式)、重定义标签的 CSS 和 CSS 选择器样式(高级样式)。 ( )

三、思考题

1. 如何建立 ID 样式？

2. 如何链接外部样式表？

新起点
电脑教程

第 9 章

应用 CSS+Div 灵活布局网页

本章要点

- 初识 Div
- CSS 定位
- Div 布局
- CSS 布局方式

本章主要内容

本章主要介绍认识 Div、Div 概述、CSS+Div 布局的优势等知识与技巧，同时还讲解了 CSS 定位、盒子模型、float 定位、position 定位等，最后还针对实际的工作需求，讲解了 Div 布局、使用 Div 对页面整体规划、设计各块的位置和 CSS 布局方式等方法。通过本章的学习，读者可以掌握应用 CSS+Div 灵活布局网页方面的知识，为深入学习 Dreamweaver CS5 知识奠定基础。

9.1 初识 Div

Div 标签在 Web 标准的网页中使用得非常频繁，它与其他 XHTML 标签一样，是一个 XHTML 所支持的标签，可以很方便地实现网页的布局。本节将详细介绍初识 Div 方面的知识。

9.1.1 Div 概述

Div 元素是用来为 HTML 文档内大块(block-level)的内容提供结构和背景的元素，Div 的起始标签和结束标签之间的所有内容都是用来构成这个块的，其中所包含元素的特性由 Div 标签的属性来控制，或者是通过使用样式表格式化这个块来进行控制。

Div 全称 division，意为“区分”，称为区隔标记。作用是设定字、画、表格等的摆放位置。当使用 CSS 布局时，主要把其用在 Div 标签上。

Div 简单而言是一个区块容器标记，即<Div>与</Div>之间相当于一个容器，可以容纳段落、标题、表格、图片，乃至章节、摘要和备注等各种 HTML 元素。因此，可以把<Div>与</Div>中的内容视为一个独立的对象，用于 CSS 的控制，声明时只需要对<Div>进行相应的控制，其中的各标记元素都会因此而改变。

9.1.2 <div>和<span>的相同点

<span>标记与<div>标记一样，作为容器标记而被广泛应用在 HTML 语言中，在<span>与</span>中间同样可以容纳各种 HTML 元素，从而形成独立的对象。如把“<div>”换成“<span>”，执行后也会发现效果完全一样。可以说<div>与<span>这两个标记起到的作用都是独立出各个区块，在这个意义上二者没有太多的不同。其代码如下：

```
<head>
<title>div 标记范例</title>
<style type="text/css">
<!--
div{
font-size:18px; /* 字号大小 */
font-weight:bold; /* 字体粗细 */
font-family:Arial; /* 字体 */
color:#FF0000; /* 颜色 */
background-color:#FFFF00; /* 背景颜色 */
text-align:center; /* 对齐方式 */
width:300px; /* 块宽度 */
height:100px; /* 块高度 */
}
-->
</style>
 {</head>
<body>
<div>
```

```
}
这是一个 div 标记
</div>
</body>
```

9.1.3　<div>与<span>的区别

<div>与<span>的区别在于：<div>是一个块级元素，包围的元素会自动换行；而<span>仅仅是一个行内元素，在前后不会换行，它没有结构上的意义，纯粹是应用样式，当其他行内元素都不合适时，就可以使用<span>元素。

此外，<span>标记可以包含于<div>标记之中，成为子元素，而反过来则不成立，即<span>标记不能包含<div>标记。

```
<html>
<head>
<title>div 与 span 的区别</title>
</head>
<body>
<p>div 标记不同行：</p>
<div><img src="building.jpg" border="0"></div>
<div><img src="building.jpg" border="0"></div>
<div><img src="building.jpg" border="0"></div>
<p>span 标记同一行：</p>
<span><img src="building.jpg" border="0"></span>
<span><img src="building.jpg" border="0"></span>
<span><img src="building.jpg" border="0"></span>
</body>
</html>
```

考考你

请根据本节学习的初识 Div 方面的知识，区分<div>与<span>的区别，测试一下学习效果。

9.2　CSS 定位

CSS 定位包括相对定位和绝对定位。使用 CSS 定位可以减轻页面的加载负担，提升响应速度。本节将详细介绍 CSS 定位方面的知识。

9.2.1　盒子模型

这些属性可以转移到日常生活中的盒子去理解，日常生活中所见的盒子也就是能装东西的一种箱子，也具有这些属性，所以叫盒子模式。

CSS 假定所有的 HTML 文档元素都生成了一个描述该元素在 HTML 文档布局中所占空

间的矩形元素框(element box)，可以形象地将其看作一个盒子。CSS 围绕这些盒子产生了一种“盒子模型”概念，通过定义一系列与盒子相关的属性，可以极大地丰富和促进各个盒子乃至整个 HTML 文档的表现效果和布局结构。

HTML 文档中的每个盒子都可以看作由从内到外的四个部分构成，即内容区、填充、边框和空白边，如图 9-1 所示。

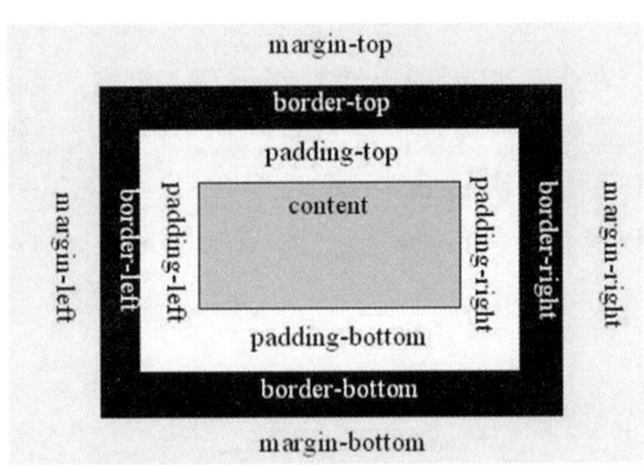

图 9-1

内容区是盒子模型的中心，呈现了盒子的主要信息内容，这些内容可以是文本、图片等多种类型。内容区是盒子模型必备的组成部分，其他的三部分都是可选的。内容区有三个属性：width、height 和 overflow。使用 width 和 height 属性可以指定盒子内容区的高度和宽度，其值可以是长度计量值或者百分比值。在 CSS 中表示空间距离主要有两种方式：一个是百分比，一个是长度计量单位。

填充是内容区和边框之间的空间，可以被看作内容区的背景区域。填充的属性有五种，即 padding-top、padding-bottom、padding-left、padding-right 以及综合了以上四种方向的快捷填充属性 padding。使用这五种属性可以指定内容区信息内容与各方向边框间的距离，其属性值类型同 width 和 height。

边框是环绕内容区和填充的边界。边框的属性有 border-style、border-width 和 border-color 以及综合了以上三类属性的快捷边框属性 border。边框样式属性 border-style 是边框最重要的属性，根据 CSS 规范，如果没有指定边框样式，其他的边框属性都会被忽略，边框将不存在。

空白边位于盒子的最外围，不是一条边线而是添加在边框外面的空间。空白边使元素盒子之间不必紧凑地连接在一起，是 CSS 布局的一个重要手段。空白边的属性有五种，即 margin-top、margin-bottom、margin- left、margin-right 以及综合了以上四种方向的快捷空白边属性 margin，其具体的设置和使用与填充属性类似。

以上就是对盒子模型四个组成部分的简要介绍，通过示例看到利用盒子模型的相关属性可以使 HTML 文档内容的表现效果变得越发丰富，而不再像只使用 HTML 标记那样单调乏味。

9.2.2 float 定位

float 是 CSS 的定位属性，在传统的印刷布局中，文本可以按照需要围绕图片，一般把这种方式称为“文本环绕”。在网页设计中，应用了 CSS 的 float 属性的页面元素就像在印刷布局里面的被文字包围的图片一样，浮动的元素仍然是网页流的一部分，float 浮动属性是元素定位中非常重要的属性，常常通过对 Div 元素应用 float 浮动来进行定位。

语法：

```
#sidebar { float: right; }
```

说明：

float 属性有四个可用的值：left 和 right 分别浮动元素到各自的方向，none (默认的) 使元素不浮动，inherit 将会从父级元素获取 float 值。

除了简单地在图片周围包围文字，浮动可用于创建全部网页布局，float 对小型的布局同样有用，当调整图片大小的时候，盒子里面的文字也将自动调整位置。

同样的布局可以通过在外容器使用相对定位，然后在头像上使用绝对定位来实现。这种方式中，文本不会受头像图片大小的影响，不会随头像图片的大小而有相应变化。

9.2.3 position 定位

在 CSS 布局中，position 发挥着非常重要的作用，很多容器的定位是用 position 来完成。另外，CSS 中 Position 属性有四个可选值，分别是 static、absolute、fixed 和 relative，static 是默认值，代表无定位。

1. static(无定位)

该属性值是所有元素定位的默认情况，在一般情况下，不需要特别的声明，但有时候遇到继承的情况，可以用 position:static 取消继承，即还原元素定位的默认值。

如：`#nav{position:static;}`

2. absolute(绝对定位)

使用 position:absolute，能够很准确地将元素移动到想要的位置，比如将 nav 移动到页面的右上角。

即：`nav{position:absolute;top:0;right:0;width:200px;}`

使用绝对定位的 nav 层前面的或者后面的层会认为这个层并不存在，也就是在 z 方向上，是相对独立出来的，丝毫不影响到其他 z 方向的层。所以 position:absolute 用于将一个元素放到固定的位置很好用，但是如果需要层相对于附近的层来确定位置便不可行。

3. fixed(相对于窗口的固定定位)

元素的定位方式与 absolute 类似，但包含块是视区本身，在屏幕媒体，如 Web 浏览器中，元素在文档中滚动时不会在浏览器视察中移动。

4. relative(相对定位)

相对定位是相对于元素默认的位置的定位，既然是相对的，就要设置不同的值来声明定位在哪里，top、bottom、left、right 四个数值配合，来明确元素的位置。如果要让 nav 层向下移动 20px,左移 40px。

即：`#nav{position:relative;top:50px;left:50px;}`

但值得注意的是，相对定位紧随层 woaicss 是不会出现在 nav 的下方，而是和 nav 发生一定的重叠。代码如下：

```
<!DOCTYPEhtmlPUBLIC"-//W3C//DTDXHTML1.0Strict//EN"
"http://www.w3.org/TR/xhtml1/DTD/xhtml1-strict.dtd">
<htmlxmlnshtmlxmlns="http://www.w3.org/1999/xhtml">
<head>
<metahttp-equivmetahttp-equiv="Content-Type"
content="text/html;charset=utf-8"/>
<title>www.52css.com</title>
<styletypestyletype="text/css">
<!--
#nav{
width:200px;
height:200px;
position:relative;
top:50px;
left:50px;
background:#ccc;  }
#woaicss{
width:200px;
height:200px;
background:#c00; }
</style>
</head>
<body>
<dividdivid="nav"></div>
<dividdivid="woaicss"></div>
</body>
</html>
```

知识精讲

从上面的代码可以看出，nav 已经相对于原来的位置移走，向右、向左各移了 50px。但另一个容器 woaicss 什么也没有察觉，当作 nav 是在原来的位置上紧跟在 nav 的后面。所以，在使用时要注意方法与总结经验。

考考您

请根据本节学习的 CSS 定位方面的知识，应用 position 定位，测试一下学习效果。

9.3 Div 布局

Div 是 HTML 中的标签，也称作层，用 Div 布局也说成用层布局。Div 标签对是用来布局的，结合层叠样式层设计出完美的网页。本节将详细介绍 Div 布局方面的知识。

9.3.1 使用 Div 对页面整体规划

使用 Div 可以将页面首先在整体上进行<div>标记的分块，然后对各个块进行 CSS 定位，最后再在各个块中添加相应的内容，页面大致由 banner、content、links 和 footer 几个部分组成，如图 9-2 所示。

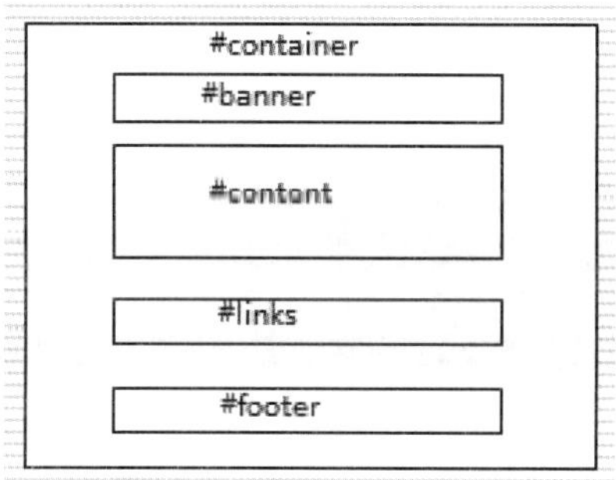

图 9-2

页面中的 HTML 框架代码如下：

```
<div id="container"></div>
<div id="banner"></div>
<div id="content"></div>
<div id="links"></div>
<div id="footer"></div>
</div>
```

这是一个结构，在实例中每一个版块都是一个<div>，id 表示各个版块，页面中所有的 Div 块都属于 container，对于每个 Div 块，还可以加入各种元素或行内元素，也可以嵌套另一个 Div，内容块可以包含任意的 HTML 元素，如标题、段落、图片、表格、列表等。

9.3.2 设计各块的位置

当页面的内容已经确定后，则需要根据内容本身来考虑整体的页面版型，如单栏、双栏或左中右等，如图 9-3 所示。

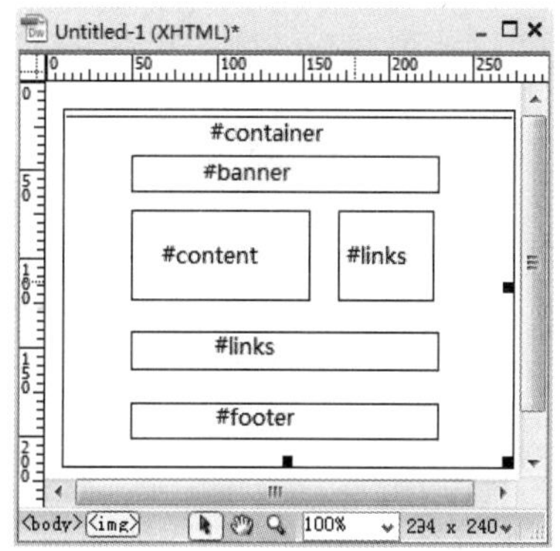

图 9-3

在页面外部有一个container，页面的banner在最上方，然后是内容content与导航条inks，二者在页面中部，其中 content 占据整个页面的主体，最下方是页面脚注 footer，用于显示版权信息和注册日期等。

9.3.3 使用 CSS 定位

在制作页面的最后，可以使用 CSS 定位，对页面的整体进行规划，并在各个版块中添加相应的内容。下面详细介绍使用 CSS 定位的操作方法，代码如下：

```
body{
margin:0px;
font-size:13px;
font-family:Arial;
}
#container{
position:relative;
width:100%;
}
#banner{/*根据实际需要可调整。如果此处是图片，不用设置高度*/
height:80px;
border:1px solid #000000;
text-align:center;
background-color:#a2d9ff;
padding:10px;
margin-bottom:2px;
```

利用 float 浮动方法将#content 移动到左侧，#links 移动到页面右侧，不指定#content 的宽度，可根据浏览器的变化进行调整，但#links 作为导航条指定其宽度为 200px，代码如下：

```
#content{
    float:left; }
    #links{
    float:right;
    width:200px;
    text-align:center;
}
```

如果#link 的内容比#content 的长，在 IE 浏览器上#footer 就会贴在#content 下方而与#link 出现重合，此时，需要对块做调整，将#content 与#link 都设置为左浮动，然后再微调其之间的距离；如果#link 在#content 的左方，将二者都设置为右浮动。

对于固定宽度的页面这种情况非常容易解决，只需要指定#content 的宽度，然后二者同时向左或者向右浮动，代码如下：

```
#content{
    float:left;
    padding-right:200px;
    width:600px; }
```

考考您

请根据本节学习的 Div 布局方面的知识，使用 Div 对页面整体规划，测试一下学习效果。

9.4 CSS 布局方式

CSS 布局方式一般包括居中版式布局和浮动版式布局。本节将详细介绍 CSS 布局方式方面的知识。

9.4.1 居中版式布局

居中的设计只占屏幕的一部分，而不是横跨屏幕的整个宽度，这样就会创建比较短的、容易阅读的行。居中有两个基本方法：一个方法使用自动空白边，另一个方法使用定位和负值的空白边。下面详细介绍居中版式布局的操作方法。

1. 使用自动空白边

例如有一个典型的布局，希望让其中的容器 Div 在屏幕上水平居中：

```
<body>
    <div id="wrapper">
  </div>
</body>
```

为此，只需定义容器 Div 的宽度，然后将水平空白边设置为 auto:

```
#wrapper {
  width: 720px;
    margin: 0 auto;
  }
```

在这个示例中，决定以像素为单位指定容器 Div 的宽度，适合 800×600 分辨率的屏幕。但是，也可以将宽度设置为主体的百分数，或者使用 em 相对于文本字号设置宽度。

在所有现代浏览器中都是有效的，但是，怪异模式中的 IE 5.x 和 IE 6 不支持自动空白边，IE 将 text-align:center 误解为让所有东西居中，而不只是文本。可根据这一点，让主体标签中的所有东西居中，包括容器 Div，然后将容器的内容重新对准左边：

```
body {
  text-align: center;
    }
 #wrapper {
  width: 720px;
  margin: 0 auto;
  text-align: left;
    }
```

以这种方式使用 text align 属性是可行的，对代码没有严重的影响，容器现在在 IE 以及比较符合标准的浏览器中都会居中。

为了防止这种浏览器窗口的宽度减少到小于容器的宽度，需要将主体元素的最小宽度设置为等于或略大于容器元素的宽度：

```
body {
    text-align: center;
```

```
    min-width: 760px;
  }
#wrapper {
    width: 720px;
  margin: 0 auto;
  text-align: left;
    }
```

2. 使用定位和负值的空白边

使用自动空白边进行居中的方法是最常用的，但是，还需要用一个招数来满足 IE 5.x 的要求，要求对两个元素而不只是一个元素应用样式。因此，有人喜欢使用定位和负值空白边来代替这种方法。

与前面一样，首先定义容器的宽度，然后将容器的 position 属性设置为 relative, 将 left 属性设置为 50%。这样会把容器的左边缘定位在页面的中间。

```
#wrapper
{
   width: 720px;
    position: relative;
   left: 50%;
   }
```

但是，如果并不希望让容器的左边缘居中，而是希望让容器的中间居中，可以对容器的左边应用一个负值的空白边，宽度等于容器宽度的一半。把容器向左边移动到宽度的一半，从而将其屏幕上居中：

```
#wrapper
{
   width: 720px;
   position: relative;
  left: 50%;
   margin-left: -360px;
  }
```

9.4.2 浮动版式布局

在 Dreamweaver CS5 中，使用浮动布局设计也是必不可少的，浮动布局利用了 float(浮动)属性来并排定位元素。下面详细介绍其操作方法。

1. 二列固定宽度

有了一列固定宽度作为基础，二列固定宽度就非常简单，XHTML 代码如下：

```
<div id="left">左列</div>
<div id="right">右列</div>
```

代码结构中使用了两个 id，分别为 left 和 right，表示两个 Div 的名称。首先设置宽度，然后让两个 div 在水平行中并排显示，从而形成二列式的布局。CSS 代码如下：

```
<!DOCTYPE   html   PUBLIC   "-//W3C//DTD   XHTML   1.0   Transitional//EN"
"http://www.w3.org/TR/xhtml1/DTD/xhtml1-transitional.dtd">
<html xmlns="http://www.w3.org/1999/xhtml" xml:lang="cn" lang="cn">
```

```
<head>
<meta http-equiv="Content-Type" content="text/html; charset=gb2312" />
<title>二列固定宽度——AA25.CN</title>
<style type="text/css">
<!--
#left {
 background-color: #E8F5FE;
 border: 1px solid #A9C9E2;
 float: left;
 height: 300px;
 width: 200px;
}
#right {
 background-color: #F2FDDB;
 border: 1px solid #A5CF3D;
 float: left;
 height: 300px;
 width: 200px;
}
-->
</style>
</head>
<body>
<div id="left">左列</div>
<div id="right">右列</div>
</body>
</html>
```

为了实现两列式布局，使用了 float 属性，这样两列固定宽度的布局就能够完整地显示出来，预览效果如图 9-4 所示。

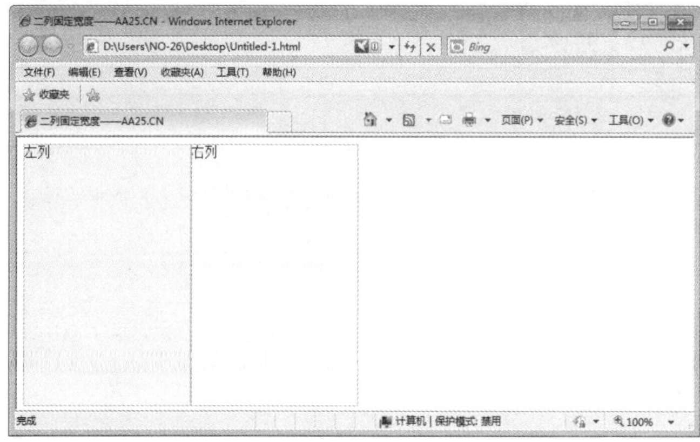

图 9-4

2. 两列固定宽度居中布局

两列固定宽度居中布局，可以使用 div 的嵌套式设计来完成。使用一个居中的 div 作为容器，将二列分栏的两个 div 放置在容器中，从而实现二列的居中显示。结合上面的代码，新的 XHTML 代码结构如下：

```
<!DOCTYPE   html   PUBLIC   "-//W3C//DTD   XHTML   1.0   Transitional//EN"
"http://www.w3.org/TR/xhtml1/DTD/xhtml1-transitional.dtd">
<html xmlns="http://www.w3.org/1999/xhtml">
```

```
<head>
<meta http-equiv="Content-Type" content="text/html; charset=gb2312" />
<title>二列固定宽度居中——AA25.CN</title>
<style type="text/css">
<!--
#layout {
width: 404px;
margin-top: 0px;
margin-right: auto;
margin-bottom: 0px;
margin-left: auto;
}
#left {
background-color: #E8F5FE;
border: 1px solid #A9C9E2;
float: left;
height: 300px;
width: 200px;
}
#right {
background-color: #F2FDDB;
border: 1px solid #A5CF3D;
float: left;
height: 300px;
width: 200px;
}
-->
</style>
</head>
<body>
<div id="layout">
<div id="left">左列</div>
<div id="right">右列</div>
</div>
</body>
</html>
```

此时，在页面中的内容为居中显示，预览效果如图 9-5 所示。

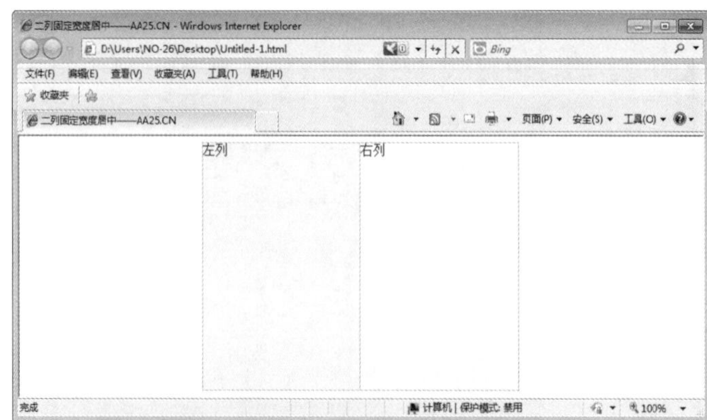

图 9-5

3. 两列宽度自适应布局

自适应布局主要通过宽度的百分比值进行设置，在下面代码中，左栏宽度设置为宽度的 20%，右栏宽度设置为宽度的 70%，看上去像一个左侧为导航、右侧为内容的常见网页形式。XHTML 代码结构如下：

```
<!DOCTYPE html PUBLIC "-//W3C//DTD XHTML 1.0 Transitional//EN"
"http://www.w3.org/TR/xhtml1/DTD/xhtml1-transitional.dtd">
<html xmlns="http://www.w3.org/1999/xhtml">
<head>
<meta http-equiv="Content-Type" content="text/html; charset=gb2312" />
<title>二列宽度自适应——AA25.CN</title>
<style type="text/css">
<!--
#left {
background-color: #E8F5FE;
border: 1px solid #A9C9E2;
float: left;
height: 300px;
width: 20%;
}
#right {
background-color: #F2FDDB;
border: 1px solid #A5CF3D;
float: left;
height: 300px;
width: 70%;
}
-->
</style>
</head>
<body>
<div id="left">左列——(AA25.CN)</div>
<div id="right">右列——二列宽度自适应(AA25.CN)</div>
</body>
</html>
```

左栏宽度设置为宽度的 20%，右栏宽度设置为宽度的 70%，预览效果如图 9-6 所示。

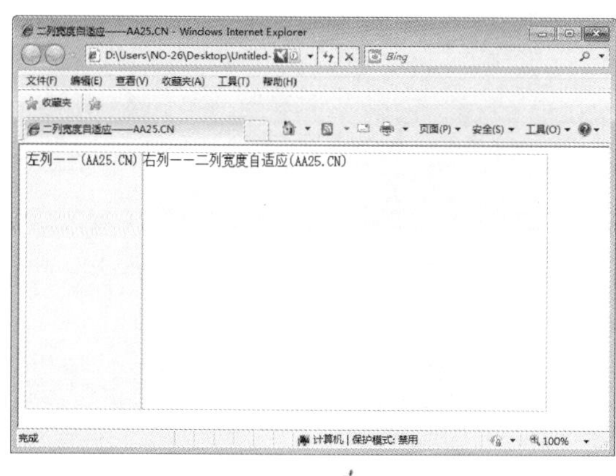

图 9-6

4. 三列浮动中间列宽度自适应布局

三列浮动中间列宽度自适应布局是左栏固定宽度居左显示，右栏固定宽度居右显示，而中间栏需要在左栏和右栏的中间显示。XHTML 代码结构如下：

```
<!DOCTYPE html PUBLIC "-//W3C//DTD XHTML 1.0 Transitional//EN"
"http://www.w3.org/TR/xhtml1/DTD/xhtml1-transitional.dtd">
<html xmlns="http://www.w3.org/1999/xhtml">
<head>
<meta http-equiv="Content-Type" content="text/html; charset=gb2312" />
<title>三列左右固定宽度中间自适应——AA25.CN</title>
<style>
body{
margin:0px;
}
#left {
background-color: #E8F5FE;
border: 1px solid #A9C9E2;
height: 400px;
width: 200px;
position: absolute;
top: 0px;
left: 0px;
}
#center {
background-color: #F2FDDB;
border: 1px solid #A5CF3D;
height: 400px;
margin-right: 202px;
margin-left: 202px;
}
#right {
background-color: #FFE7F4;
border: 1px solid #F9B3D5;
height: 400px;
width: 200px;
position: absolute;
top: 0px;
right: 0px;
}
</style>
</head>
<body>
<div id="left">左列</div>
<div id="center">中列——AA25.CN</div>
<div id="right">右列</div>
</body>
</html>
```

在左边和右边的边距保持#left 和#right 的宽度，此时，在页面上即可预览效果，如图 9-7 所示。

三列自适应布局目前在 blog 设计方面应用较多，一般大型的网站设计，很少使用三列自适应布局。

考考您

请根据本节学习的 CSS 布局方式方面的知识，设置浮动版式布局，测试一下学习效果。

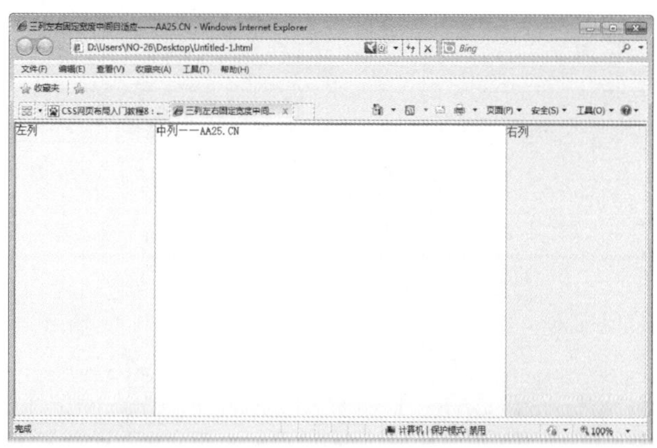

图 9-7

9.5 实践案例与上机指导

通过本章的学习，读者基本可以掌握应用 CSS+Div 灵活布局网页以及一些常见的操作方法。下面通过练习操作，以达到巩固学习、拓展提高的目的。

9.5.1 一列固定宽度

一列固定宽度是基础中的基础，也是最简单的布局形式。一列固定宽度中，宽度的布局是固定的，因此，直接设置了宽度属性 width：300px；高度属性 height：200px。XHTML 代码结构如下：

```
<!DOCTYPE html PUBLIC "-//W3C//DTD XHTML 1.0 Transitional//EN"
"http://www.w3.org/TR/xhtml1/DTD/xhtml1-transitional.dtd">
<html xmlns="http://www.w3.org/1999/xhtml">
<head>
<meta http-equiv="Content-Type" content="text/html; charset=gb2312" />
<title>一列固定宽度——AA25.CN</title>
<style type="text/css">
<!--
#layout {
border: 2px solid #A9C9E2;
background-color: #E8F5FE;
height: 200px;
width: 300px;
}
-->
</style>
</head>
<body>
<div id="layout">一列固定宽度</div>
</body>
</html>
```

此时，在浏览器中即可浏览到固定的宽度，无论怎么改变浏览器窗口的大小，Div 的宽度都不会改变，如图 9-8 和图 9-9 所示。

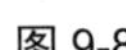
图 9-8

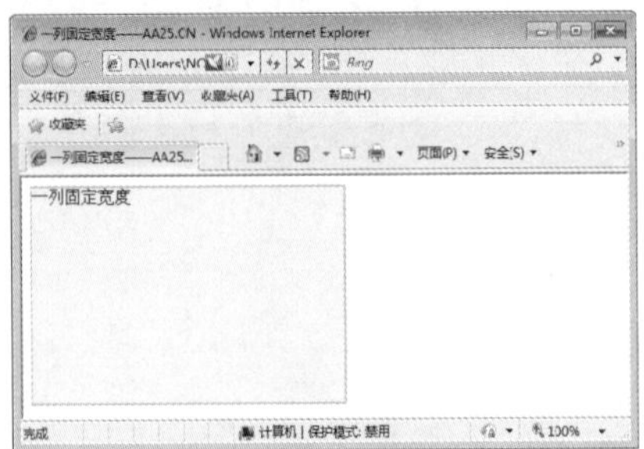

图 9-9

9.5.2 一列自适应宽度

自适应布局是网页设计中常见的布局形式，自适应的布局能够根据浏览器窗口的大小，自动改变其宽度和高度值，是一种非常灵活的布局形式。XHTML 代码结构如下：

```
<!DOCTYPE html PUBLIC "-//W3C//DTD XHTML 1.0 Transitional//EN"
"http://www.w3.org/TR/xhtml1/DTD/xhtml1-transitional.dtd">
<html xmlns="http://www.w3.org/1999/xhtml">
<head>
<meta http-equiv="Content-Type" content="text/html; charset=gb2312" />
<title>AA25.CN_一列自适应宽度</title>
<style type="text/css">
<!--
#layout {
border: 2px solid #A9C9E2;
background-color: #E8F5FE;
height: 200px;
width: 80%;
}
-->
</style>
</head>
<body>
<div id="layout">一列自适应宽度</div>
</body>
</html>
```

这里将宽度由一列固定宽度的 300px 改为 80%，自适应的优势就是当扩大或缩小浏览器窗口大小时，其宽度还将维持在与浏览器当前宽度的比例，如图 9-10 所示。

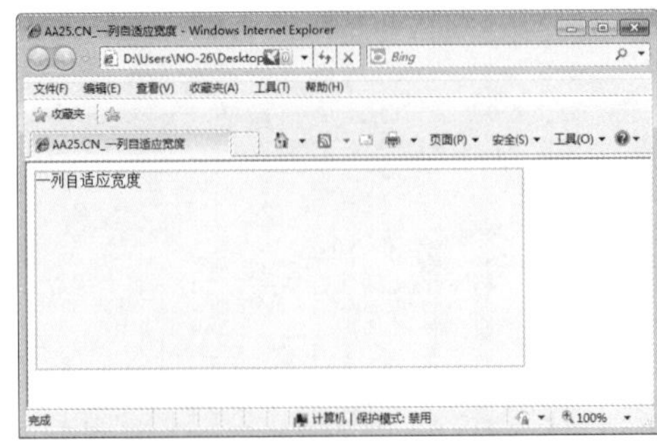

图 9-10

9.6　思考与练习

一、填空题

1. Div 元素是用来为 HTML 文档内大块(block-level)的内容提供____________和背景的元素。

2. Div 全称 division，意为“区分”，称为__________。作用是设定字、画、表格等的摆放位置。当使用 CSS 布局时，主要把其用在___________上。

3. <div>与<span>的区别在于，<div>是一个_________元素，包围的元素会自动换行，而<span>仅仅是一个_________元素，在前后不会换行。

4. CSS 定位包括________和___________，使用 CSS 定位可以减轻页面加载负担，提升响应速度。

5. HTML 文档中的每个盒子都可以看作由从内到外的四个部分构成，即内容区、_____________、边框和___________。

二、判断题

1. <span>标记与<div>标记一样，作为容器标记而被广泛应用在 HTML 语言中。　(　　)

2. <span>没有结构上的意义，纯粹是应用样式，当其他行内元素都不合适时，就可以使用<CSS>元素。　(　　)

3. 这些属性可以转移到日常生活中的盒子去理解，日常生活中所见的盒子也就是能装东西的一种箱子，也具有这些属性，所以叫盒子模式。　(　　)

4. 内容区是盒子模型的中心，它呈现了盒子的主要信息内容，这些内容可以是文本、图片等多种类型。　(　　)

5. 空白边是环绕内容区和填充的边界。　(　　)

三、思考题

1. <div>与<span>的区别?

2. 什么叫 float 定位?

第10章

使用 AP Div 元素布局页面

本章要点

- AP Div 和【AP 元素】面板
- 插入 AP Div
- 设置 AP Div 的属性
- AP Div 与表格的转换

本章主要内容

本章主要介绍 AP Div 和【AP 元素】面板、AP Div 和 Div 的区别等知识与技巧，同时还讲解了插入 AP Div、创建普通 AP Div、创建嵌套 AP Div 等，最后还针对实际的工作需求，讲解了设置 AP Div 的属性、AP Div 与表格的转换、把 AP Div 转换为表格和把表格转换为 AP Div 等方法。通过本章的学习，读者可以掌握使用 AP Div 元素布局页面方面的知识，为深入学习 Dreamweaver CS5 知识奠定基础。

10.1 AP Div 和【AP 元素】面板

AP Div 是 Dreamweaver CS5 中另一种可以进行排版的工具，也就是通常所说的层，可以定位在页面上的任何位置，在【AP 元素】面板中可以方便地处理 AP Div 的操作、设置 AP Div 的属性。本节将详细介绍 AP Div 和【AP 元素】面板方面的知识。

10.1.1 AP Div 概述

AP 元素，即绝对定位元素，是指在网页中具有绝对位置的页面元素。AP 元素中可以包含文本、图像或其他任何网页元素。

在 Dreamweaver CS5 中，默认的 AP 元素通常是指拥有绝对位置的 Div 标签和其他具有绝对位置的标签。

所有 AP 元素(不仅仅是绝对定位的 Div 标签)都将在【AP 元素】面板中显示。AP Div，又被称为层，是 HTML 网页的一种元素，可以放置在网页上的任意位置。层可以包含文本、图像或 HTML 文档中允许放入的其他元素。层是网页中的一个区域，在一个网页中可以有多个层存在，并且可以重叠。

通过 Dreamweaver CS5，可以使用 AP 元素设计页面布局。将 AP 元素放置到其他 AP 元素的前后，隐藏某些 AP 元素而显示其他 AP 元素，以及在屏幕上移动 AP 元素。可以在一个 AP 元素中放置背景图像，然后在该 AP 元素的前面放置另一个包含带有透明背景的文本的 AP 元素。

AP Div 主要有以下几方面的功能。

- AP Div 是绝对定位的，游离在文档之上，可以浮动定位网页元素。
- AP Div 的 Z 轴属性可以使多个 AP Div 进行重叠，产生多重叠加的效果。
- AP Div 的显示和隐藏可以控制，从而使网页的内容变得更加丰富多彩。

10.1.2 AP Div 和 Div 的区别

插入 Div 是在当前位置插入固定层，绘制 AP Div 是在当前位置插入可移动层，也就是说这个层是浮动的，可以根据它的 top 和 left 来规定这个层的显示位置。

AP Div 是 CSS 中的定位技术，在 Dreamweaver 中将其进行了可视化操作，文本、图像、表格等元素只能固定其位置，不能互相叠加在一起，使用 AP Div 功能可以将其放置在网页中的任何位置，还可以按顺序排放网页文档中的其他构成元素。体现了网页技术从二维空间向三维空间的一种延伸。

Div 就是网页的一种框架结构，Div 元素是用来为 HTML 文档内大块(block-level)的内容提供结构和背景的元素。Div 的起始标签和结束标签之间的所有内容都是用来构成这个块的，其中所包含元素的特性由 Div 标签的属性来控制，或者是通过使用样式表格式化这个块来进行控制。

Div 与 AP Div 的使用区别：一般情况下，进行 HTML 页面布局时，都是使用的 Div+CSS，而不能用 AP Div+CSS。只有在特殊情况下，如果需要在 Div 中制作重叠的层，如 PS 的图层那样，才会用到 AP Div 元素。

10.1.3 【AP 元素】面板

使用【AP 元素】面板可以管理文档中的 AP 元素，同时，可以防止 AP 元素重叠，更改 AP 元素的可见性、嵌套或堆叠 AP 元素，以及选择一个或多个 AP 元素。

AP 元素将按照 Z 轴的顺序显示为一列名称，默认情况下，第一个创建的 AP 素显示在列表底部，最新创建的 AP 元素显示在列表顶部。可以通过更改 AP 元素在堆叠顺序中的位置来更改顺序。

在右侧面板中，单击【AP 元素】标签，即可打开【AP 元素】面板，如图 10-1 所示。

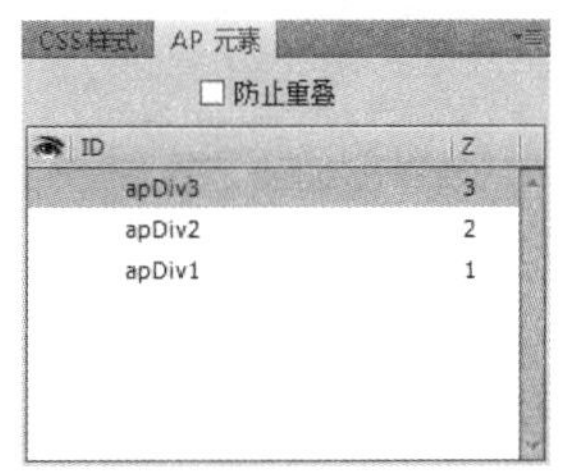

图 10-1

当前文档中所有的 AP 元素都显示在【名称】列表中。在 Dreamweaver CS5 中，可以使用 AP 元素来设计页面的布局，可以将其前后放置，隐藏某些层而显示其他层，或在屏幕上移动层。

考考您

请根据本节学习的 AP Div 和【AP 元素】面板方面的知识，清楚 AP Div 和 Div 的区别，测试一下学习效果。

10.2　插入 AP Div

AP Div 就像一个大容器，将页面中的各个元素都包含在其中，并对页面的各个元素进行相关的控制。AP Div 可以放置在页面的任意位置，包括图片和文本等元素。在 Dreamweaver CS5 中插入 AP Div 包括创建普通 AP Div 和创建嵌套 AP Div。本节将详细介绍插入 AP Div 方面的知识。

10.2.1　创建普通 AP Div

在 Dreamweaver CS5 中，可以通过两种方法创建普通 AP Div：第一种方法是通过菜单创建，第二种方法是通过【插入】栏创建。下面详细介绍创建普通 AP Div 的操作方法。

第 1 步 启动 Dreamweaver CS5，在菜单栏中选择【文件】→【打开】命令，打开文件，如图 10-2 所示。

第 2 步 在菜单栏中，选择【插入】→【布局对象】→AP Div(A)命令，如图 10-3 所示。

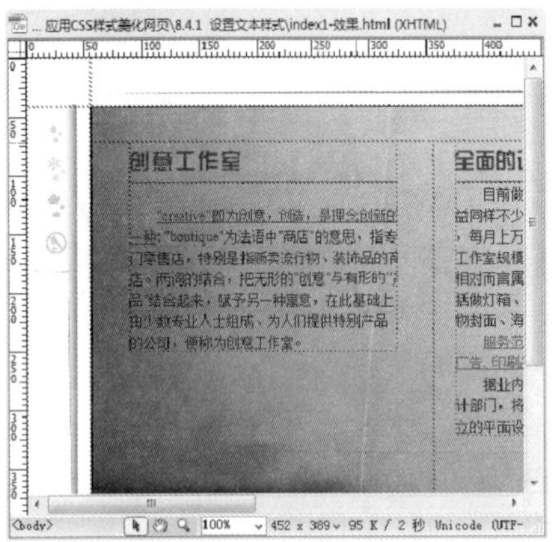

图 10-2

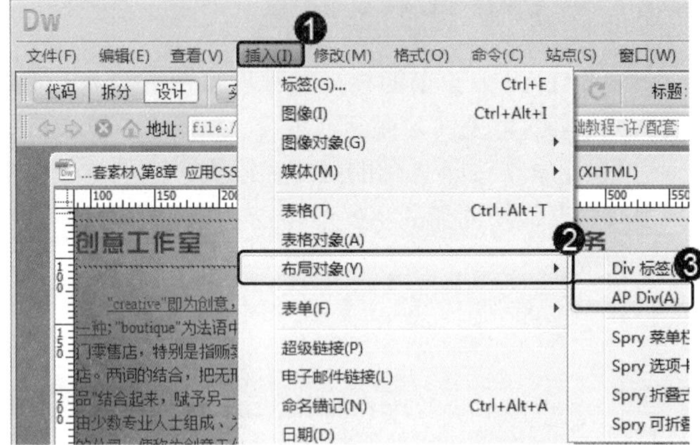

图 10-3

第 3 步 此时，在窗口中可以看到一个方形的框，如图 10-4 所示。完成插入 AP Div 的操作。

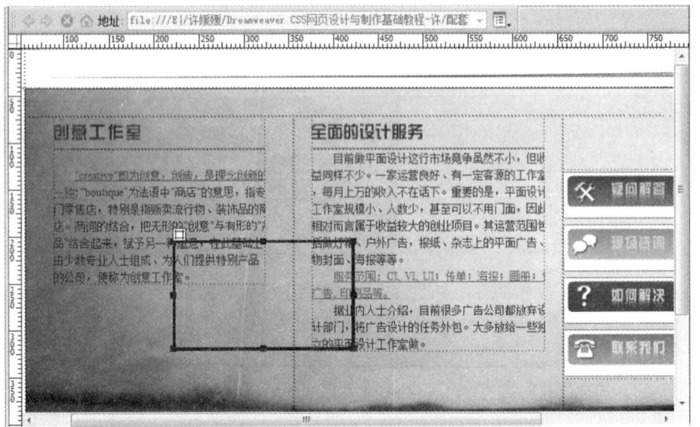

图 10-4

知识精讲

在【插入】面板中，选择【布局】选项；在列表中选择【绘制 AP Div】按钮，在文档窗口中按住鼠标左键并进行拖动，即可绘制一个 AP Div。

10.2.2 创建嵌套 AP Div

在 Dreamweaver CS5 中，嵌套的 AP Div 就是在已有的 AP Div 中再绘制一个 AP Div，通常称为父级和子级。

在创建嵌套 AP Div 之前，需要确保在【AP 元素】面板中取消选中【防止重叠】复选框。将光标放置于文档窗口中的 AP Div 中，在菜单栏中选择【插入】→【布局对象】→AP Div 命令，即可完成创建嵌套 AP Div 的操作，如图 10-5 所示。

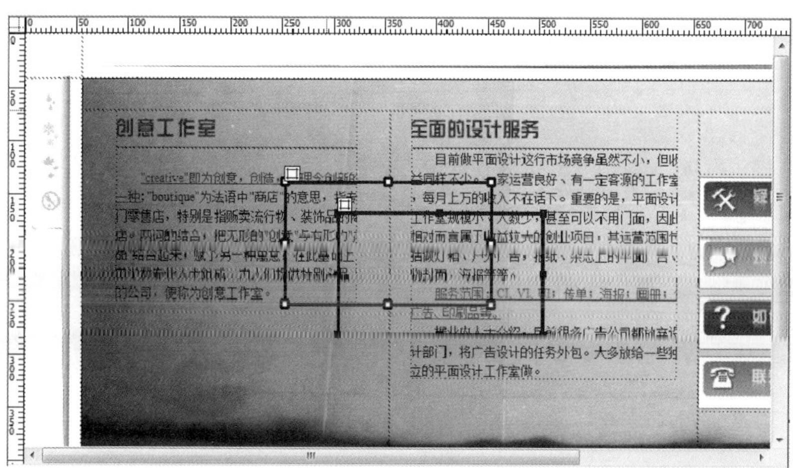

图 10-5

智慧锦囊

要解除嵌套关系时，只需在【AP 元素】面板中将嵌套关系的子层拖至母层的上方即可。但必须注意的是，只有嵌套关系的子层会随母层的某些属性的改变而改变，如移动母层，子层会同时移动，但母层不会因子层改变而变化。嵌套关系之外的层，其各层之间相互独立，互不影响，但层与层之间的先后顺序是可调的。

考考您

请根据本节学习的插入 AP Div 方面的知识，创建普通 AP Div，测试一下学习效果。

10.3　设置 AP Div 的属性

在插入 AP Div 以后，可以在【属性】面板设置属性，其中包括设置 AP Div 的显示/隐藏属性、堆叠顺序、添加滚动条和改变 AP Div 的可见性。本节将详细介绍设置 AP Div 属性方面的知识。

10.3.1　设置 AP Div 的显示/隐藏属性

利用【AP 元素】面板，可以设置 AP 元素的可见性。下面详细介绍设置 AP Div 的显示

/隐藏属性的操作方法。

第 1 步 启动 Dreamweaver CS5，在菜单栏中选择【窗口】→【AP 元素】命令，打开【AP 元素】面板，如图 10-6 所示。

第 2 步 在【AP 元素】面板中，单击【眼睛】按钮，可以显示或隐藏 AP Div，如图 10-7 所示。

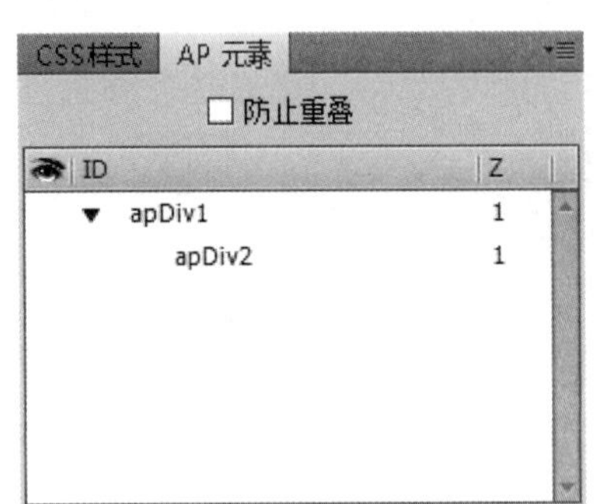

图 10-6

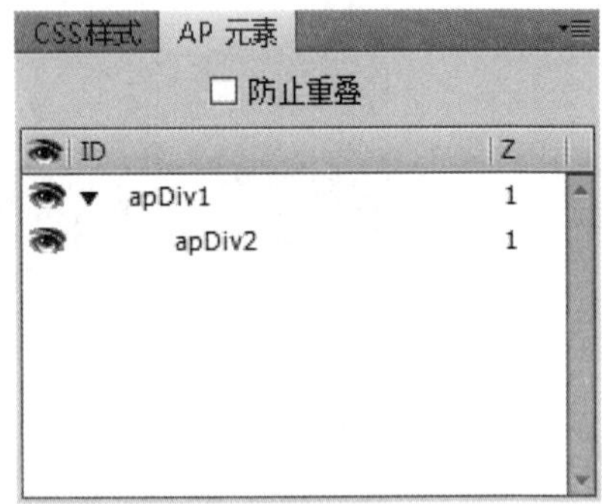

图 10-7

第 3 步 在【AP 元素】面板中，单击【眼睛】按钮，当【AP 元素】面板中的眼睛按钮为时，表明当前的【AP 元素】处于隐藏状态，如图 10-8 所示。

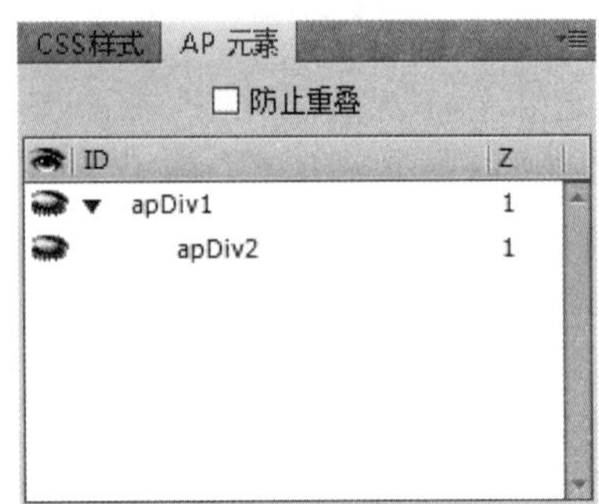

图 10-8

10.3.2 改变 AP Div 的堆叠顺序

改变 AP Div 的堆叠顺序，也就是调整索引值的大小，使需要显示的内容完整显示出来。下面详细介绍改变 AP Div 的堆叠顺序的操作方法。

在文档窗口中选中 AP 元素，在【属性】面板的【Z 轴】文本框中输入数字，数值越大，显示就越在上面，如图 10-9 所示。

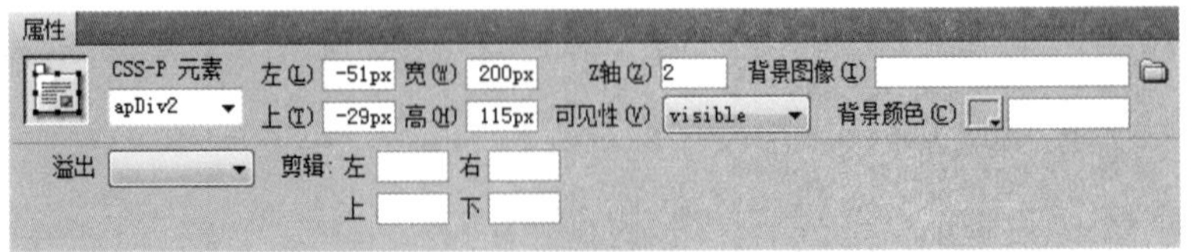

图 10-9

知识精讲

还可以通过将鼠标指针指向层名称，按住鼠标左键拖动鼠标至目标位置，Z 值也会自动调整，来调整堆叠顺序。

10.3.3　为 AP Div 添加滚动条

在 AP Div【属性】面板的【溢出】下拉列表框，用于控制当 AP Div 的内容超过 AP Div 的指定大小时，如何在浏览器中显示 AP 元素，如图 10-10 所示。

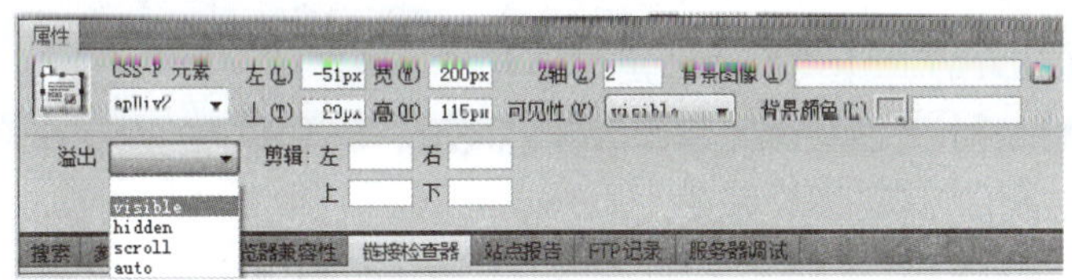

图 10-10

在 AP Div【属性】面板中可以进行以下设置。

- 【左】：AP Div 的左边界距离浏览器窗口左边界的距离。
- 【上】：AP Div 的上边界距离浏览器窗口上边界的距离。
- 【宽】：AP Div 的宽。
- 【高】：AP Div 的高。
- 【Z 轴】：AP Div 的 Z 轴顺序。
- 【背景图像】：AP Div 的背景图。
- 【可见性】：AP Div 的显示状态，包括 default、inherit、visible 和 hidden 四个选项。
- 【背景颜色】：AP Div 的背景颜色。
- 【剪辑】：用来指定 AP Div 的哪一部分是可见的。
- 【溢出】：如果 AP Div 中的文字太多，或图像太大，AP Div 的大小不足以全部显示的处理方式。其中包括 visible(可见)：指示在 AP 元素中显示级外的内容；实际上，AP 元素会通过延伸来容纳额外的内容；hidden(隐藏)：指定不在浏览器中显示额外的内容；scroll(滚动条)：指定浏览器应在 AP 元素上添加滚动条，而不管是否需要滚动条；auto(自动)：当 AP Div 中的内容超出 AP Div 范围时才显示 AP 元素的滚动条。
- 【类】：可以从该下拉列表中选择 CSS 样式定义 AP Div.

知识精讲

在 AP Div【属性】面板的【溢出】下拉列表框中，不同的浏览器中会获得不同程度的支持。

10.3.4 改变 AP Div 的可见性

在【属性】面板中，单击展开【可见性】下拉按钮，在列表中，可以改变 AP Div 的可见性，如图 10-11 所示。

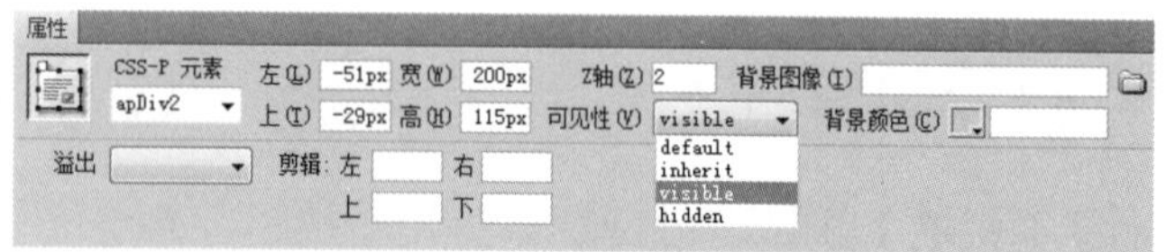

图 10-11

在【可见性】下拉选项中可以对各选项进行以下设置。

- default(默认)：大部分浏览器解释为 inherit，是浏览器的默认设置。
- inherit(继承)：其父级的可见性。
- visible (可见)：在选择该选项的时候，无论父 AP Div 是否可见，当前的 AP Div 都可见。
- hidden(不可见)：在选择该选项的时候，无论父 AP Div 是否可见，当前 AP Div 都隐藏。

考考您

请根据本节学习的设置 AP Div 属性方面的知识，改变 AP Div 的堆叠顺序，测试一下学习效果。

10.4 AP Div 与表格的转换

可以通过对 AP 元素与表格的相互转换，来调整布局并优化网页设计。将 AP 元素转换为表格，可以适合不支持 AP 元素的浏览器。本节将详细介绍 AP Div 与表格的转换方面的知识。

10.4.1 把 AP Div 转换为表格

可以使用 AP 元素创建布局，然后将 AP 元素转换为表格，在转换为表格之前，应确保 AP 元素没有重叠。

第 1 步 启动 Dreamweaver CS5，并在文档中绘制 AP 元素并添加内容，如图 10-12 所示。

第 2 步 在菜单栏中选择【修改】→【转换】→【将 AP Div 转换为表格】命令，如图 10-13 所示。

第 3 步 弹出【将 AP Div 转换为表格】对话框，①对参数进行设置，②单击【确定】按钮，如图 10-14 所示。

图 10-12

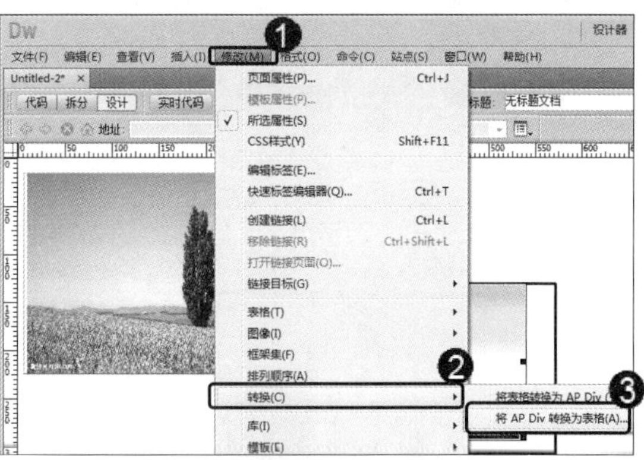

图 10-13

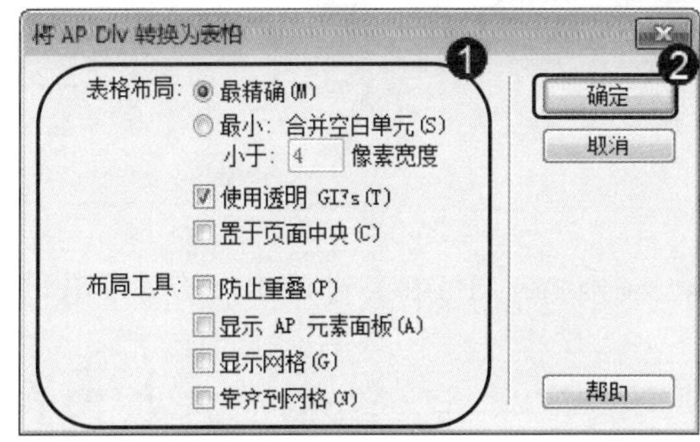

图 10-14

第 4 步　此时，在页面中可以看到已经将 AP 元素转换为表格，如图 10-15 所示。通过以上步骤即可完成操作。

图 10-15

10.4.2　把表格转换为 AP Div

在 Dreamweaver CS5 中，还可以把表格转换为 AP Div。下面详细介绍把表格转换为 AP Div 的操作方法。

第 1 步　启动 Dreamweaver CS5，创建表格并在表格中添加准备使用的图像，如

图 10-16 所示。

第 2 步 在菜单栏中选择【修改】→【转换】→【将表格转换为 AP Div】命令，如图 10-17 所示。

图 10-16

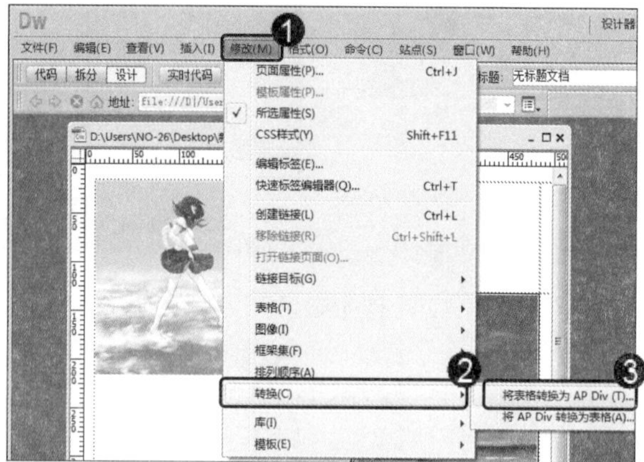

图 10-17

第 3 步 弹出【将表格转换为 AP Div】对话框，①对参数进行设置；②单击【确定】按钮，如图 10-18 所示。

第 4 步 此时，在页面中可以看到已经将表格转换为 AP Div，如图 10-19 所示。通过以上步骤即可完成操作。

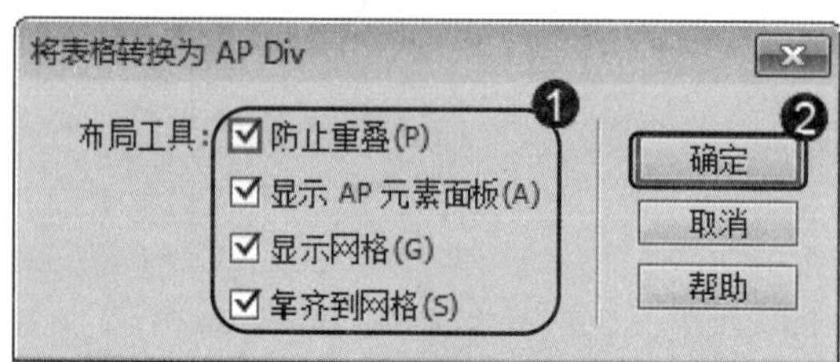

图 10-18

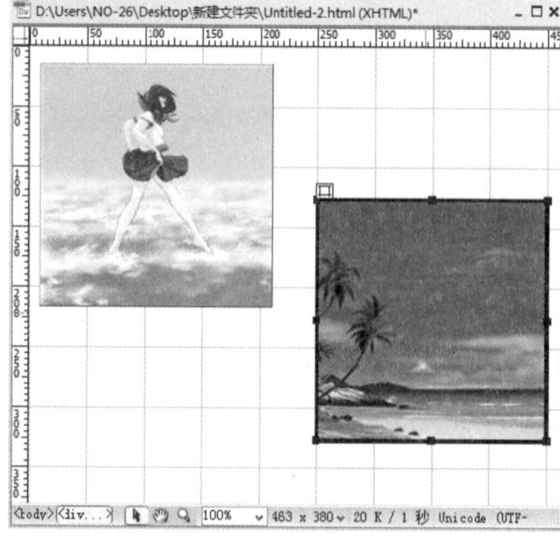

图 10-19

请根据本节学习的 AP Div 与表格转换方面的知识，把 AP Div 转换为表格，测试一下学习效果。

10.5　实践案例与上机指导

通过本章的学习，读者基本可以掌握使用 AP Div 元素布局页面以及一些常见的操作方法。下面通过练习操作，以达到巩固学习、拓展提高的目的。

10.5.1　使用 AP Div 排版

AP Div 与表格都可以在页面中定位对象，如定位图片、文本等，先利用 AP Div 的简易操作性将各个对象进行定位，然后将 AP Div 转换为表格。下面详细介绍使用 AP Div 排版的操作方法。

素材文件　无

效果文件　配套素材\第 10 章\index.html

第 1 步 启动 Dreamweaver CS5，在菜单栏中选择【文件】→【新建】命令，创建新文档，如图 10-20 所示。

第 2 步 在【插入】面板上，①选择【布局】选项卡；②在列表中选择【绘制 AP Div】选项，如图 10-21 所示。

图 10-20

图 10-21

第 3 步 在页面窗口中，单击并拖动鼠标左键，在窗口中绘制一个 AP Div，如图 10-22 所示。

第 4 步 选中刚刚绘制的 AP Div，在【属性】面板上对左、右、宽和高进行参数设置，如图 10-23 所示。

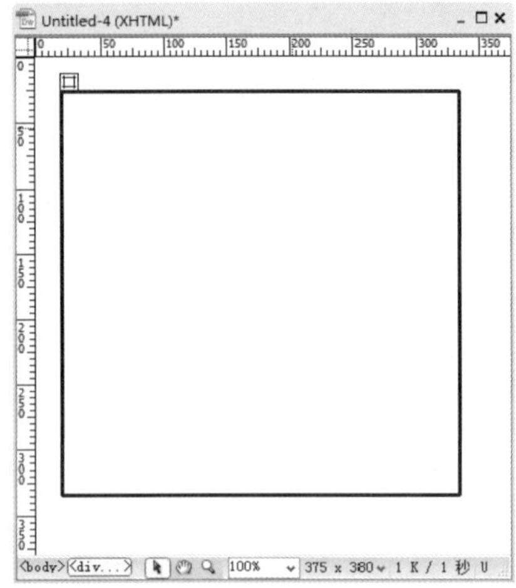

图 10-22

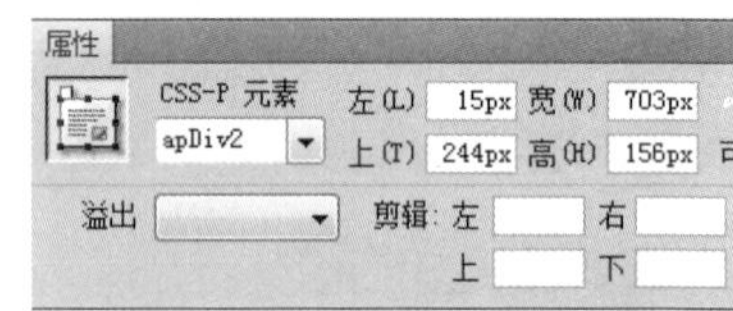

图 10-23

第 5 步 将光标移至刚刚绘制的 AP Div 中，并在 AP Div 中插入素材图像，如图 10-24 所示。

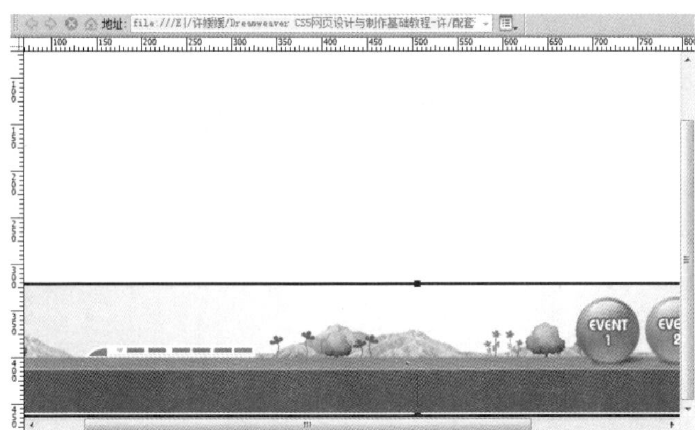

图 10-24

第 6 步 在页面的左上角再绘制一个 AP Div，并将其选中，如图 10-25 所示。

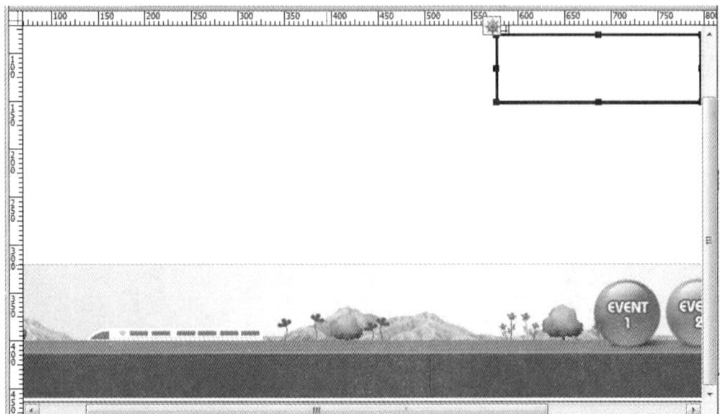

图 10-25

第 7 步 在【属性】面板中，分别对上 AP Div 的左、右、宽和高进行参数设置，如图 10-26 所示。

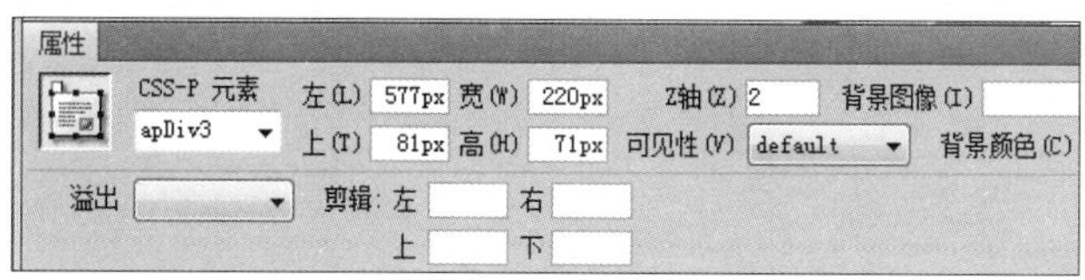

图 10-26

第 8 步 在【AP 元素】面板中，选中【防止重叠】复选框，如图 10-27 所示。

第 9 步 将光标移至刚刚绘制的 AP Div 中，在菜单栏中选择【插入】→【图像】命令，插入素材图像，如图 10-28 所示。

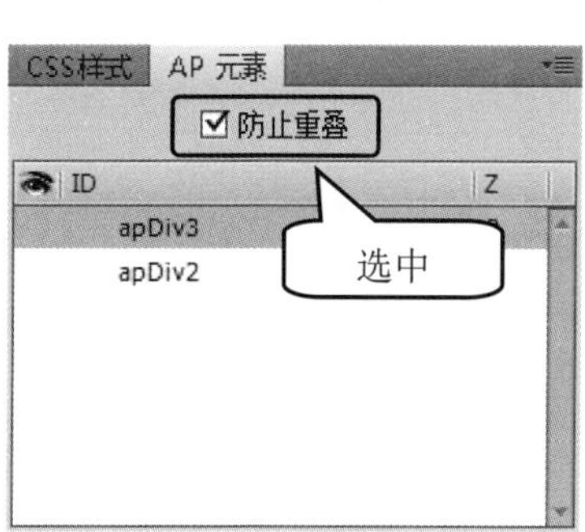

图 10-27

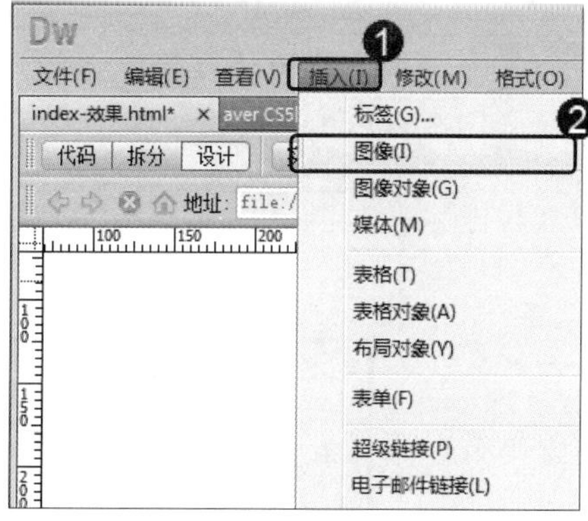

图 10-28

第 10 步 弹出【选择图像源文件】对话框，①选择素材图像；②单击【确定】按钮，如图 10-29 所示。

第 11 步 在页面中可以看到刚刚插入的图像，如图 10-30 所示。

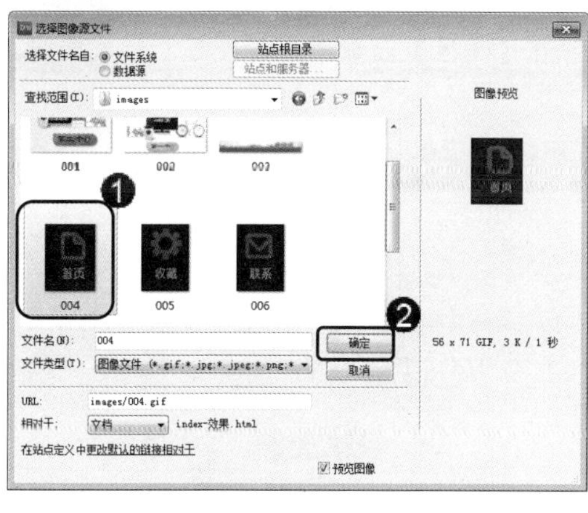

图 10-29

图 10-30

第 12 步 用相同的方法，在刚刚插入的图像后方继续插入素材图像，如图 10-31 所示。

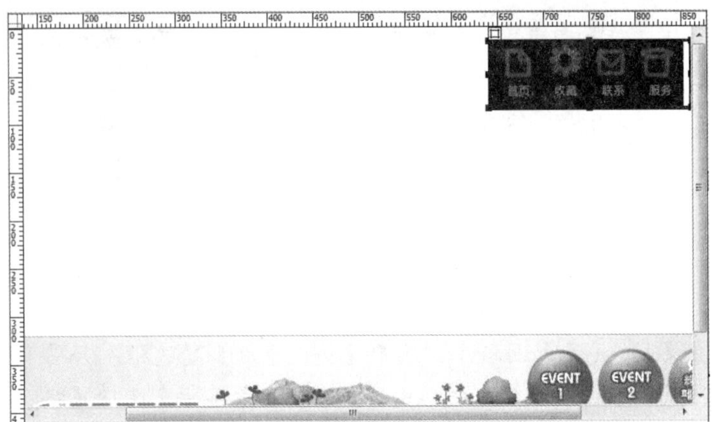

图 10-31

第 13 步 在页面中央处再绘制一个 AP Div，并在【属性】面板中进行设置，插入素材图像，如图 10-32 所示。

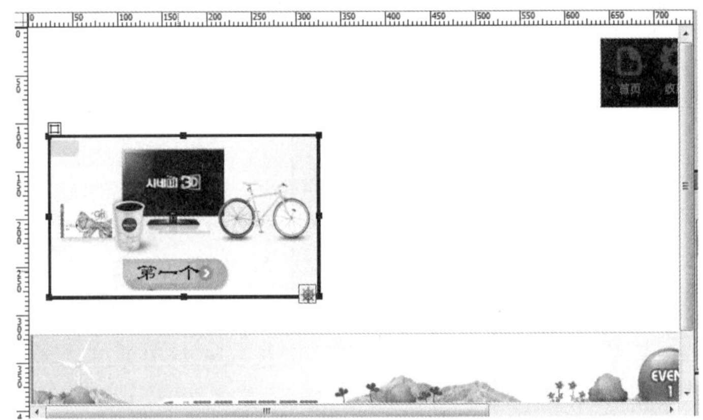

图 10-32

第 14 步 在右侧再绘制一个 AP Div，并在【属性】面板中进行设置，插入素材图像，如图 10-33 所示。

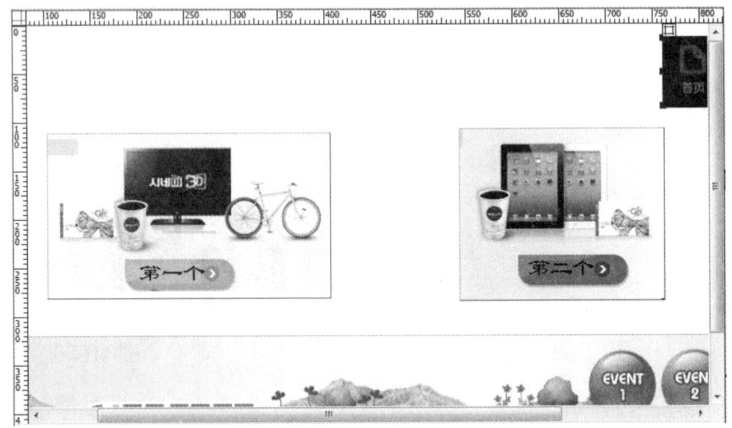

图 10-33

第 15 步 在菜单栏中选择【修改】→【转换】→【将 AP Div 转换为表格】命令，如图 10-34 所示。

第 16 步 弹出【将 AP Div 转换为表格】对话框，①设置参数；②单击【确定】按钮，如图 10-35 所示。

第 17 步 在页面中可以看到已经将 AP Div 转换为表格，如图 10-36 所示。

第 18 步 在菜单栏中选择【文件】→【保存】命令，保存页面。在工具栏中单击【在浏览器中预览】按钮，即可在浏览器中预览页面效果，如图 10-37 所示。

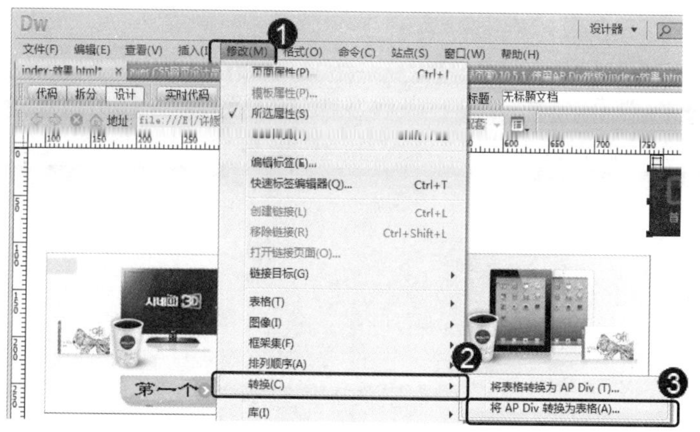

图 10-34

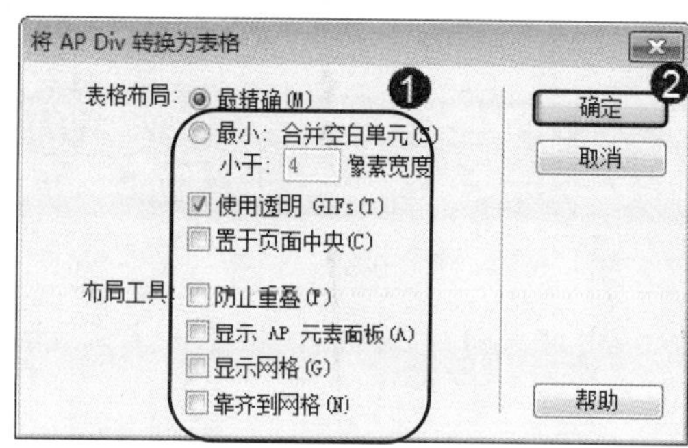

图 10-35

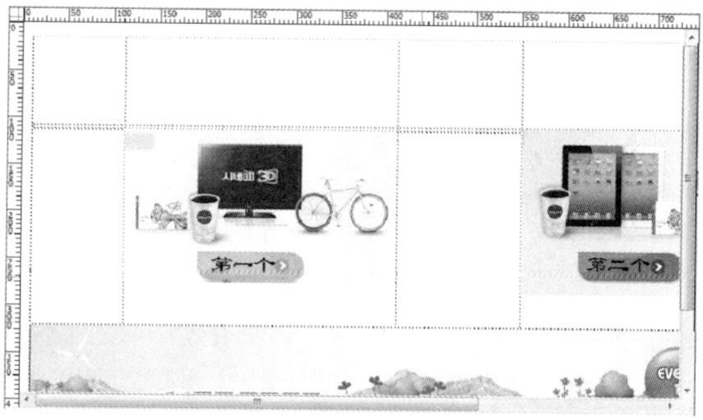

图 10-36

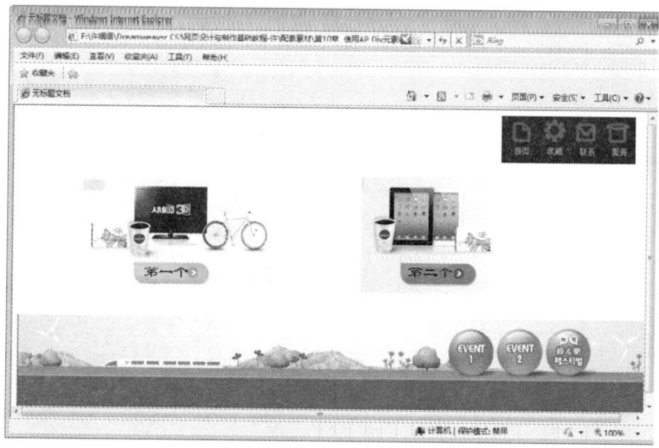

图 10-37

10.5.2 创建浮动框架

在很多网站中，使用内置框架的结构去创建页面。下面详细介绍创建浮动框架的操作方法。

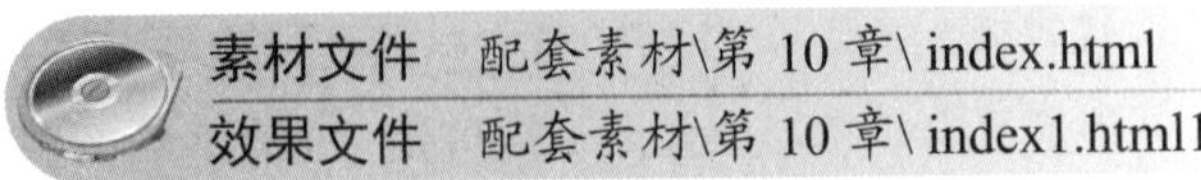
素材文件 配套素材\第 10 章\index.html
效果文件 配套素材\第 10 章\index1.html1

第 1 步 启动 Dreamweaver CS5，在菜单栏中选择【文件】→【打开】命令，打开素材文件，如图 10-38 所示。

第 2 步 将光标放置在准备插入浮动框架的位置，在菜单栏中选择【插入】→【标签】命令，如图 10-39 所示。

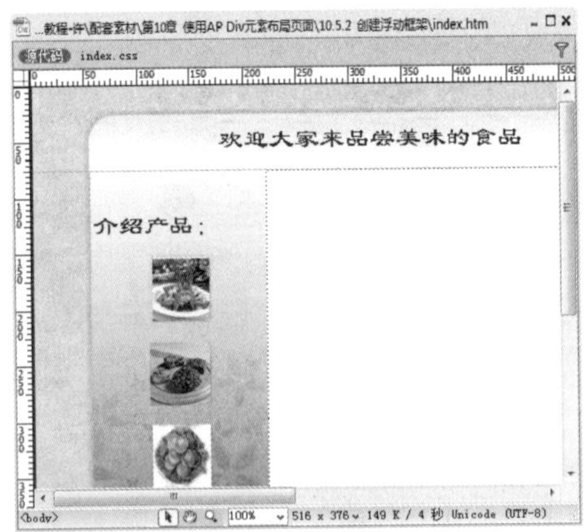

图 10-38

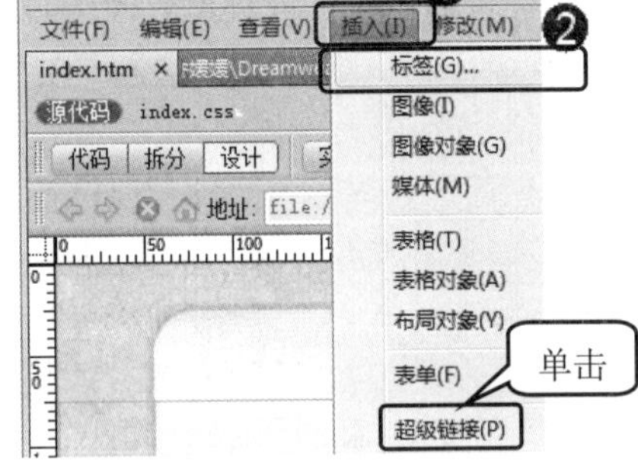

图 10-39

第 3 步 弹出【标签选择器】对话框，在该对话框中选择【HTML 标签】→【页面元素】→iframe 选项，并单击【插入】按钮，如图 10-40 所示。

第 4 步 弹出【标签编辑器-iframe】对话框，单击【源】文本框后面的【浏览】按钮，如图 10-41 所示。

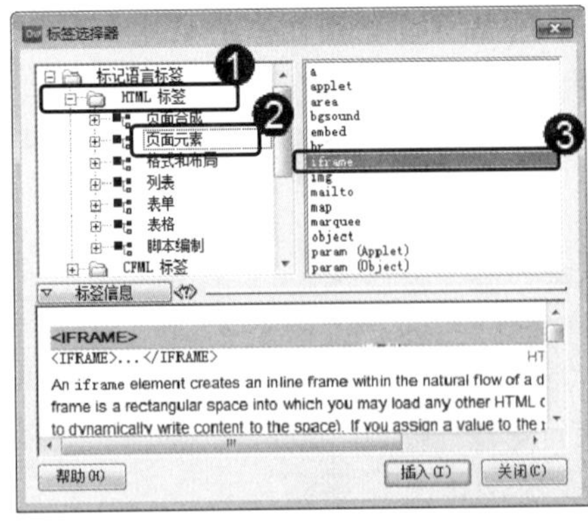

图 10-40

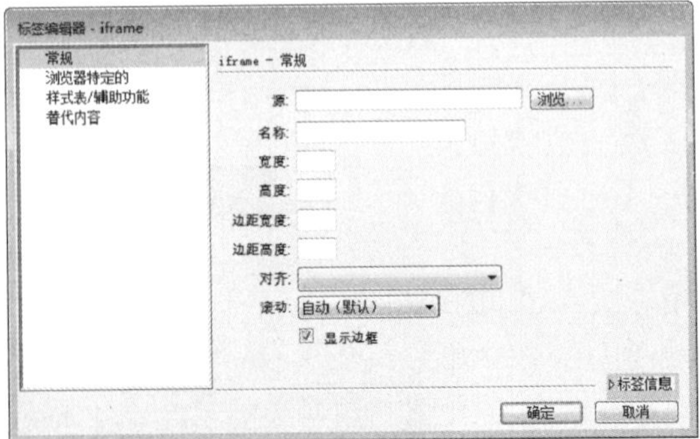

图 10-41

第 5 步 弹出【选择文件】对话框，①选择文件；②单击【确定】按钮，如图 10-42 所示。

第 6 步 在【标签编辑器-iframe】对话框中，①设置参数；②单击【确定】按钮，如图 10-43 所示。

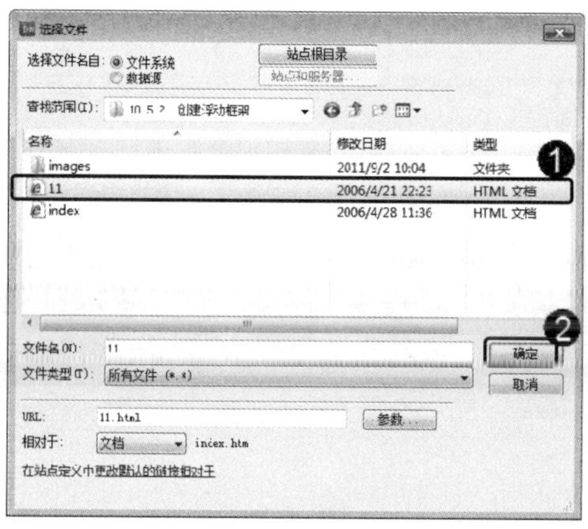

图 10-42

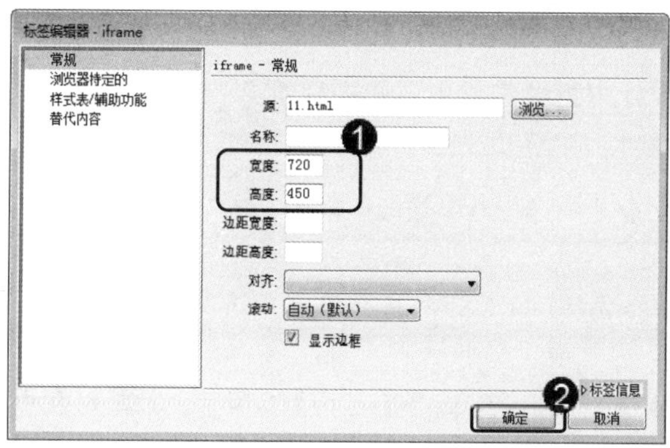

图 10-43

第 7 步 此时，在网页中可以看到插入的嵌入式框架，如图 10-44 所示。

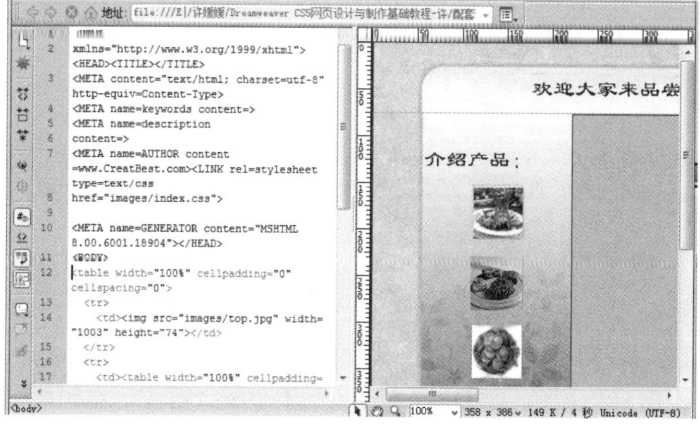

图 10-44

第 8 步 在菜单栏中选择【文件】→【保存】命令，保存页面。在工具栏中单击【在浏览器中预览】按钮，即可在浏览器中预览页面效果，如图 10-45 所示。

图 10-45

10.5.3 改变 AP Div 属性

浮动框架在网页设计中也经常使用，下面详细介绍创建浮动框架的操作方法。

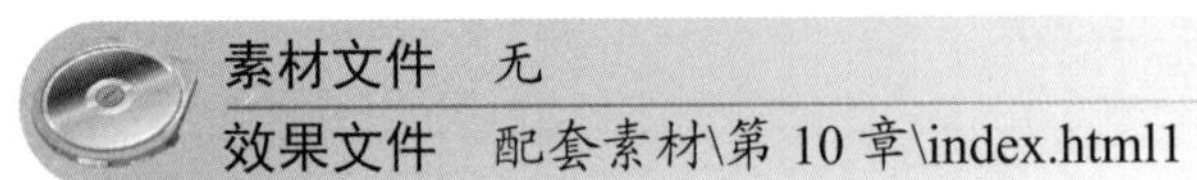

第 1 步 启动 Dreamweaver CS5，在菜单栏中选择【文件】→【新建】命令，新建文档，如图 10-46 所示。

第 2 步 在【插入】面板上，①选择【布局】选项卡；②在列表中，选择【绘制 AP Div】选项，如图 10-47 所示。

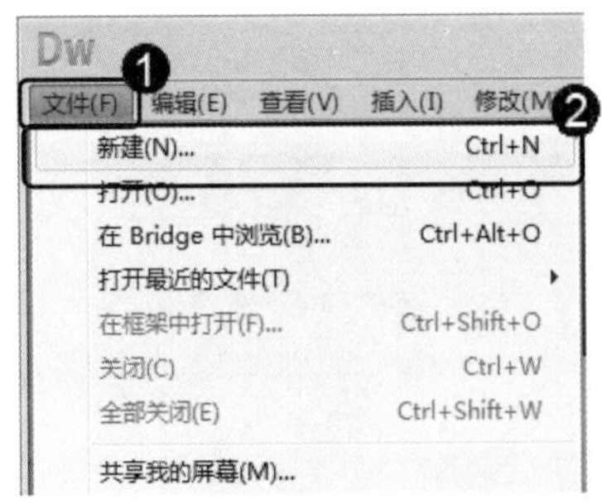

图 10-46

图 10-47

第 3 步 在页面窗口中单击并拖动鼠标左键，在窗口中绘制一个 AP Div，如图 10-48 所示。

第 4 步 选中刚刚绘制的 AP Div，在【属性】面板上对左、右、宽和高进行参数设置，如图 10-49 所示。

图 10-48

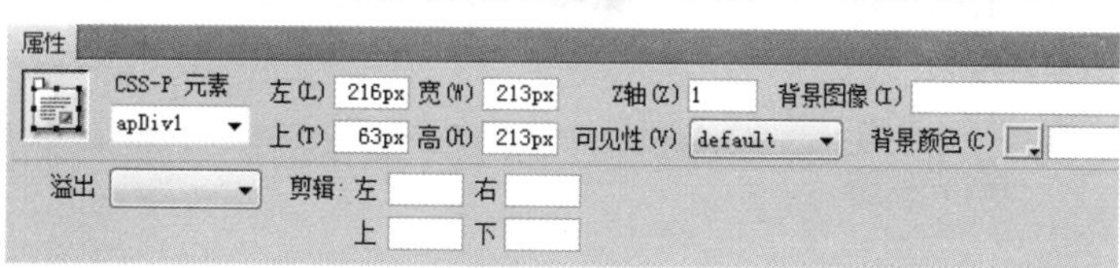

图 10-49

第 5 步 将光标移至刚刚创建的 AP Div 中，在菜单栏中选择【插入】→【图像】命令，如图 10-50 所示。

第 6 步 弹出【选择图像源文件】对话框，①选择素材图像；②单击【确定】按钮，如图 10-51 所示。

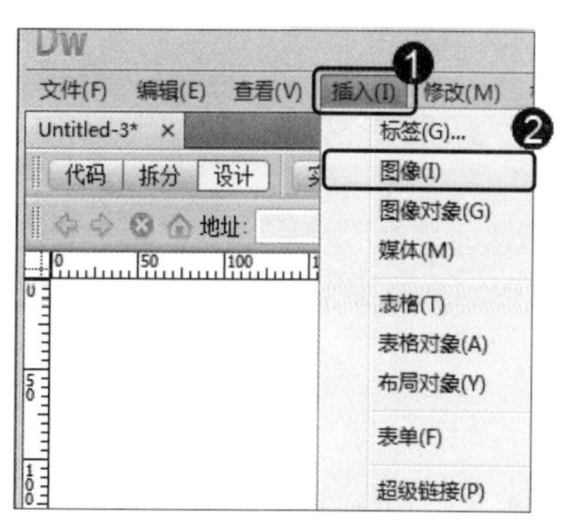

图 10-50

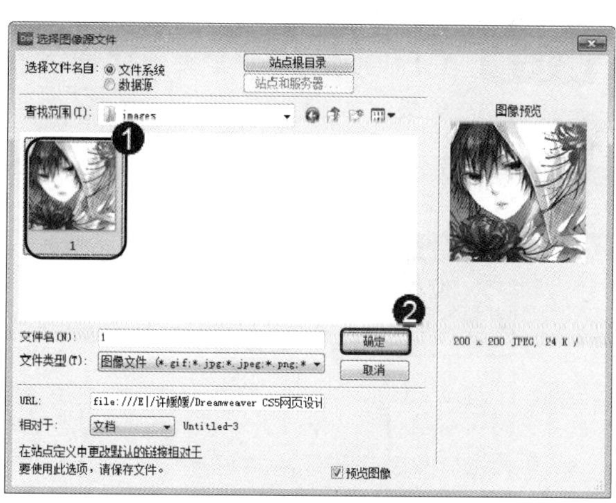

图 10-51

第 7 步 在页面中可以看到刚刚插入的图像，如图 10-52 所示。

第 8 步 选中图像，在菜单栏中选择【窗口】→【行为】命令，打开【行为】面板，如图 10-53 所示。

第 9 步 在【行为】面板中，①单击【添加行为】按钮 **+**；②在弹出的下拉列表中，选择【改变属性】选项，如图 10-54 所示。

第 10 步 弹出【改变属性】对话框，①选中【选择】单选按钮；②单击展开【选择】后面的下拉按钮，选择 blackgroundColor 选项；③单击【确定】按钮，如图 10-55 所示。

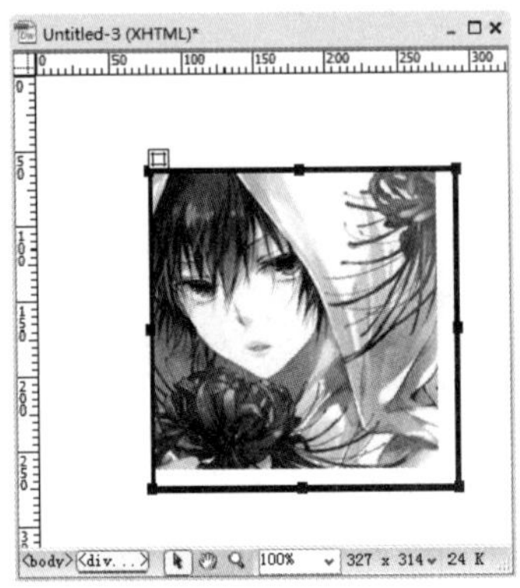

图 10-52

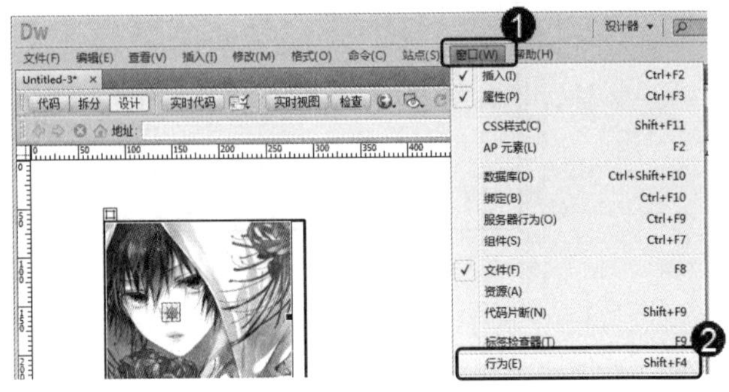

图 10-53

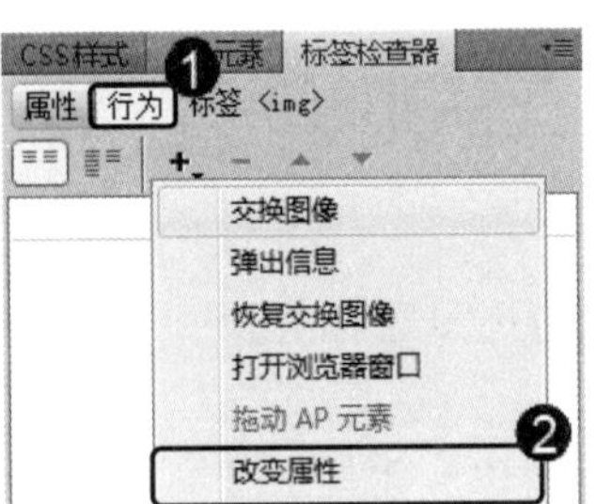

图 10-54

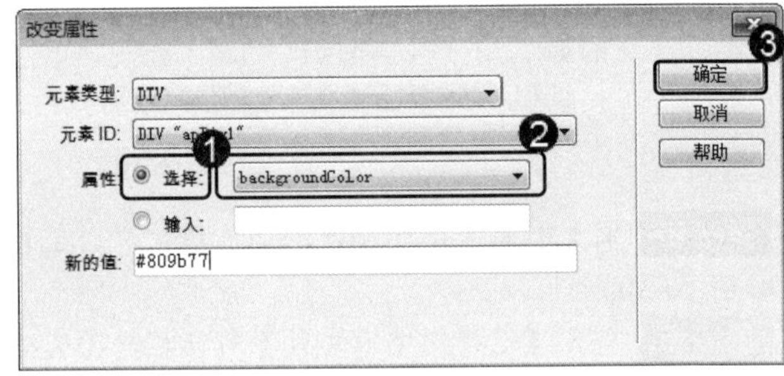

图 10-55

第 11 步 在【行为】面板中单击 onClick 下拉按钮，选择 onMouseover 选项，设置行为，如图 10-56 所示。

第 12 步 在菜单栏中选择【文件】→【保存】命令，保存页面。在工具栏中单击【在浏览器中预览】按钮，即可在浏览器中预览页面效果，如图 10-57 所示。

图 10-56

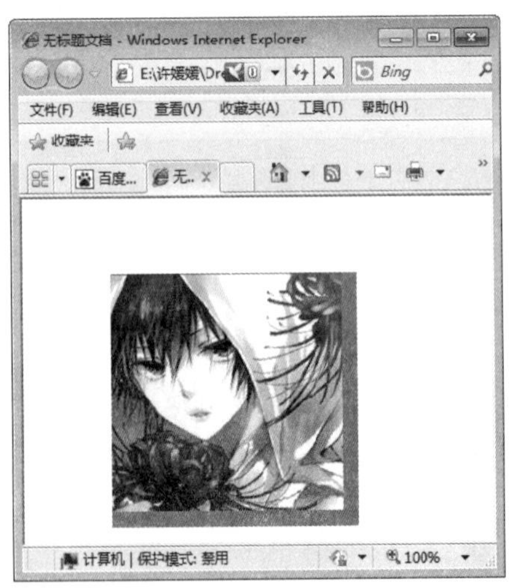

图 10-57

10.6　思考与练习

一、填空题

1. AP Div 是 Dreamweaver CS5 中另一种可以进行______________的工具，也就是通常所说的层，可以_____________在页面上的任何位置。

2. AP 元素，即_____________，是指在网页中具有绝对位置的页面元素。AP 元素中可以包含__________、_____________或其他任何网页元素。

3. 通过 Dreamweaver CS5，可以使用_____________设计页面布局，将 AP 元素放置到其他 AP 元素的前后，隐藏某些 AP 元素而_____________其他 AP 元素，以及在屏幕上移动 AP 元素。

4. AP 元素将按照 Z 轴的顺序显示为一列名称，默认情况下，第一个创建的 AP 素显示在列表_____________，最新创建的 AP 元素显示在列表_______________。

5. 在 Dreamweaver CS5 中插入 AP Div 包括______________和创建嵌套 AP Div。

二、判断题

1. 层可以包含文本、图像或 HTML 文档中允许放入的其他元素。层是网页中的一个区域，在一个网页中可以有多个层存在，并且可以重叠。（　　）

2. 在 Dreamweaver CS5 中，不可以使用 AP 元素来设计页面的布局，可以将其前后放置，隐藏某些层而显示其他层，或在屏幕上移动层。（　　）

3. AP Div 就像一个大容器，将页面中的各个元素都包含在其中，并对页面的各个元素进行相关的控制。AP Div 可以放置在页面的任意位置，包括图片和文本等元素。（　　）

4. 改变 AP Div 的堆叠顺序，也就是调整索引值的大小，使需要显示的内容完整显示出来。（　　）

三、思考题

1. 如何创建普通 AP Div?

2. 如何创建嵌套 AP Div?

新起点 电脑教程

第 11 章

使用框架布局网页

本章要点

- 框架概述
- 创建框架和框架集
- 选择框架或框架集
- 设置框架和框架集的属性
- IFrame 框架

本章主要内容

本章主要介绍框架概述、创建框架和框架集、选择框架或框架集、设置框架和框架集的属性等知识与技巧，同时还讲解了 IFrame 框架、制作 IFrame 框架页面、IFrame 框架页面链接等，最后还针对实际的工作需求，讲解了设置框架和框架集属性、设置框架属性、设置框架集属性和改变框架的背景颜色等方法。通过本章的学习，读者可以掌握使用框架布局网页方面的知识，为深入学习 Dreamweaver CS5 知识奠定基础。

11.1 框架概述

框架是比较常用的网页技术，使用框架技术可以将不同的网页文档在同一个浏览器窗口中显示出来。本节将详细介绍框架概述方面的知识。

11.1.1 框架的组成

框架页面是由一组普通的 Web 页面组成的页面集合，通常在一个框架页面集中，将一些导航性的内容放在一个页面中，而将另一些需要变化的内容放在另一个页面中。

使用框架页面的主要原因是为了使导航更加清晰，使网站的结构更加简单明了、更规格化，一个框架结构由两部分网页文件组成，一个是框架，另一个是框架集，如图 11-1 所示。

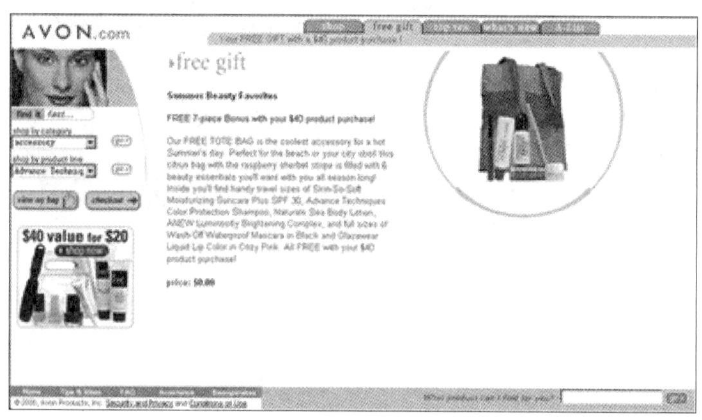

图 11-1

这个页面是由上中下三部分组成的一个框架集，最上面的是此站点的栏目导航，单击不同的栏目，相应的栏目内容会出现在中间的框架子页面中。最下面的是此站点的一些相关信息页面导航，单击每个栏目后，信息也会出现在中间的主框架页面中。这样的框架组合可以保证整个站点的栏目，始终都出现在浏览者的视线中，使浏览者的注意力更多地集中在框架集的中间部分，即栏目内容。

11.1.2 框架结构的优缺点

在使用框架结构制作网页时，会带来很大的便利，但是这种形式也会带来一定的弊端。下面详细介绍框架结构的优缺点。

框架结构的优点如下。

- 使网页结构清晰，易于维护和更新。
- 每个框架网页都具有独立的滚动条，因此访问者可以独立控制各个页面。
- 便于修改。一般情况下，每隔一段时间，网站的设计就要做一定的更改；如果是工具部分需要修改，那么，只需要修改这个公共网页，整个网站就同时进行更新。

➢ 访问者的浏览器不需要为每个页面重新加载与导航相关的图形，当浏览器的滚动条滚动时，这些链接不随滚动条的滚动而上下移动，一直固定在某个窗口，便于访问者能随时跳转到另一个页面，如图 11-2 所示。

图 11-2

框架结构的缺点如下。

➢ 某些早期的浏览器不支持框架结构的网页。
➢ 下载框架式网页速度慢。
➢ 不利于内容较多、结构复杂页面的排版。
➢ 大多数的搜索引擎都无法识别网页中的框架，或者无法对框架中的内容进行遍历或搜索。

考考您

请根据本节学习的框架概述方面的知识，介绍框架结构的优缺点，测试一下学习效果。

11.2　创建框架和框架集

框架是浏览器窗口中的一个区域；框架集是框架的集合，也是网页文件，定义了一组框架的布局和属性，包括在一个窗口中显示的框架数、框架的尺寸、载入到框架的网页等。本节将详细介绍创建框架和框架集方面的知识。

11.2.1　创建预定义的框架集

通过预定义的框架集，可以很容易地选择需要创建的框架集类型。下面详细介绍创建预定义框架集的操作方法。

在 Dreamweaver CS5 中，提供了很多创建框架的方法。可以通过【插入】栏创建框架集并在某一个新的框架中显示当前文档，创建新的空框架集。

第 1 步 启动 Dreamweaver CS5，①选择【插入】栏上的【布局】选项卡；②选择【框架】选项；③在弹出的下拉列表中选择【右侧框架】选项，如图 11-3 所示。

第 2 步 弹出【框架标签辅助功能属性】对话框，①设置框架及标题；②单击【确定】按钮，如图 11-4 所示。

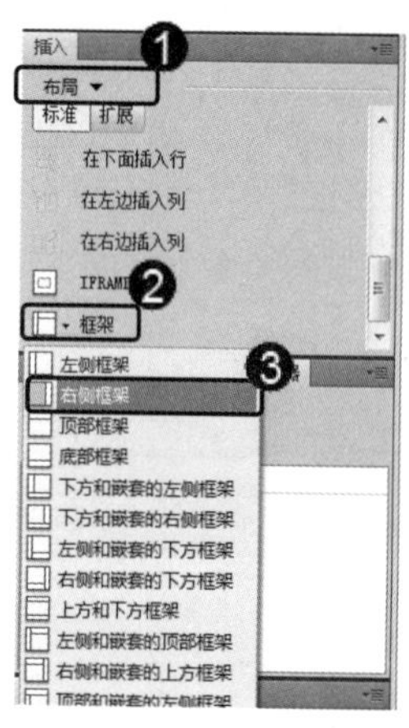

图 11-3

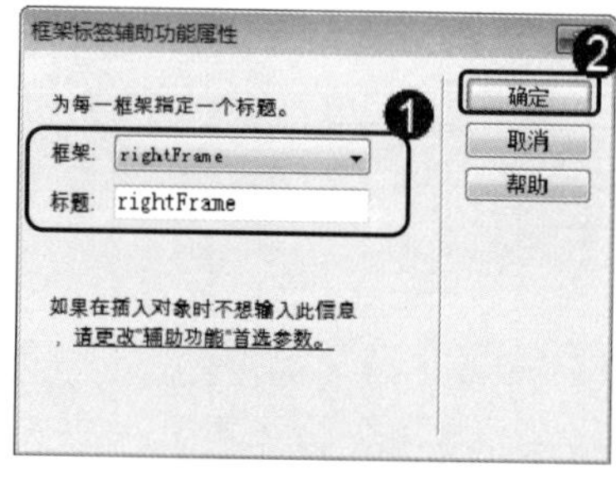

图 11-4

第 3 步 在网页窗口中可以看到创建的框架集，如图 11-5 所示。

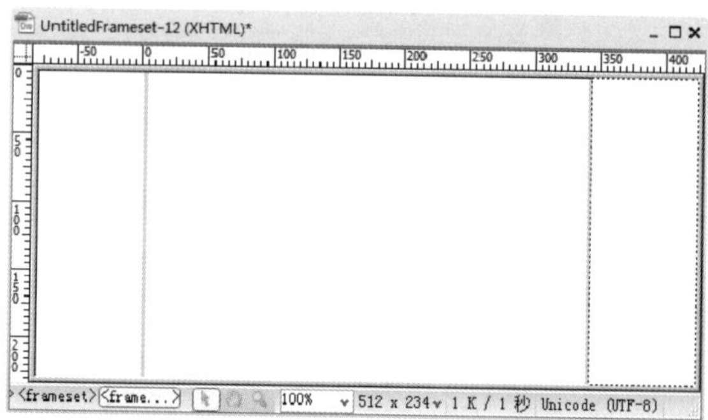

图 11-5

知识精讲

应用框架集时，Dreamweaver 将自动设置该框架集，以便在某一框架中显示当前文档。在【框架标签辅助功能属性】对话框中，如果单击【取消】按钮，该框架集会出现在文档中，但不会将其与辅助功能标签或属性关联。

11.2.2 向框架中添加内容

框架创建好以后，即可在里面添加内容。每一个框架中都是一个独立的文档，可以直接添加内容，也可以在框架内打开已经存在的文档。下面详细介绍向框架中添加内容的操作方法。

第 1 步 启动 Dreamweaver CS5，①选择【插入】栏上的【布局】选项卡；②在【框架】下拉选项中选择【顶部框架】选项，如图 11-6 所示。

第 2 步 打开准备添加内容的文档，选中准备复制的文本后右击；在弹出的快捷菜单中选择【复制】命令，如图 11-7 所示。

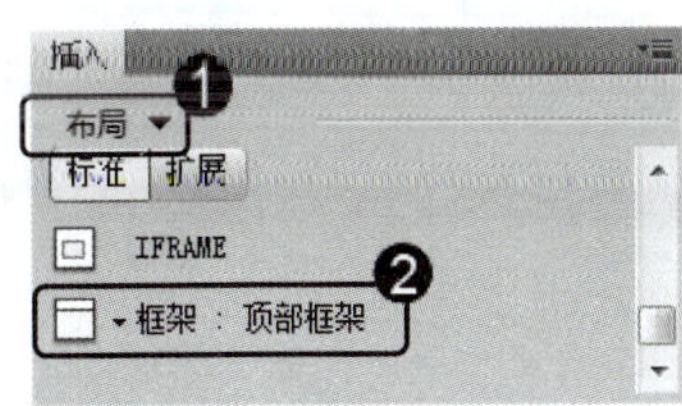

图 11-6

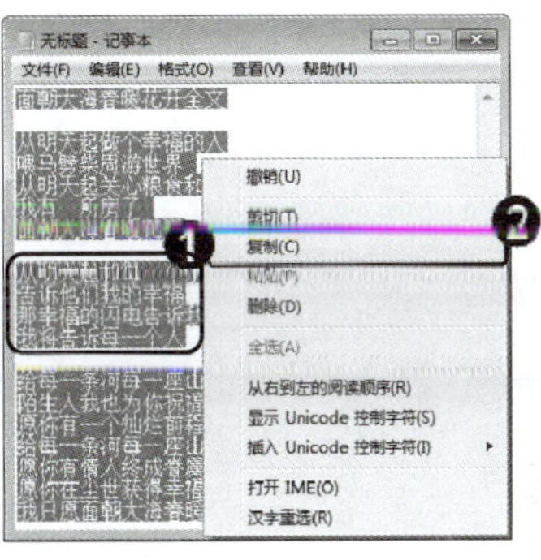

图 11-7

第 3 步 返回至 Dreamweaver CS5 编辑窗口，在准备添加文本的位置右击，在弹出的快捷菜单中选择【粘贴】命令，如图 11-8 所示。

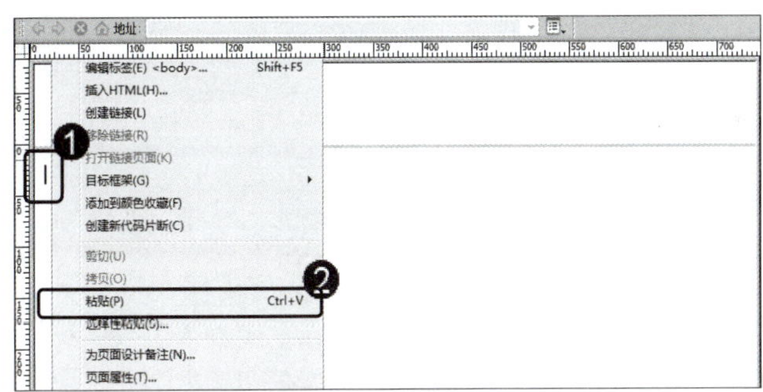

图 11-8

第 4 步 此时，在页面中可以看到刚刚添加的文本内容，如图 11-9 所示。通过以上步骤即可完成操作。

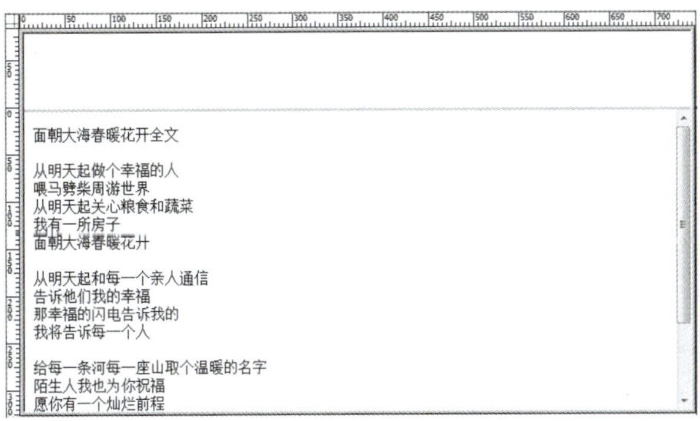

图 11-9

11.2.3 保存框架和框架集文件

在浏览器中预览框架集前，必须保存框架集文件以及要在框架中显示的所有文档，可以单独保存每个框架集文件和带框架的文档，也可以同时保存框架集文件和框架中出现的所有文档。下面详细介绍保存框架和框架集文件的操作方法。

在文档窗口中选择框架集，在菜单栏中选择【文件】→【框架集另存为】命令，弹出【另存为】对话框。从中设置参数，单击【保存】按钮，即可保存框架集的操作，如图 11-10 和图 11-11 所示。

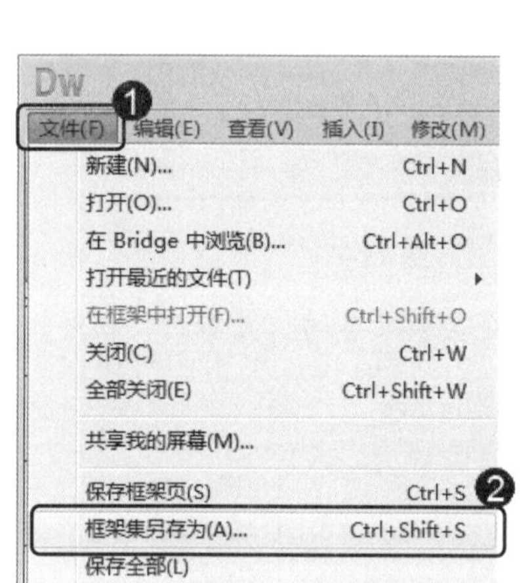

图 11-10

图 11-11

将光标置于框架顶部，在菜单栏中选择【文件】→【保存框架】命令，弹出【另存为】对话框。从中设置参数，单击【保存】按钮，即可完成保存顶部框架的操作，如图 11-12 和图 11-13 所示。

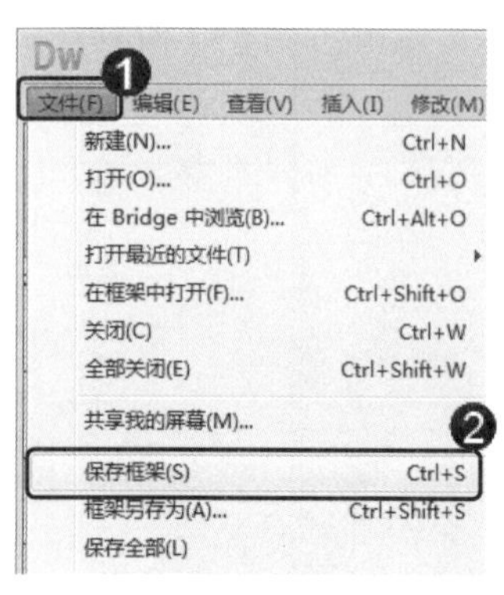

图 11-12

图 11-13

将光标置于框架左侧，在菜单栏中选择【文件】→【保存框架】命令，弹出【另存为】对话框。从中设置参数，单击【保存】按钮，即可完成保存左侧框架的操作，如图 11-14 和图 11-15 所示。

图 11-14

图 11-15

考考您

请根据本节学习的创建框架和框架集方面的知识，创建预定义的框架集，测试一下学习效果。

11.3　选择框架或框架集

框架创建完成后，可以对框架或框架集进行设置，在设置之前首先需要选择框架或框架集。本节将详细介绍选择框架或框架集方面的知识。

11.3.1　在文档窗口中选择

在文档窗口中，如果框架被选择后，框架的边框将呈现虚线样式；如果框架集被选中后，框架集内各框架的所有边框将呈现虚线样式，如图 11-16 和图 11-17 所示。

如果准备在文档窗口中选择框架，需要在文档中按 Alt 键的同时，单击框架内部，即可选中文档中的框架。

如果准备在文档中选择框架集，需要在文档窗口中单击框架集内部框架边框，即可选中框架集。

如果需要选择不同的框架或框架集，可以使用以下方法。

- 需要在当前内容上选择下一框架或框架集，可以在按 Alt 键的同时，按下方向键，即可选中与当前内容相邻的框架或框架集。

- 需要选择父框架集，可以在按 Alt 键的同时，按向上方向键，即可选择当前框架集的父框架集。
- 需要选择当前框架集的第一个子框架或框架集，可以在按 Alt 键的同时，按向下方向键，即可选中框架集中的子框架或框架集。

图 11-16

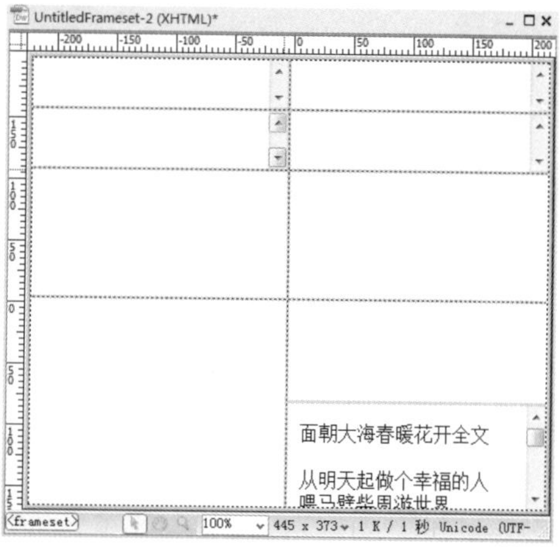

图 11-17

11.3.2 在【框架】面板中选择

选择框架或框架集还可以使用框架面板进行选择。默认情况下，【框架】面板是隐藏的，如果需要显示【框架】面板，可以通过在菜单栏中选择【窗口】→【框架】命令，打开【框架】面板，如图 11-18 所示。

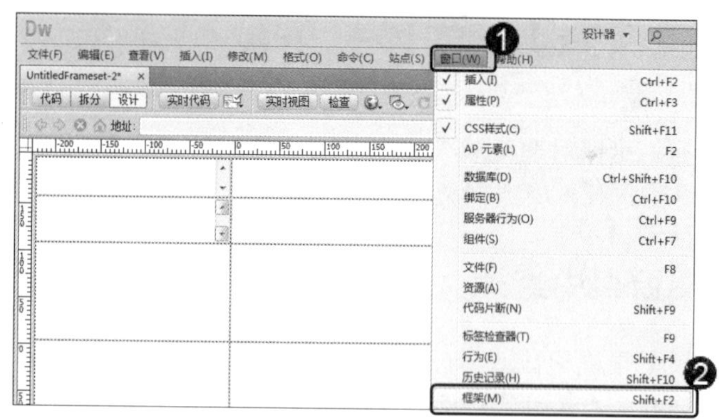

图 11-18

在【框架】面板中显示了文档中所包含框架的格式，如图 11-19 所示。

如果需要选择框架中的某个部分，可以将鼠标指针移动到框架面板中相对应的框架区域位置后单击，即可选中文档中的框架；如果需要选中文档中的框架集，可以将鼠标指针移动到框架面板中边框位置后单击，即可将当前文档中的框架全部选中，如图 11-20 和图 11-21 所示。

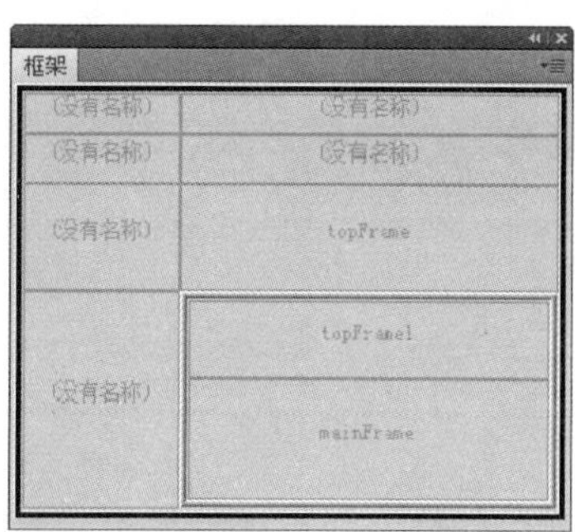

图 11-19

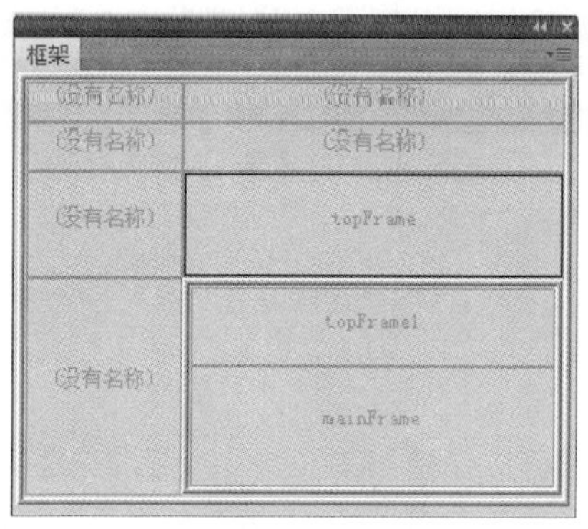

图 11-20

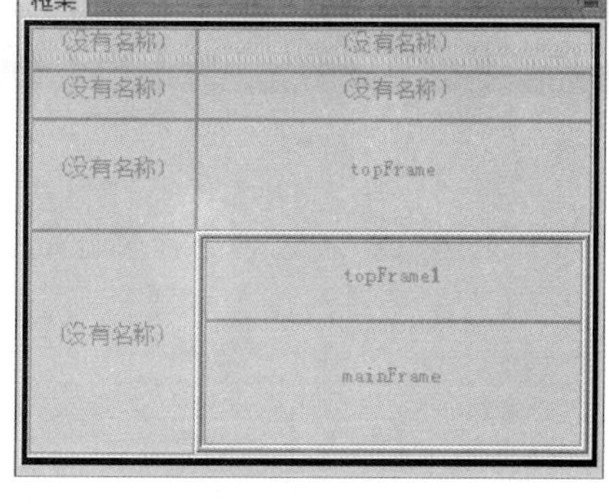

图 11-21

智慧锦囊

在文档窗口中显示框架面板，还可以使用组合键 Shift+F2。

考考您

请根据本节学习的选择框架或框架集方面的知识，在【框架】面板中选择框架集，测试一下学习效果。

11.4　设置框架和框架集的属性

框架或框架集创建完成后，可以设置框架或框架集的属性。本节将介绍设置框架和框架集属性的方法。

11.4.1　设置框架的属性

在对框架或者框架集进行设置的时候，首先要先选取框架集或者框架，在【属性】面板中，可以进行相应操作，如图 11-22 所示。

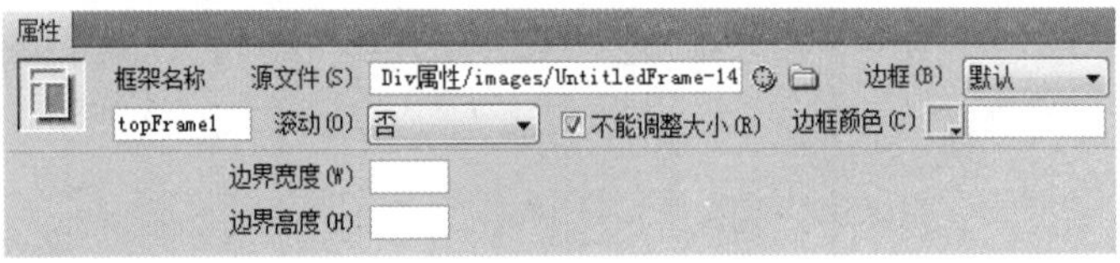

图 11-22

在框架【属性】面板中，可以对各个参数进行以下设置。

- 【框架名称】：在该文本框中用于命名当前框架文件。命名框架名称不能使用特殊符号。
- 【边界高度】：在该文本框中输入数值，用于设置框架的高度。
- 【边界宽度】：在该文本框中输入数值，用于设置框架的宽度。
- 【源文件】：单击该文本框右侧的文件夹按钮，在弹出的【选择 HTML 文件】对话框中选择框架文本框的源文件，单击【确定】按钮。
- 【滚动】：单击该下拉列表框右侧的下拉按钮，在弹出的下拉列表中包括【是】、【否】、【自动】和【默认】选项，选择任意菜单项用于设置在框架中是否使用滚动条。
- 【边框】：单击该下拉列表框右侧的下拉按钮，在弹出的菜单中包括【是】、【否】和【默认】菜单项，选择任意菜单项用于设置在文档窗口中是否显示框架的边框。
- 【边框颜色】：单击该下拉按钮，在弹出的颜色调板中选择任意色块用于设置框架的边框颜色。
- 【不能调整大小】：选中该复选框，用于指定是否重定义框架的尺寸；选中当前复选框将无法使用鼠标指针拖动框架的边框大小。

11.4.2 设置框架集的属性

在 Dreamweaver CS5 中，不仅可以设置框架的属性，还可以设置框架集的属性，在【框架】面板中选中框架集之后，此时，【属性】面板将显示框架集的属性，如图 11-23 所示。

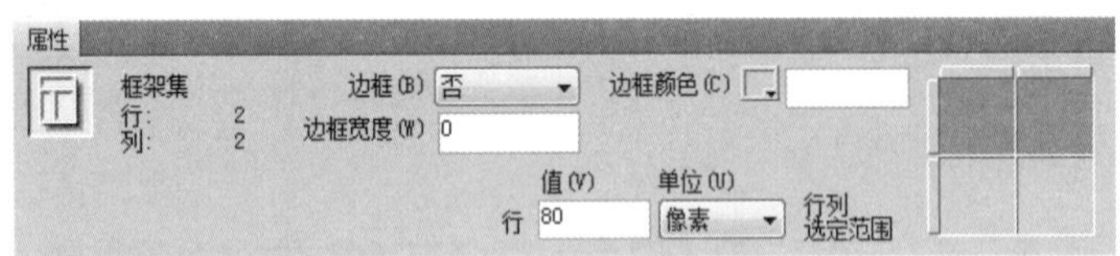

图 11-23

在框架集【属性】面板中，可以对各个参数进行以下设置。

- 【框架集】：在框架集区域中显示的当前框架集的信息，包括行数信息和列数信息。
- 【边框】：单击该下拉列表框右侧的下拉按钮，在弹出的下拉列表中包括【是】、【否】和【默认】选项。
- 【边框颜色】：单击该下拉按钮，在弹出的颜色调板中选择框架集的边框颜色。

- 【边框宽度】：在该文本框中输入宽度的数值，用于设置框架集中边框的宽度数值。
- 【行】：在该区域中，包括【值】文本框和【单位】下拉列表框，用于设置框架集的数值和数值单位。
- 框架预览：在该区域显示了当前框架集的预览图，框架集的结构图显示在框架预览区域中。

智慧锦囊

在文档窗口中，所设置框架集的边框颜色可以取代单个边框所指定的边框颜色，框架集所指定的边框宽度为框架的边框宽度。

考考您

请根据本节学习的设置框架和框架集的属性方面的知识，设置框架的属性，测试一下学习效果。

11.5 IFrame 框架

IFrame 框架是浮动的框架，利用浮动框架可以更容易地控制网站内容。本节将详细介绍 IFrame 框架方面的知识。

11.5.1 制作 IFrame 框架页面

制作 IFrame 框架页面的方法很简单，只需在页面中显示浮动框架的位置插入 IFrame，再添加相应的代码即可。下面详细介绍其操作方法。

素材文件 配套素材\第 11 章\index.html
效果文件 配套素材\第 11 章\index1.html

第 1 步 启动 Dreamweaver CS5，在菜单栏中选择【文件】→【打开】命令，打开素材文件，如图 11-24 所示。

第 2 步 将光标放置在准备插入浮动框架的位置，①在【插入】面板的【布局】选项卡中；②选择 IFRAME 选项，如图 11-25 所示。

第 3 步 此时，在页面中会插入一个浮动框架，页面会自动转换到拆分模式，并在代码中生成<iframe></iframe>标签，如图 11-26 所示。

第 4 步 在代码视图中的<iframe>标签中输入的代码如下：<iframe widt= “80000” height= “420” name= “main” scrolling= “auto” frameborder= “0” src= “11-5-1.html” ></iframe>，

如图 11-27 所示。

图 11-24

插入
布局
标准 扩展
插入 Div 标签
绘制 AP Div
Spry 菜单栏
Spry 选项卡式面板
Spry 折叠式
Spry 可折叠面板
表格
在上面插入行
在下面插入行
在左边插入列
在右边插入列
IFRAME
框架：顶部框架

图 11-25

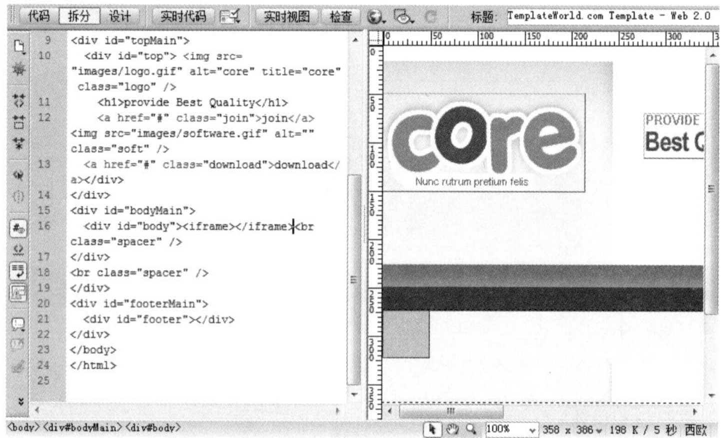

图 11-26

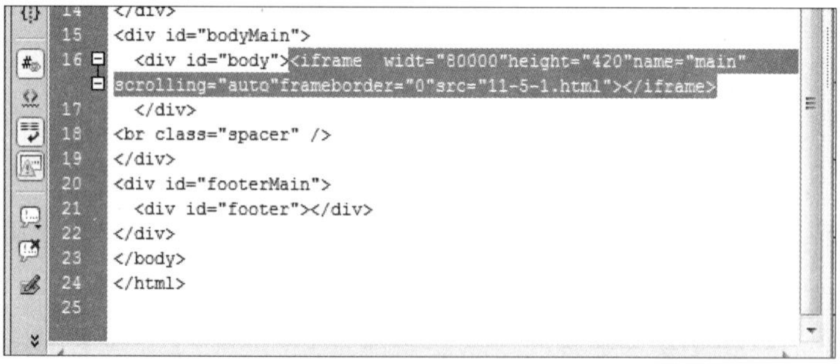

```
</div>
<div id="bodyMain">
  <div id="body"><iframe  widt="80000"height="420"name="main"
scrolling="auto"frameborder="0"src="11-5-1.html"></iframe>
  </div>
<br class="spacer" />
</div>
<div id="footerMain">
  <div id="footer"></div>
</div>
</body>
</html>
```

图 11-27

第 5 步 此时，页面中插入的浮动框架会变成灰色区域，在菜单栏中选择【文件】→【保存】命令，保存页面。在工具栏中单击【在浏览器中预览】按钮，即可在浏览器中预览页面效果，如图 11-28 所示。

图 11-28

11.5.2 IFrame 框架页面链接

在网页制作中之所以使用框架，最主要还是因为框架页独特的链接方式，因为应用框架可以在不同的框架中显示不同的页面。下面详细介绍 IFrame 框架页面链接的操作方法。

素材文件 配套素材\第 11 章\index.html

效果文件 配套素材\第 11 章\index1.html

第 1 步 启动 Dreamweaver CS5，在菜单栏中选择【文件】→【打开】命令，打开素材文件，如图 11-29 所示。

第 2 步 选中左侧的“英语培训教学”图像，在【属性】面板中，①设置【链接】地址；②在【目标】下拉列表框中输入文本，如图 11-30 所示。

图 11-29

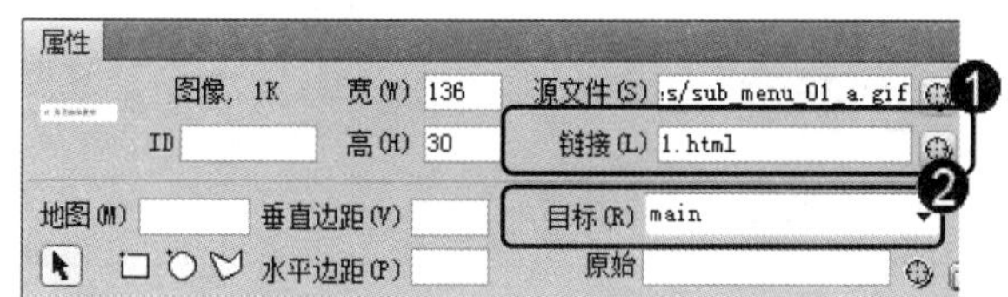

图 11-30

第 3 步 在菜单栏中选择【文件】→【保存】命令，保存页面；在工具栏中单击【在浏览器中预览】按钮，单击创建的页面链接，即可在浏览器中预览页面效果，如图 11-31 所示。

图 11-31

考考您

请根据本节学习的 IFrame 框架方面的知识，制作 IFrame 框架页面，测试一下学习效果。

11.6 实践案例与上机指导

通过本章的学习，读者基本可以掌握使用框架布局网页以及一些常见的操作方法。下面通过练习操作，以达到巩固学习、拓展提高的目的。

11.6.1 制作网页

通过本实例的制作，能够掌握创建框架集以及向框架集中添加内容的方法，并且可以将实例应用到制作其他网站中。下面详细介绍制作网页的操作方法。

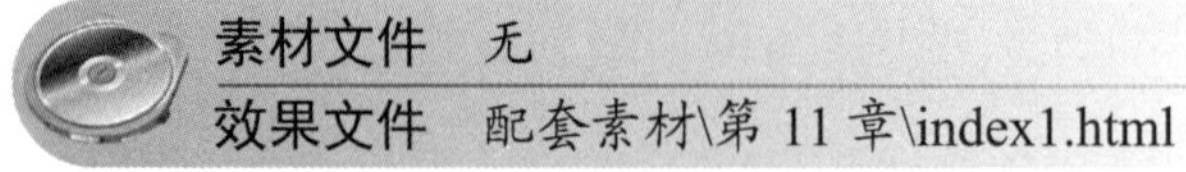

素材文件　无
效果文件　配套素材\第 11 章\index1.html

第 1 步 启动 Dreamweaver CS5，在菜单栏中选择【文件】→【新建】命令，创建新文档，如图 11-32 所示。

第 2 步 弹出【新建文档】对话框，①选择【示例中的页】选项卡；②在【示例文件夹】中选择【框架页】选项；③在【示例页】区域中单击【上方固定，左侧嵌套】选项；④单击【创建】按钮，如图 11-33 所示。

第 3 步 弹出【框架标签辅助功能属性】对话框，在【标题】文本框中输入 main，单击【确定】按钮，如图 11-34 所示。

第 4 步 可以在文档窗口中看到刚刚创建的框架集，如图 11-35 所示。

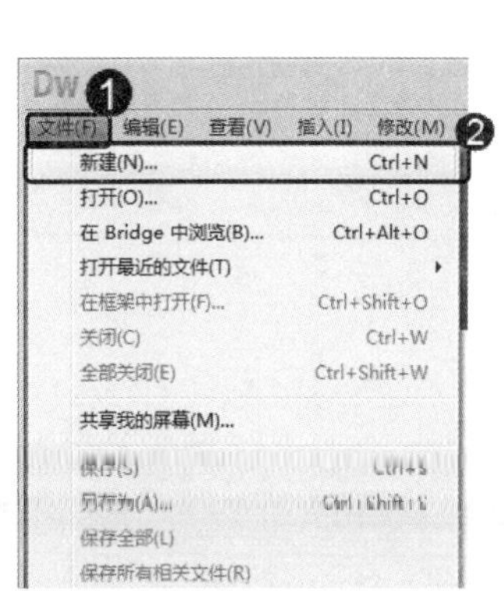

图 11-32

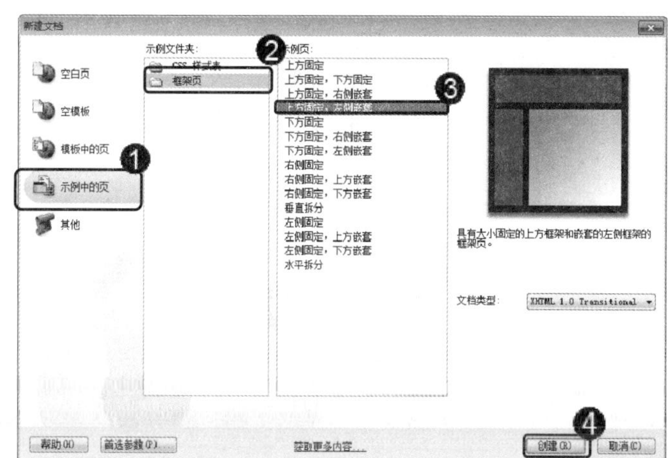

图 11-33

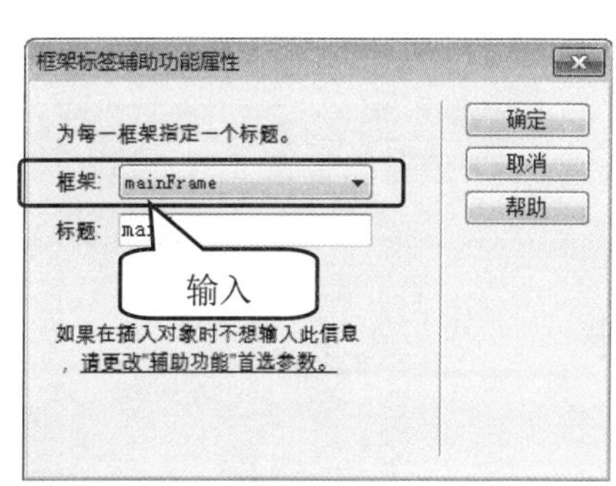

图 11-34

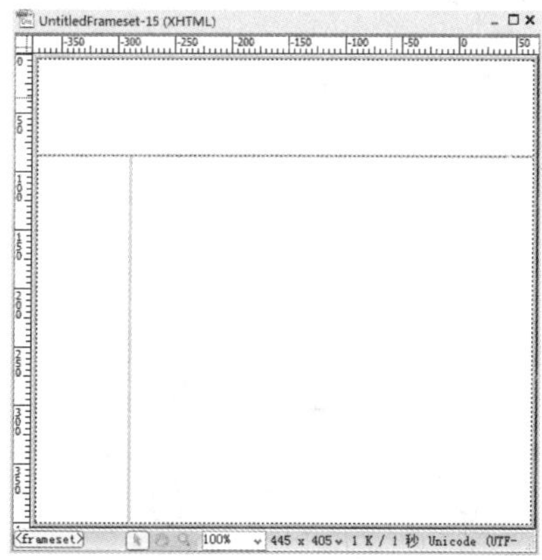

图 11-35

第 5 步 在菜单栏中选择【文件】→【保存全部】命令，如图 11-36 所示。

第 6 步 将鼠标指针定位于顶部框架中，在菜单栏中选择【插入】→【图像】命令，如图 11-37 所示。

图 11-36

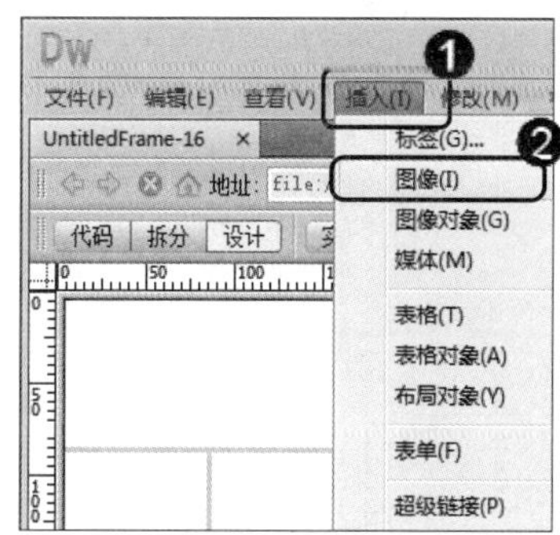

图 11-37

第 7 步 弹出【选择图像源文件】对话框，①选择图像；②单击【确定】按钮，如图 11-38 所示。

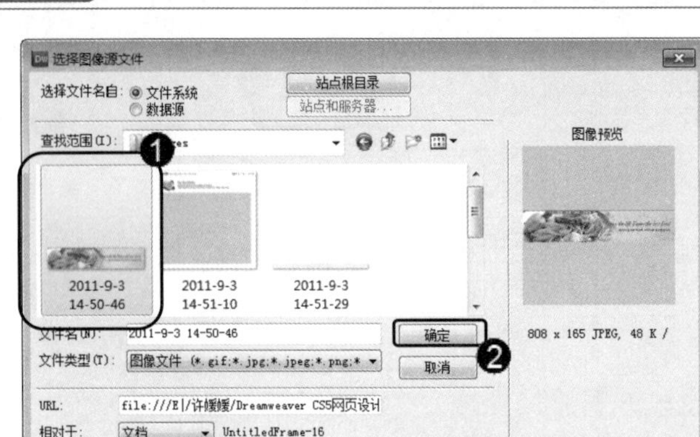

图 11-38

第 8 步 将鼠标指针定位于左侧框架中，在菜单栏中选择【插入】→【图像】命令，如图 11-39 所示。

第 9 步 弹出【选择图像源文件】对话框，①选择图像；②单击【确定】按钮，如图 11-40 所示。

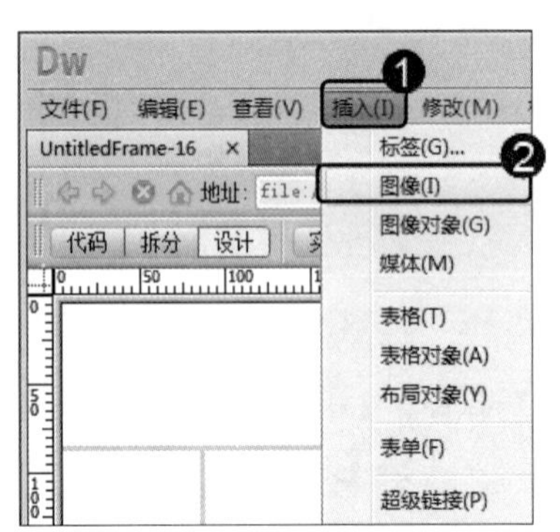

图 11-39

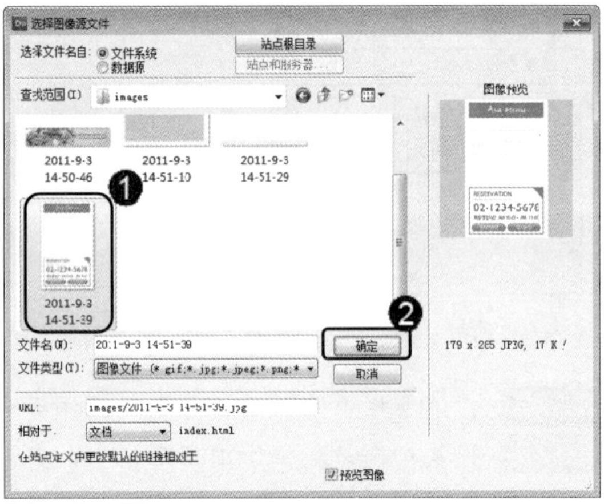

图 11-40

第 10 步 通过上面的步骤，即可在框架中插入图像，如图 11-41 所示。

图 11-41

第 11 步 在【插入】栏的【布局】选项卡列表中选择【绘制 AP Div】选项，如图 11-42 所示。

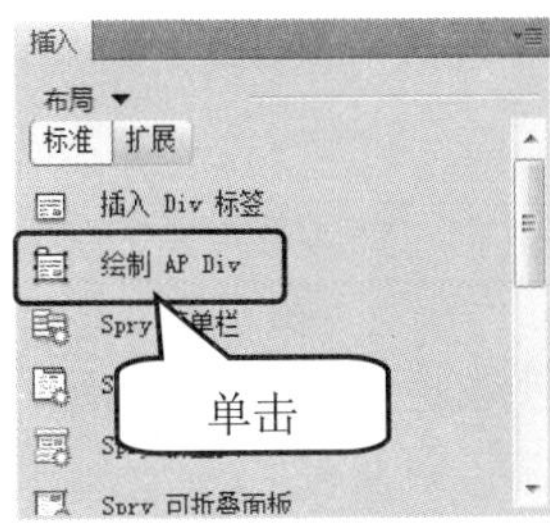

图 11-42

第 12 步 在其中，输入准备输入的文本内容，如图 11-43 所示。

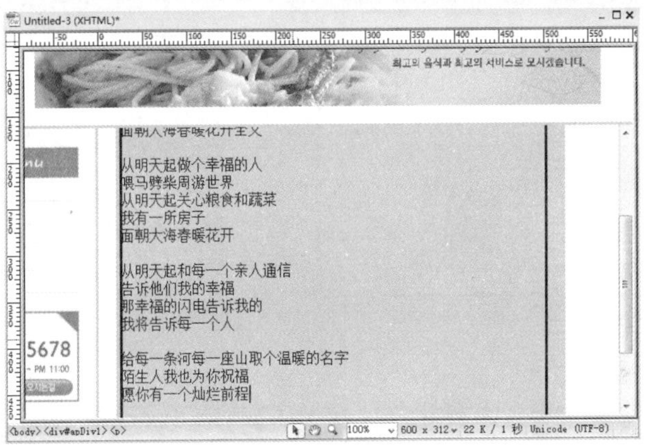

图 11-43

第 13 步 在菜单栏中选择【文件】→【保存】命令，保存页面。在工具栏中单击【在浏览器中预览】按钮，即可在浏览器中预览页面效果，如图 11-44 所示。

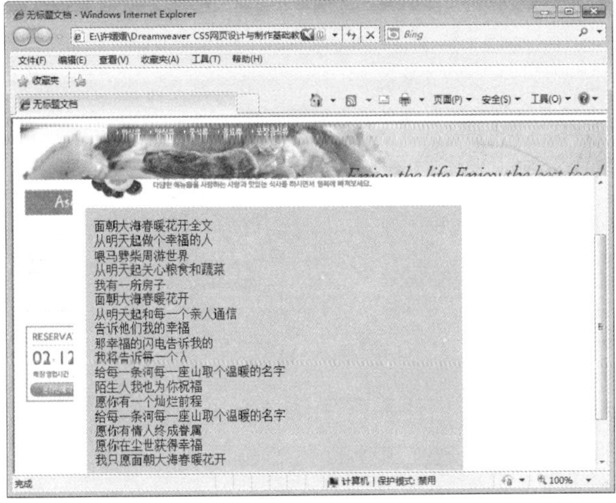

图 11-44

11.6.2 改变框架的背景颜色

要改变边框中文档的背景颜色，可以改变其所在框架的背景颜色。下面详细介绍改变框架的背景颜色的操作方法。

第 1 步 启动 Dreamweaver CS5，将光标置于需要改变背景颜色的框架中，如图 11-45 所示。

第 2 步 在菜单栏中选择【修改】→【页面属性】命令，如图 11-46 所示。

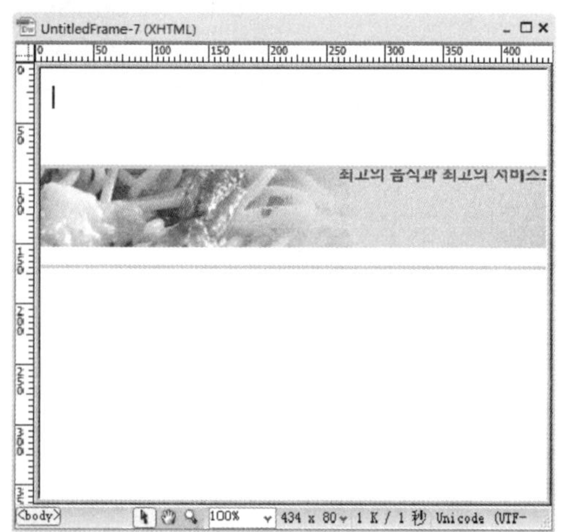

图 11-45

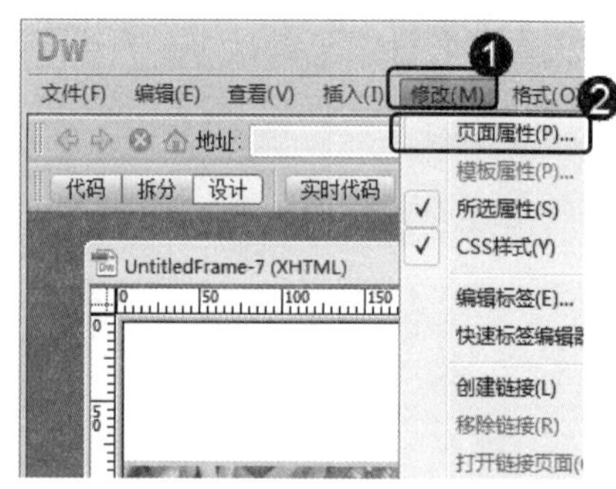

图 11-46

第 3 步 弹出【页面属性】对话框，在【外观】选项组中，①在【背景颜色】文本框中选择背景颜色；②单击【确定】按钮，如图 11-47 所示。

图 11-47

第 4 步 在菜单栏中选择【文件】→【保存】命令，保存页面。在工具栏中单击【在浏览器中预览】按钮，即可在浏览器中预览页面效果，如图 11-48 所示。

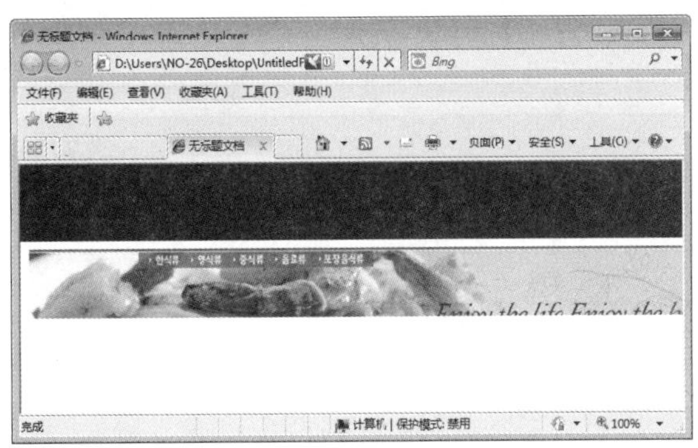

图 11-48

11.7　思考与练习

一、填空题

1. 框架是比较常用的__________，使用框架技术可以将不同的网页文档在同一个浏览器窗口中__________。

2. 使用框架页面的主要原因是为了使__________更加清晰，使网站的结构更加简单明了、更规格化。一个框架结构由两部分网页文件组成，一个是__________，另一个是__________。

3. 框架是浏览器窗口中的一个________；框架集是框架的集合，也是网页文件，定义了一组框架的________和__________。

4. 框架创建完成后，可以对框架或框架集进行设置，在设置之前首先需要选择______或__________。

二、判断题

1. 在浏览器中预览框架集前，必须保存框架集文件以及要在框架中显示的所有文档。（　）

2. 在文档窗口中，如果框架被选择后，框架的边框将呈现实线样式；如果框架集被选中后，框架集内各框架的所有边框将呈现虚线样式。（　）

3. 选择框架或框架集还可以使用框架面板进行选择。（　）

4. 在对框架或者框架集进行设置的时候，首先要先选取图像，在【属性】面板中，可以进行相应操作。（　）

三、思考题

1. 如何创建预定义的框架集？

2. 如何向框架中添加内容？

第12章

利用模板和库创建网页

本章要点

- 创建模板
- 定义与应用模板
- 应用与管理模板
- 创建与应用库项目

本章主要内容

本章主要介绍创建模板、直接创建模板、从现有文档创建模板等知识与技巧，同时还讲解了定义与应用模板、定义可编辑区域、定义可选区域、定义重复区域等，最后还针对实际的工作需求，讲解了应用与管理模板和创建与应用库项目、应用库项目、修改库项目等方法。通过本章的学习，读者可以掌握利用模板和库创建网页方面的知识，为深入学习 Dreamweaver CS5 知识奠定基础。

12.1 创 建 模 板

在制作网站的过程中，为了统一风格，很多页面会用到相同的布局、图片和文字元素。为了避免重复创建，可以使用 Dreamweaver CS5 提供的模板功能，将具备相同版面结构的页面制作为模板。本节将详细介绍创建模板方面的知识。

12.1.1 直接创建模板

在 Dreamweaver CS5 中，可以直接创建模板，并在其中创建网页。下面详细介绍直接创建模板的操作方法。

第 1 步 启动 Dreamweaver CS5，在菜单栏中选择【文件】→【新建】命令，如图 12-1 所示。

第 2 步 弹出【新建文档】对话框，①选择【空白页】选项卡；②在【页面类型】区域中选择【HTML 模板】选项；③在【布局】区域选择【无】选项；④单击【创建】按钮，如图 12-2 所示。

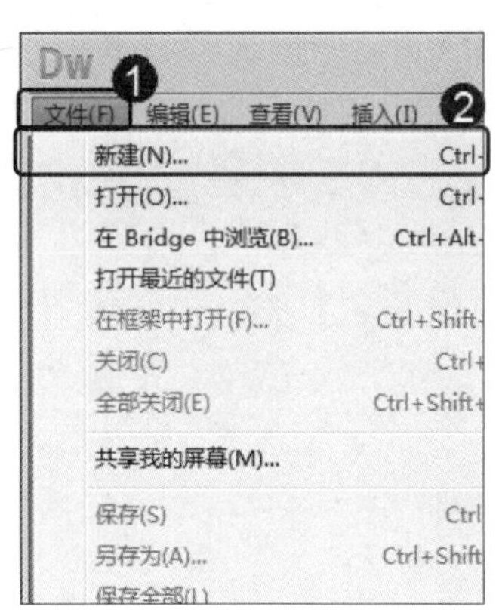

图 12-1

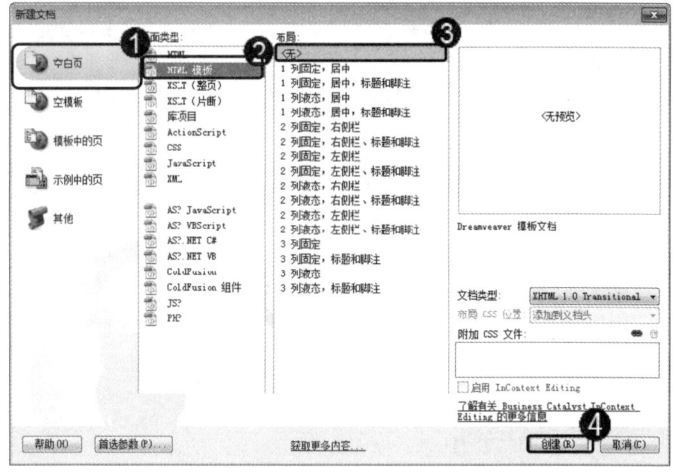

图 12-2

12.1.2 从现有文档创建模板

打开一个已经制作完成的文档，可以从现有文档中创建模板。下面详细介绍从现有文档创建模板的操作方法。

第 1 步 启动 Dreamweaver CS5，打开网页文档，如图 12-3 所示。

第 2 步 在菜单栏中选择【文件】→【另存为模板】命令，如图 12-4 所示。

第 3 步 弹出【另存模板】对话框，①单击展开【站点】下拉列表框，选择准备使用的站点；②在【另存为】文本框中输入文本；③单击【保存】按钮，如图 12-5 所示。

第 4 步 弹出 Dreamweaver 提示框单击【是】按钮，如图 12-6 所示。

图 12-3

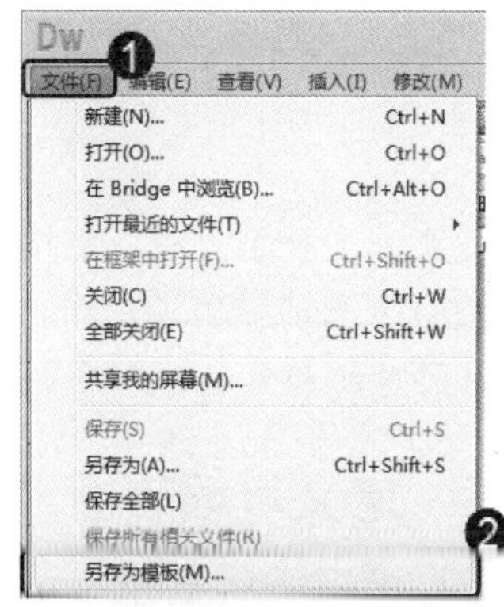

图 12-4

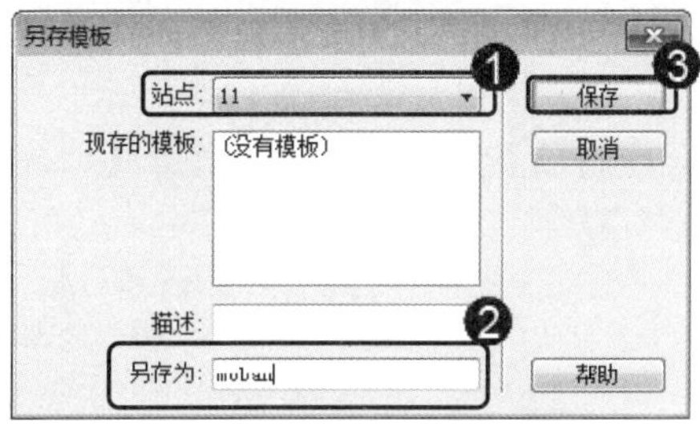

图 12-5

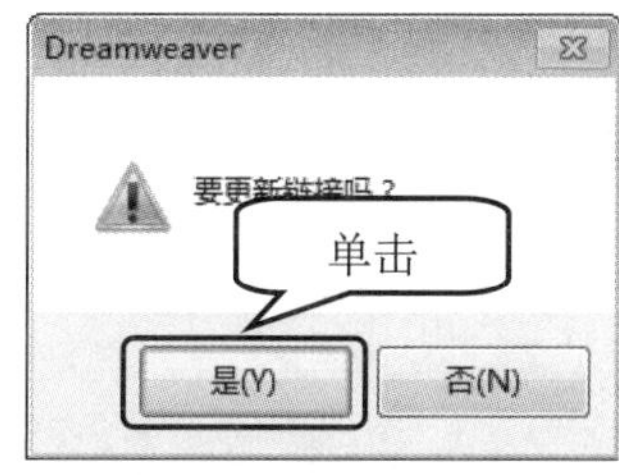

图 12-6

第 5 步 在网页窗口的左上角，可以看到已经将文档另存为模板，如图 12-7 所示。通过以上步骤即可完成将文档另存为模板的操作。

图 12-7

考考您

请根据本节学习的创建模板方面的知识，从现有文档创建模板，测试一下学习效果。

12.2 定义与应用模板

模板实际上就是具有固定格式和内容的文件，它的功能很强大。在一般情况下，模板页中的所有区域都是被锁定的，为了以后添加不同的内容，可以编辑模板中的编辑区域。本节将详细介绍定义与应用模板方面的知识。

12.2.1 定义可编辑区域

在模板中，可编辑区域是页面的一部分，默认情况下，新创建的模板所有区域都处于锁定状态，在编辑区域之前，需要将模板中的某些区域设置为可编辑区域。下面详细介绍定义可编辑区域的操作方法。

第 1 步 启动 Dreamweaver CS5，打开创建的模板网页，如图 12-8 所示。

第 2 步 将光标放置在准备插入可编辑区域的位置，在菜单栏中选择【插入】→【模板对象】→【可编辑区域】命令，如图 12-9 所示。

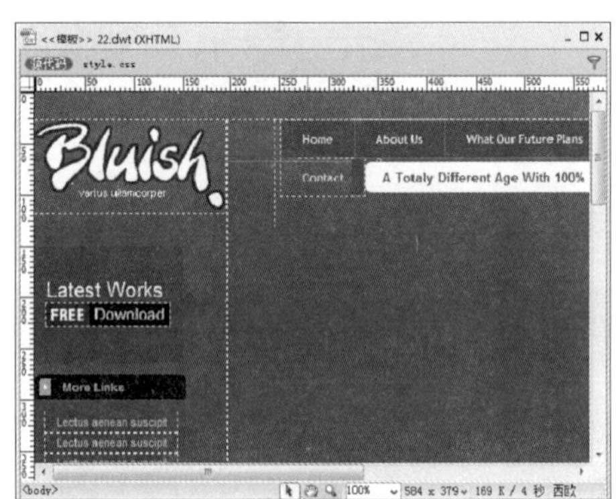

图 12-8

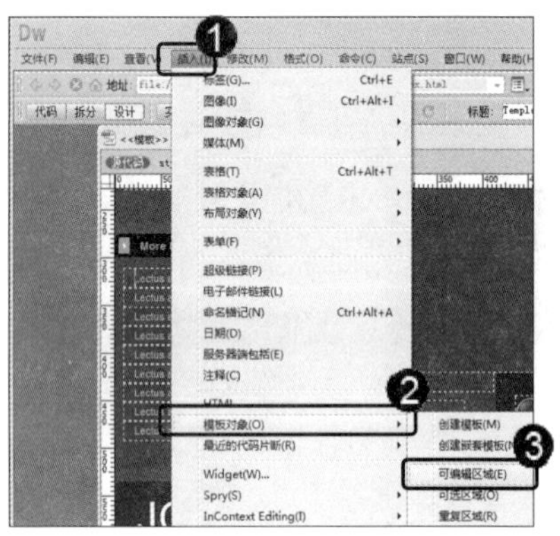

图 12-9

第 3 步 弹出【新建可编辑区域】对话框，①在【名称】文本框中输入该区域的名称；②单击【确定】按钮，如图 12-10 所示。

第 4 步 可编辑区域即被插入搭配模板中，在文档窗口中可以看到可编辑区域在模板页面中由高亮显示的矩形边框围绕，区域左上角显示该区域名称，如图 12-11 所示。

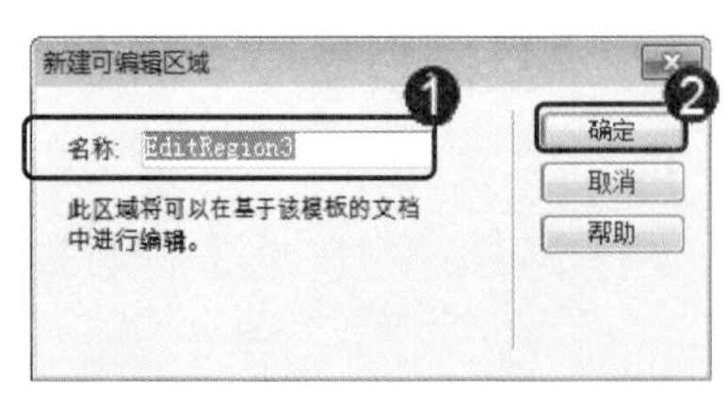

图 12-10

图 12-11

第 5 步 当选中可编辑区域后，可在【属性】面板中对名称等参数进行修改，如图 12-12 所示。

图 12-12

如果准备删除某个可编辑区域和其内容，在选择需要删除的可编辑区域后，按 Delete 键，即可将选中的可编辑区域删除。

12.2.2　定义可选区域

可选区域是模板中的区域，可将其设置为在基于模板的文件中显示或隐藏。当要对在文件中显示的内容设置条件时，即可使用可选区域。下面详细介绍定义可选区域的操作方法。

第 1 步 启动 Dreamweaver CS5，选中准备设置可选区域的页面导航所在的 Div，如图 12-13 所示。

图 12-13

第 2 步 在【插入】面板中，①选择【常用】选项卡；②单击展开【模板】选项；③单击【可选区域】选项，如图 12-14 所示。

第 3 步 弹出【新建可选区域】对话框，①在其中设置相应的参数；②单击【确定】按钮，如图 12-15 所示。

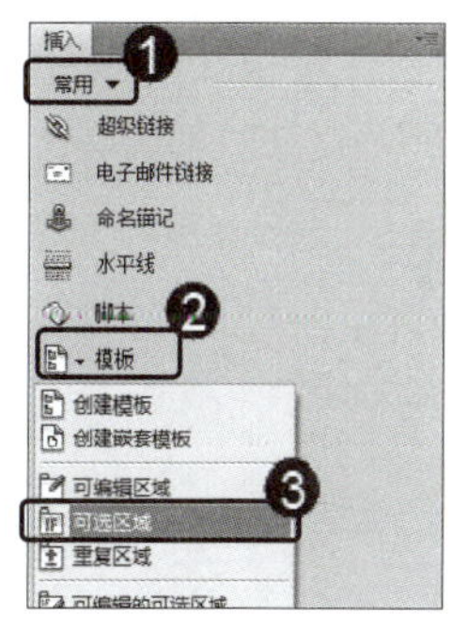

图 12-14

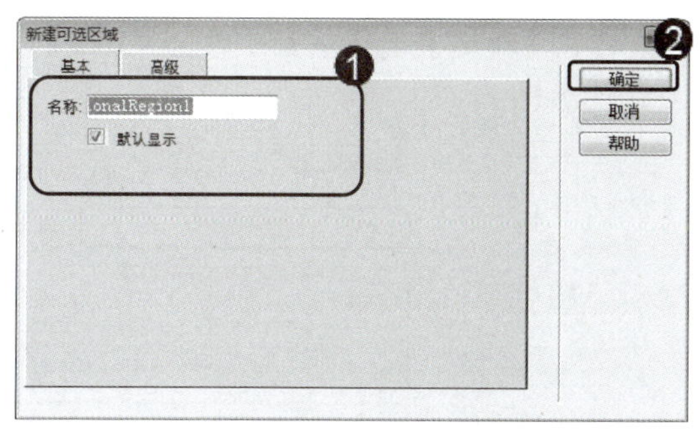

图 12-15

第 4 步 通过以上步骤即可完成定义可选区域的操作，如图 12-16 所示。

图 12-16

12.2.3 定义重复区域

重复区域是能够根据需要在基于模板的页面中赋值任意次数的模板部分。重复区域通常用于表格，也能够为其他页面元素定义重复区域。在静态页面中，重复区域的概念在模板中常被用到。下面详细介绍定义重复区域的操作方法。

第 1 步 启动 Dreamweaver CS5，选中准备设置区域的 Div，如图 12-17 所示。

第 2 步 在菜单栏中选择【插入】→【模板对象】→【重复区域】命令，如图 12-18 所示。

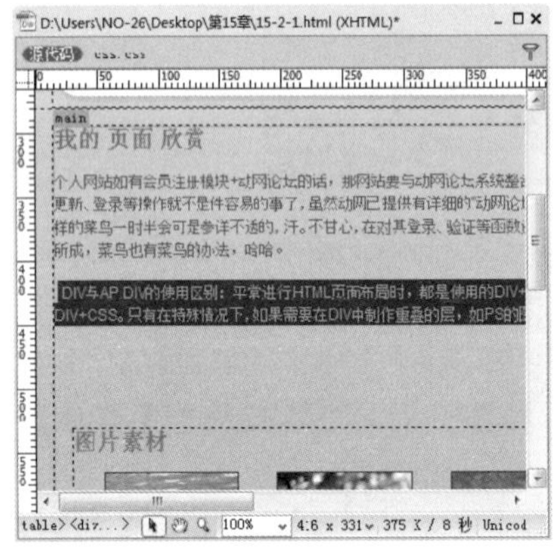

图 12-17

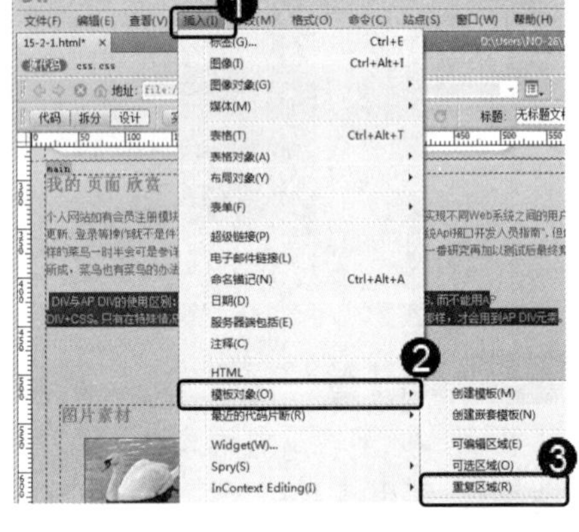

图 12-18

第 3 步 弹出【新建重复区域】对话框，①在【名称】文本框中输入文本；②单击【确定】按钮，如图 12-19 所示。

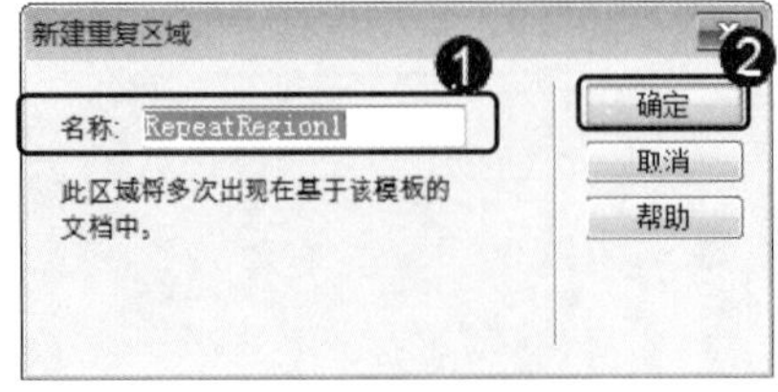

图 12-19

第 4 步 可以看到网页窗口中标注了【重复】标签，如图 12-20 所示。通过以上步骤即可完成定义重复区域。

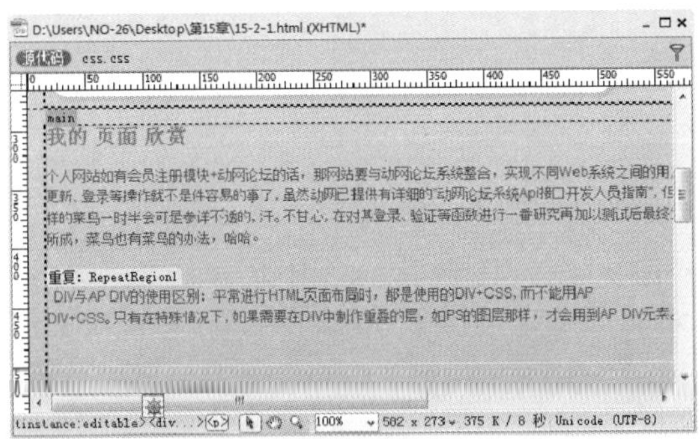

图 12-20

12.2.4　可编辑标签属性

设置可编辑的标签属性，可以使用户在根据模板创建的文档中修改指定的标签属性。下面详细介绍可编辑标签属性的操作方法。

启动 Dreamweaver CS5，在页面中选择一个页面元素，在菜单栏中选择【修改】→【模板】→【令属性可编辑】命令，弹出【可编辑标签属性】对话框。从中设置参数，单击【确定】按钮，即可完成可编辑标签的操作，如图 12-21 所示。

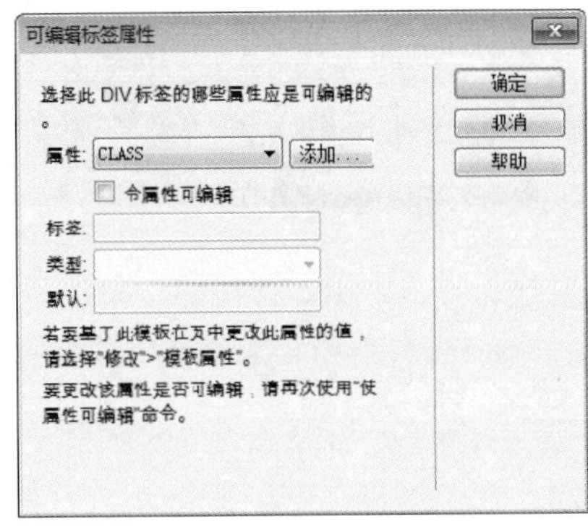

图 12-21

在【可编辑标签属性】对话框中可以设置以下参数。

- 【属性】：如果准备设置【可编辑的属性】，先单击【添加】按钮，然后在打开的对话框中输入要添加的属性的名称，最后单击【确定】按钮即可。
- 【令属性可编辑】：选中该选项后，被选中的属性才可以被编辑。
- 【类型】：可编辑属性的类型。包括以下几种：若要让为属性输入文本值，选择【文本】选项；若要插入元素的链接(如图像的文件路径)，选择 URL 选项；若要使颜色选择器可用于选择值，选择【颜色】选项；若要能够在页面上选择 true 或 false 值，选择【真/假】选项；若要更改图像的高度或宽度值，选择【数字】选项。
- 【默认】：在该文本框中可以设置该属性的默认值。

智慧锦囊

如果在【可编辑标签属性】对话框中取消选中【令属性可编辑】复选框，则选中的属性就不能被编辑。

考考您

请根据本节学习的定义与应用模板方面的知识，定义可编辑区域，测试一下学习效果。

12.3 应用与管理模板

在创建模板之后，便可以应用模板并进行相应的管理。本节将详细介绍应用与管理模板方面的知识。

12.3.1 创建基于模板的网页

模板的最大用途之一是一次更新多个页面。创建基于模板的方法有很多种，使用模板可以快速创建大量风格一致的网页。下面详细介绍创建基于模板的网页的操作方法。

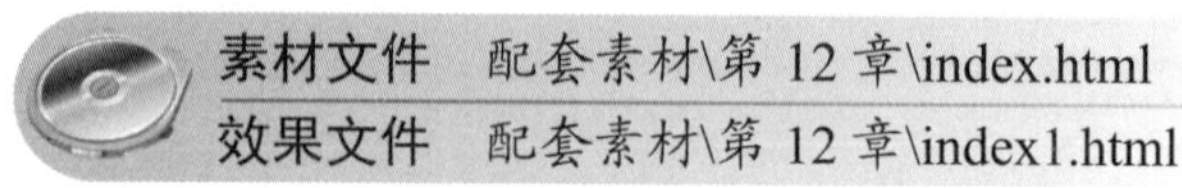

第 1 步 启动 Dreamweaver CS5，在菜单栏中选择【文件】→【新建】命令，如图 12-22 所示。

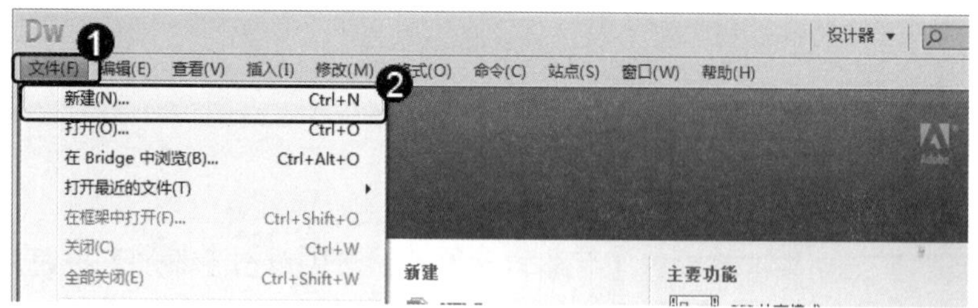

图 12-22

第 2 步 弹出【新建文档】对话框，在该对话框中，①选择【模板中的页】选项卡；②在【站点】列表框中，选择【未命名站点 14】选项；③单击【创建】按钮，如图 12-23 所示。

第 3 步 在菜单栏中选择【插入】→【表格】命令，如图 12-24 所示。

第 4 步 弹出【表格】对话框，在该对话框中，①设置参数；②单击【确定】按钮，如图 12-25 所示。

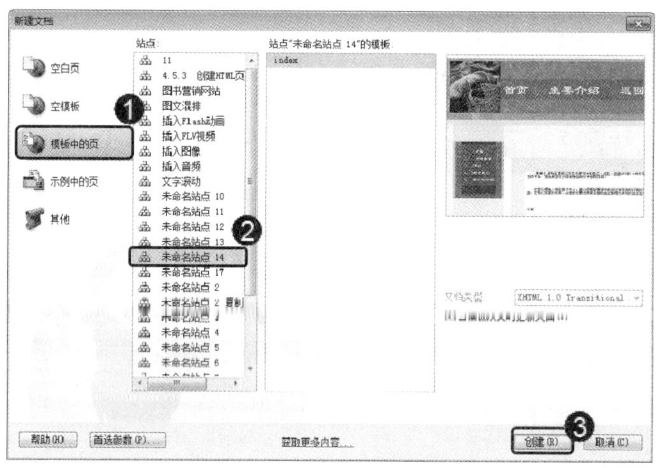

图 12-23

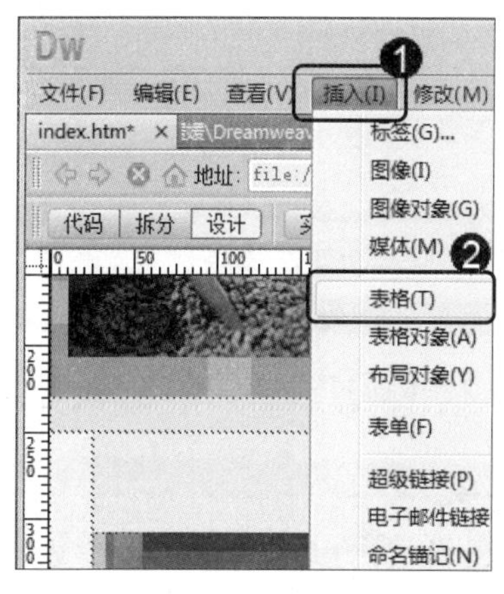

图 12-24

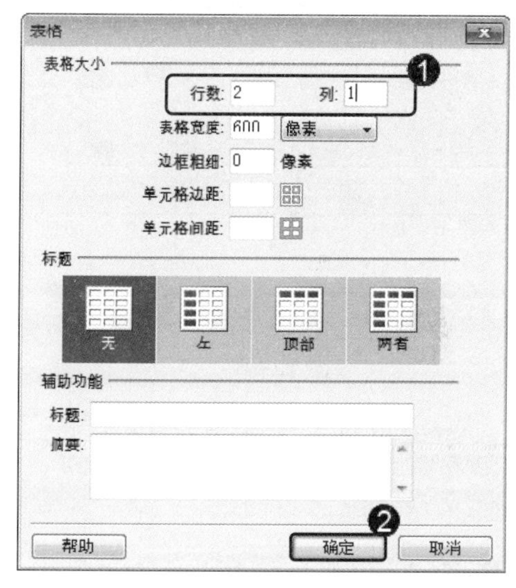

图 12-25

第 5 步 将光标置于 2 行 1 列的表格中，在菜单栏中选择【插入】→【图像】命令，如图 12-26 所示。

第 6 步 选择准备插入的图像，单击【确定】按钮。此时，在窗口中，可以看到刚刚插入的图像，如图 12-27 所示。

第 7 步 将光标置于第 2 行 1 列单元格中，并插入一个 3 行 1 列的表格，设置【表格宽度】为 98%，如图 12-28 所示。

第 8 步 将光标放置在第 2 行 1 列单元格中，在菜单栏中选择【插入】→【图像】命令，如图 12-29 所示。

第 9 步 将光标置于准备插入的表格中，输入相应的文本，如图 12-30 所示。

第 10 步 在菜单栏中选择【文件】→【保存】命令，保存页面。在工具栏中单击【在浏览器中预览】按钮，即可在浏览器中预览页面效果，如图 12-31 所示。

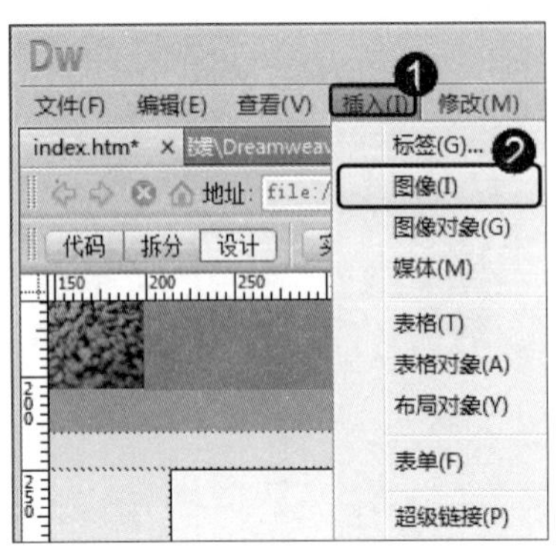

图 12-26

图 12-27

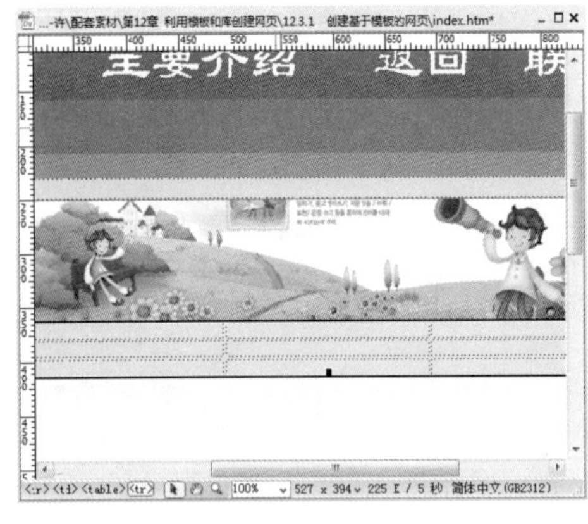

图 12-28

图 12-29

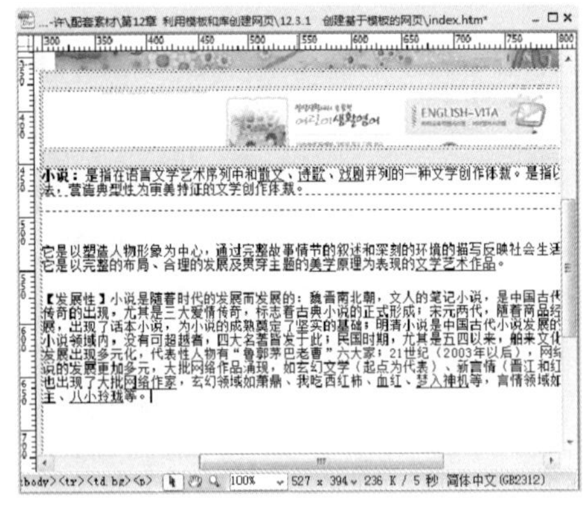

图 12-30

图 12-31

12.3.2 在现有文档中应用模板

在现有文档中创建模板，通常情况下有两种方法，分别为使用资源面板将模板应用于文档和通过文档窗口将模板应用于文档。下面分别进行介绍。

1. 使用资源面板将模板应用于文档

在 Dreamweaver CS5 中，使用资源面板将模板应用于文档的方法很简单，下面进行详细介绍。

第 1 步 启动 Dreamweaver CS5，打开准备应用模板的文档，在【资源】面板中单击【模板】按钮，会在其中显示当前站点中的所有模板，如图 12-32 所示。

第 2 步 在【资源】面板中，①选择准备应用的模板；②单击【应用】按钮，即可将当前模板应用于文档，如图 12-33 所示。

图 12-32

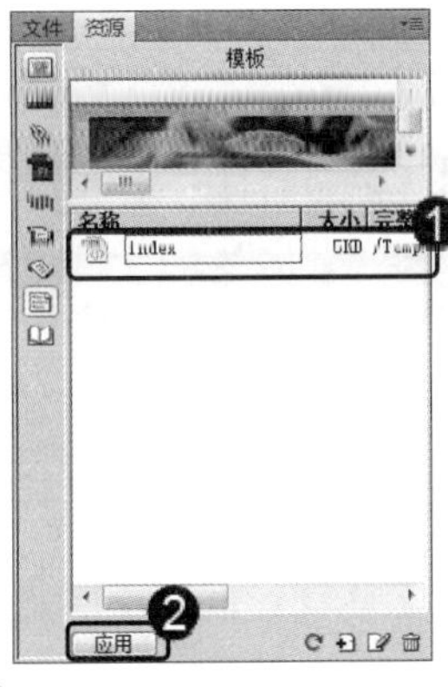

图 12-33

智慧锦囊

如果文档中存在不能够指定到模板的区域，将弹出【不一致的区域名称】对话框，在列表中可以设置需要解决的内容。

2. 通过文档窗口将模板应用于文档

另外，还可以通过文档窗口将模板应用于文档。下面详细介绍其操作方法。

第 1 步 启动 Dreamweaver CS5，打开准备应用模板的文档，在菜单栏中选择【修改】→【模板】→【应用模板到页】命令，如图 12-34 所示。

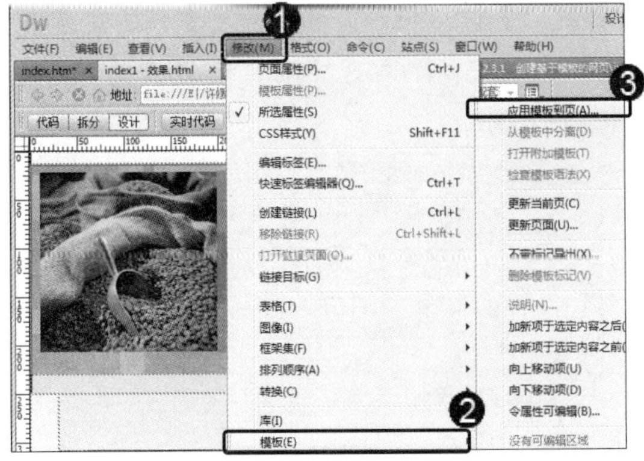

图 12-34

第 2 步 弹出【选择模板】对话框，①在此对话框中选择准备应用的模板；②单击【选定】按钮，即可应用被选中的模板对象，如图 12-35 所示。

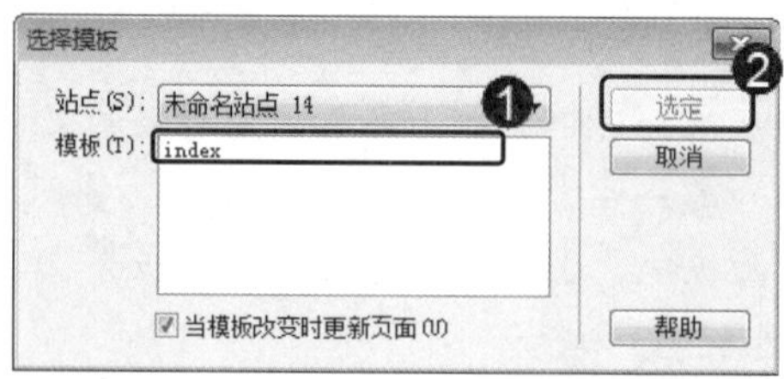

图 12-35

12.3.3 更新模板中的页面

使用模板来更新整个网站或是一个网站中的几个页面，可以通过修改模板，然后对其更新来实现。下面详细介绍更新模板中页面的操作方法。

第 1 步 启动 Dreamweaver CS5，打开模板文件，对模板进行相应的修改操作，如图 12-36 所示。

第 2 步 在菜单栏中选择【修改】→【模板】→【更新页面】命令，如图 12-37 所示。

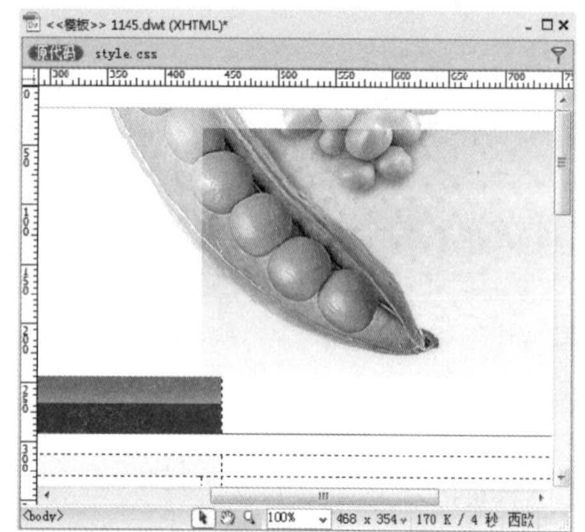

图 12-36

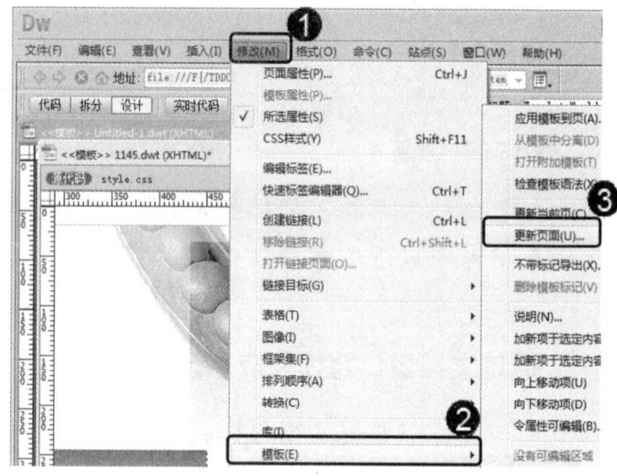

图 12-37

第 3 步 弹出【更新页面】对话框，①在【查看】下拉列表中选择【整个站点】选项；②从相邻的下拉列表中选择需要更新的站点名称；③单击【开始】按钮，即可完成更新模板中页面的操作，如图 12-38 所示。

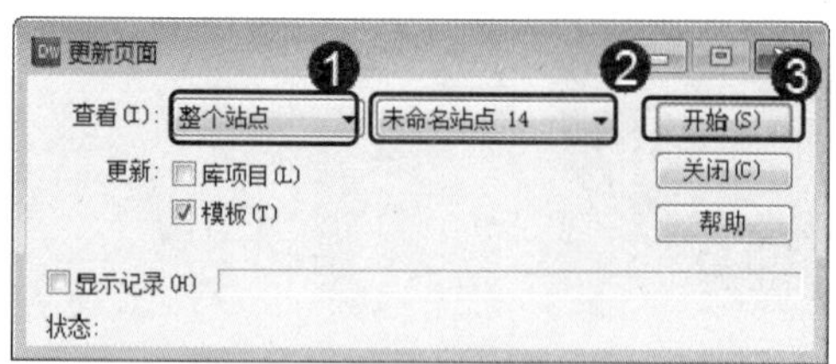

图 12-38

请根据本节学习的应用与管理模板方面的知识，更新模板中的页面，测试一下学习效果。

12.4 创建与应用库项目

在 Dreamweaver CS5 中，可以把网站中需要重复使用或需要经常更新的页面元素(如图像、文本或其他对象)存入库(Library)中，以方便经常使用。本节将详细介绍创建与应用库项目的操作方法。

12.4.1 关于库项目

库是一种特殊的 Dreamweaver 文件，其中包含可放置到网页中的一组单个资源或资源副本，库中的这些资源称为库项目。可在库中存储的项目包括图像、表格、声音和使用 Adobe Flash 创建的文件。每当编辑某个库项目时，可以自动更新所有使用该项目的页面。

Dreamweaver 将库项目存储在每个站点的本地根文件夹下的库文件夹中，每个站点都有自己的库，使用库比使用模板具有更大的灵活性。

如果库项目中包含链接，链接可能无法在新站点中工作。此外，库项目中的图像不会被复制到新站点中。

默认情况下，库面板显示在资源面板中。在【资源】面板中单击【库】按钮，即可显示库面板，如图 12-39 所示。

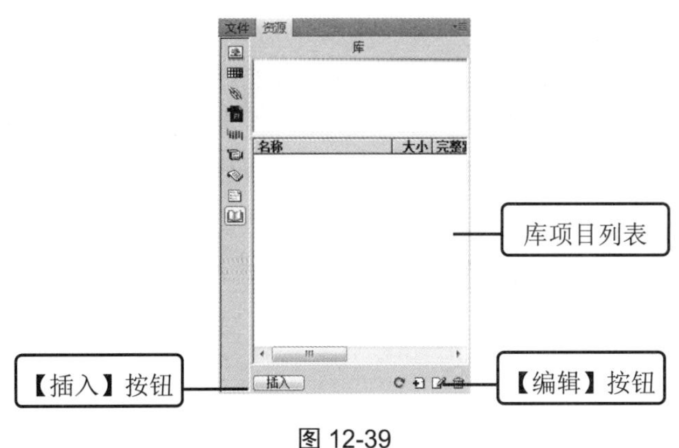

图 12-39

在【库】面板中各个按钮可以进行以下设置。

- 【插入】：使用该按钮，可以将库项目插入到当前文档中。选中库中的某个项目，单击该按钮，即可将库项目插入到文档中。
- 【编辑】按钮：在【编辑】按钮区域包括【刷新站点列表】、【新建库项目】、【编辑】和【删除】按钮，选中库项目单击对应的按钮，将执行相应的操作。
- 【库项目列表】：在该区域中列出了当前库中的所有项目。

12.4.2 创建库项目

在对库内容进行编辑之前，需要先创建库项目，然后再进行编辑。下面详细介绍创建库项目的操作方法。

第 1 步 启动 Dreamweaver CS5，在菜单栏中选择【文件】→【新建】命令，弹出【新建文档】对话框，①在【页面类型】区域中选择【库项目】选项；②单击【确定】按钮，如图 12-40 所示。

第 2 步 此时，在页面中显示创建的库文档，如图 12-41 所示。

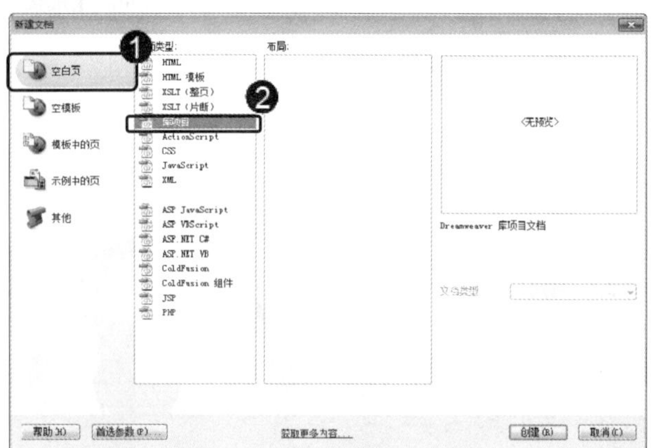

图 12-40

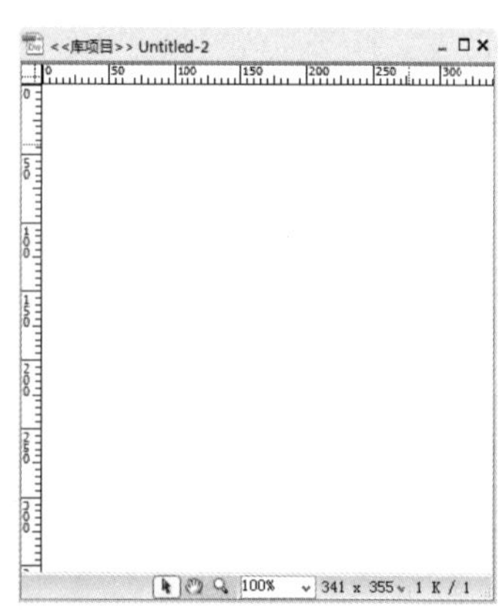

图 12-41

第 3 步 在菜单栏中，选择文件然后单击【保存】按钮，弹出【另存为】对话框，①选择准备保存的位置；②单击【保存】按钮，即可完成创建库文件的操作，如图 12-42 所示。

图 12-42

考考您

请根据本节学习的创建与应用库项目方面的知识，创建库项目，测试一下学习效果。

12.5　实践案例与上机指导

通过本章的学习，读者基本可以掌握利用模板和库创建网页以及一些常见的操作方法。下面通过练习操作，以达到巩固学习、拓展提高的目的。

12.5.1　应用库项目

在库项目中，可以将实际内容以及对项目的引用插入文档中。下面详细介绍应用库项目的操作方法。

素材文件　配套素材\第 12 章\index.html
效果文件　配套素材\第 12 章\index1.html

第 1 步　启动 Dreamweaver CS5，在菜单栏中选择【文件】→【打开】命令，打开素材文件，如图 12-43 所示。

第 2 步　在【资源】面板中，①选择准备插入的【库文件】；②单击【插入】按钮，如图 12-44 所示。

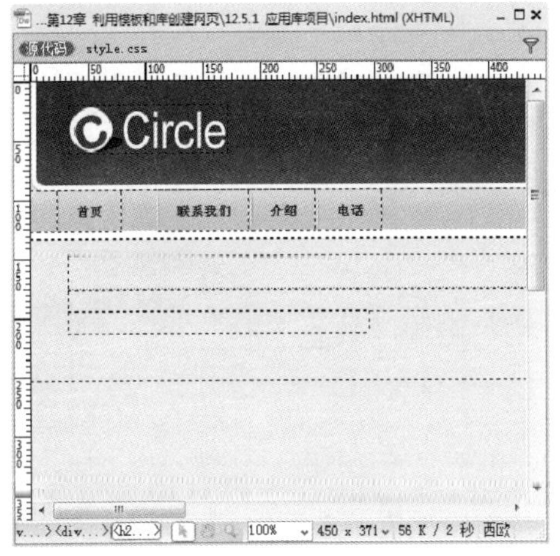

图 12-43

图 12-44

第 3 步　此时，在文档中可以看到插入的库文件，如图 12-45 所示。通过以上步骤即可完成操作。

智慧锦囊

在【库】面板中，如果想添加库项目内容对应的代码，按下 Ctrl 键，即可完成此操作。

图 12-45

12.5.2 库项目的编辑和更新

有时为了美化页面，可以对库项目进行相应的修改，以达到理想的要求。下面详细介绍库项目的编辑和更新的操作方法。

素材文件 配套素材\第 12 章\index.html
效果文件 配套素材\第 12 章\index1.html

第 1 步 打开素材文件，在【资源】面板的【库】选项中单击页面底端的【编辑】按钮，即可在 Dreamweaver 中编辑库项目。编辑完成后，在菜单栏中选择【文件】→【保存】命令，如图 12-46 所示。

第 2 步 弹出【更新库项目】对话框，单击【更新】按钮，如图 12-47 所示。

图 12-46

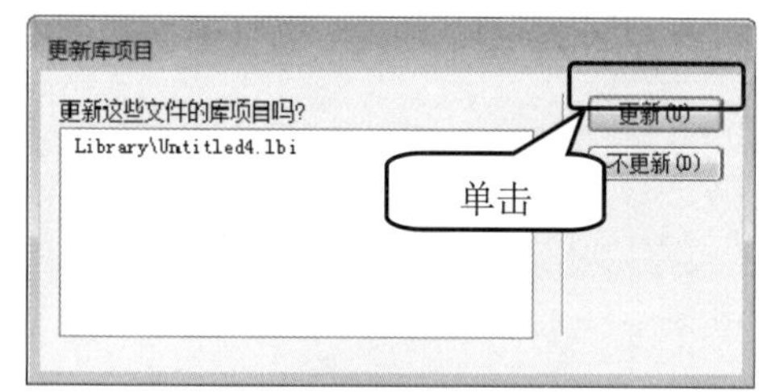

图 12-47

第 3 步 弹出【更新页面】对话框，显示站内使用可更新项目的页面文件，单击【关闭】按钮，如图 12-48 所示。

第 4 步 在菜单栏中选择【文件】→【保存】命令，保存页面。在工具栏中单击【在浏览器中预览】按钮，即可在浏览器中预览页面效果，如图 12-49 所示。

智慧锦囊

如果需要将页面中的库项目和源文件分离，在【属性】面板中，单击【从源文件中分离】按钮，即可将其分离。

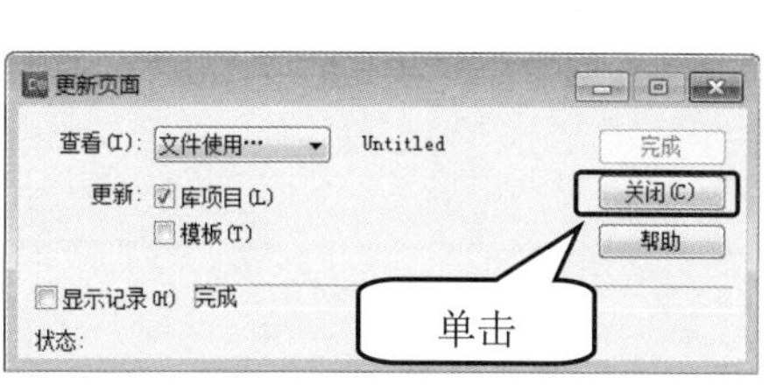

图 12-48

图 12-49

12.6　思考与练习

一、填空题

1. 可选区域是模板中的区域，可将其设置为在基于模板的文件中________或隐藏。

2. 重复区域是能够根据需要在基于模板的页面中赋值任意次数的________部分。重复区域通常用于________。

3. 在静态页面中，__________的概念在模板中常被用到。

二、判断题

1. 在模板中，可编辑区域是页面的一部分，默认情况下，新创建的模板所有区域都处于锁定状态。　（　）

2. 设置可编辑的标签属性，可以使用户根据模板创建的文档中，不可以修改指定的标签属性。　（　）

三、思考题

1. 如何直接创建模板？

2. 如何从现有文档创建模板？

新起点

电脑教程

第 13 章

使用 JavaScript 行为创建动态效果

本章要点

- 行为简介与概述
- 使用 Dreamweaver 内置行为

本章主要内容

本章主要介绍行为简介与概述、常见动作类型、常见事件等知识与技巧，同时还讲解了使用 Dreamweaver 内置行为、弹出提示信息、打开浏览器窗口、检查插件等，最后还针对实际的工作需求，讲解了使用 JavaScript、实现打印功能、实现关闭窗口功能、创建自动滚屏网页效果。通过本章的学习，读者可以掌握使用 JavaScript 行为创建动态效果方面的知识，为深入学习 Dreamweaver CS5 知识奠定基础。

13.1 行为简介与概述

行为是由事件和该事件触发的动作组成的，其功能很强大，深受网页设计者的喜爱。行为是一系列使用 JavaScript 程序预定义的页面特效工具。本节将介绍行为简介与概述方面的知识。

13.1.1 行为的概念

行为在技术上和时间轴动画一样，是一种动态 HTML(DHTML)技术。它是在特定的时间或者是由某个特定的事件而引发的动作，可以是鼠标单击、鼠标移动、网页下载完毕等事件，对于同一个对象，不同版本的浏览器支持的事件种类和多少也是不一样的。

动作是最终产生的动态效果，可以是打开新窗口、弹出菜单、变换图像等。

在 Dreamweaver CS5 中，行为实际上是插入到网页内的一段 JavaScript 代码，由对象、事件和动作构成。

13.1.2 常见动作类型

动作是最终产生的动态效果，动态效果可以是播放声音、交换图像、弹出提示信息、自动关闭网页等。下面是 Dreamweaver 中默认提供的动作种类，如表 13-1 所示。

表 13-1 常见动作类型

动作种类	说 明
调用 JavaScript	调用 JavaScript 特定函数
改变属性	改变选定客体的属性
检查浏览器	根据访问者的浏览器版本，显示适当的页面
检查插件	确认是否设有运行网页的插件
控制 Shockwave 或 Flash	控制影片的指定帧
拖动层	允许在浏览器中自由拖动层
转到 URL	可以转到特定的站点或者网页文档上
隐藏弹出式菜单	隐藏在 Dreamweaver 上制作的弹出窗口
设置导航栏图像	制作由图片组成的菜单的导航条
设置框架文本	在选定帧上显示指定内容
设置层文本	在选定层上显示指定内容
跳转菜单	可以建立若干个链接的跳转菜单
跳转菜单开始	在跳转菜单中选定要移动的站点之后，只有单击 GO 按钮才可以移动到链接的站点上
打开浏览器窗口	在新窗口中打开 URL

续表

动作种类	说　明
播放声音	在设置的事件发生之后，播放链接的音乐
弹出消息	在设置的事件发生之后，显示警告信息
预先载入图像	为了在浏览器中快速显示图片，事先下载图片之后显示出来
设置状态栏文本	在状态栏中显示指定内容
设置文本域文字	在文本字段区域显示指定内容
显示弹出式菜单	显示弹出菜单
显示-隐藏层	显示或隐藏特定层
交换图像	发生设置的事件后，用其他图片来取代选定图片
恢复交换图像	在运用交换图像动作之后，显示原来的图片
时间轴	用来控制时间轴，可以播放、停止动画
检查表单	检查表单文档在有效性的时候才能使用

13.1.3　常见事件

事件用于指定选定行为动作在何种情况下发生，例如想应用单击图像时跳转到制定网站的行为，则需要把事件指定为单击事件(onClick)。下面根据使用用途分类介绍 Dreamweaver 中提供的事件种类，如表 13-2 所示。

表 13-2　常见事件

事　件	说　明
onAbort	在浏览器中停止加载网页文档操作时发生的事件
onMOVE	移动窗口或框架时发生的事件
onLoad	选定的对象出现在浏览器上时发生的事件
onResize	访问者改变窗口或框架的大小时发生的事件
onUnLoad	访问者退出网页文档时发生的事件
onClick	单击选定要素时发生的事件
onBlur	鼠标移动到窗口或框架外侧时等非激活状态时发生的事件
onDragDrop	拖动选定要素后放开时发生的事件
onDragStart	拖动选定要素时发生的事件
onFocus	鼠标到窗口或框架中处于激活状态时发生的事件
onMouscDown	单击时发生的事件
onMouseMove	鼠标经过选定要素上面时发生的事件
onMouseOut	鼠标离开选定要素上面时发生的事件
onMouseOver	鼠标在选定要素上面时发生的事件
onMouseUp	放开按住的鼠标左键时发生的事件

续表

事　件	说　明
onScroll	访问者在浏览器中移动了滚动条时发生的事件
onKeyDown	键盘上某个按键被按下时触发事件
onKeyPress	键盘上的某个按键被按下又释放时触发事件
onKeyUp	放开按下的键盘中的指定键时发生的事件
onAfterUpdate	表单文档的内容被更新时发生的事件
onBeforeUpdate	表单文档的项目发生变化时发生的事件
onChange	访问者更改表单文档的初始设定值时发生的事件
onReset	把表单文档重新设定为初始值时发生的事件
onSubmit	访问者传送表单文档时发生的事件
onSelect	访问者选择文本区域中的内容时发生的事件
onError	加载网页文档的过程中发生错误时发生的事件
onFilterChange	应用到选定要素上的滤镜被更改时发生的事件
onFinish	结束移动文字(Marquee)时发生的事件
onStart	开始移动文字(Marquee)时发生的事件

考考您

请根据本节学习的行为简介与概述方面的知识，介绍常见动作类型，测试一下学习效果。

13.2　使用 Dreamweaver 内置行为

行为是指能够简单运用制作动态网页的 JavaScript 的功能，提高了网站的可交互性。在 Dreamweaver CS5 中插入客户端行为，实际上是自动给网页添加了一些 JavaScript 代码，这些代码能实现动感网页效果。本节将详细介绍使用 Dreamweaver 内置行为方面的知识。

13.2.1　弹出提示信息

【弹出提示消息】显示一个带有指定消息的 JavaScript 警告，因为 JavaScript 警告只有一个按钮，所以使用此动作可以提供信息，而不能提供选择。下面详细介绍弹出提示信息的操作方法。

素材文件　配套素材\第 13 章\index.html
效果文件　配套素材\第 13 章\index1.html

第 1 步 启动 Dreamweaver CS5，在菜单栏中选择【文件】→【打开】命令，打开素材，如图 13-1 所示。

第 2 步 在菜单栏中选择【窗口】→【行为】命令，打开【行为】面板。在【行为】面板中单击【添加】按钮+，在弹出的快捷菜单中选择【弹出信息】选项，如图 13-2 所示。

图 13-1

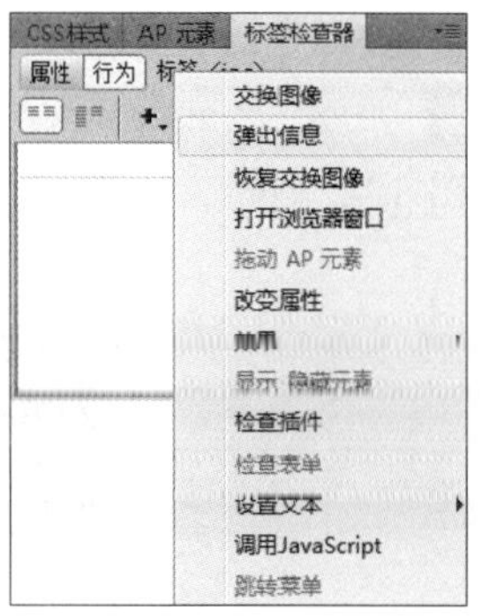

图 13-2

第 3 步 弹出【弹出信息】对话框，①在【消息】列表框中输入文本；②单击【确定】按钮，如图 13-3 所示。

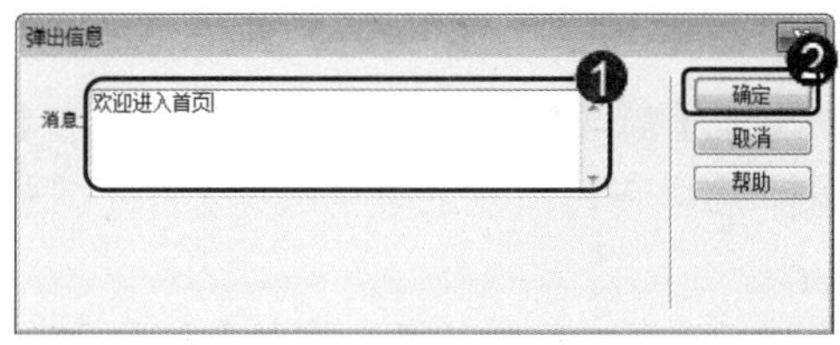

图 13-3

第 4 步 在菜单栏中选择【文件】→【保存】命令，保存页面。在工具栏中单击【在浏览器中预览】按钮，即可在浏览器中预览页面效果，如图 13-4 所示。

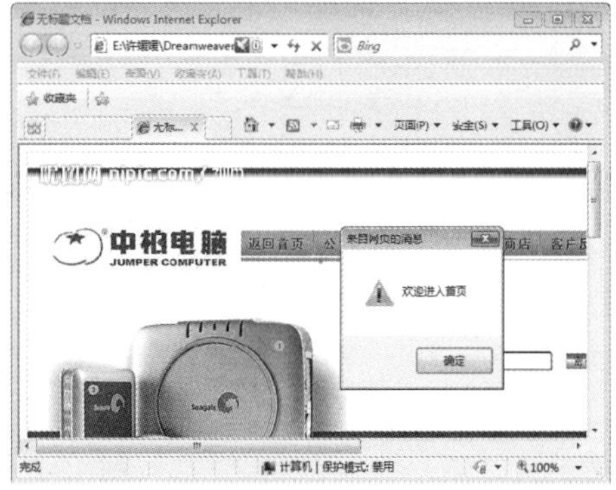

图 13-4

13.2.2　打开浏览器窗口

使用打开浏览器窗口动作在打开当前网页的同时，还可以再打开一个新窗口，同时还可以根据动作来编辑浏览窗口的大小、名称、状态栏和菜单栏等属性。下面详细介绍打开浏览器窗口的操作方法。

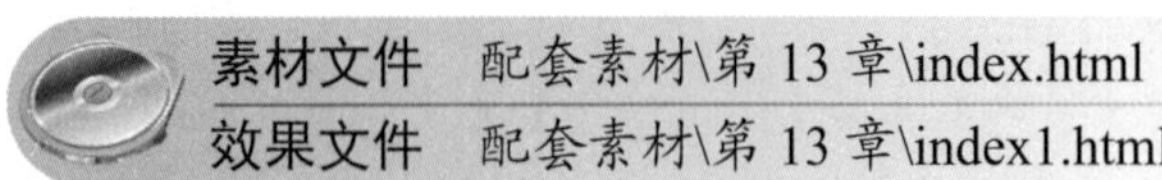

第 1 步 启动 Dreamweaver CS5，在菜单栏中选择【文件】→【打开】命令，打开素材文件，如图 13-5 所示。

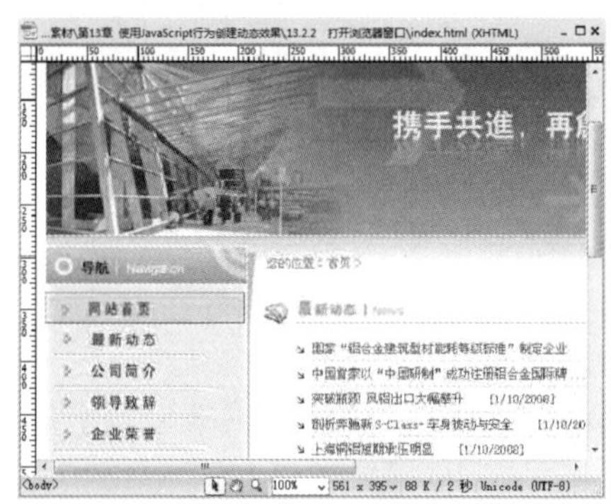

图 13-5

第 2 步 在菜单栏中选择【窗口】→【行为】命令，打开【行为】面板。在【行为】面板中单击【添加】按钮+，在弹出的快捷菜单中选择【打开浏览器窗口】命令，如图 13-6 所示。

第 3 步 弹出【打开浏览器窗口】对话框，单击【要显示的 URL】文本框右边的【浏览】按钮，如图 13-7 所示。

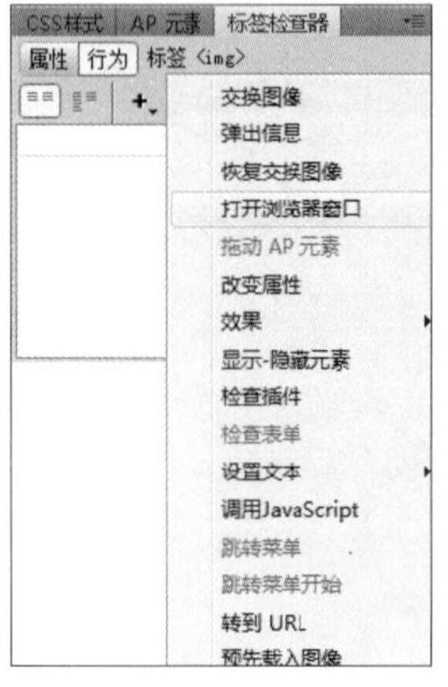

图 13-6

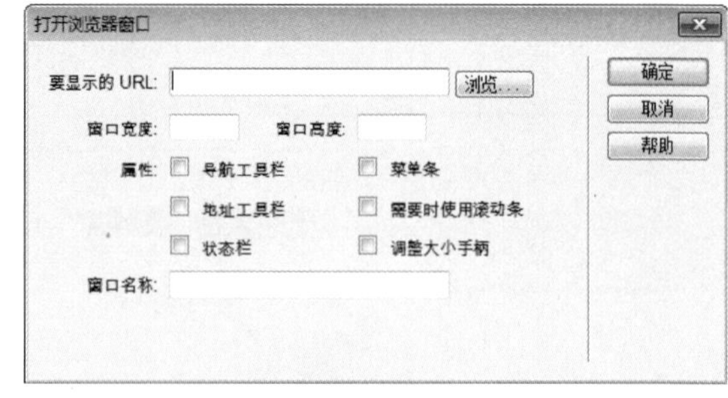

图 13-7

第 4 步 弹出【选择文件】对话框，①选择准备使用的文件；②单击【确定】按钮，如图 13-8 所示。

第 5 步 在【打开浏览器窗口】对话框中，①设置宽度和高度的数值为 500；②选中【需要时使用滚动条】复选框；③单击【确定】按钮，如图 13-9 所示。

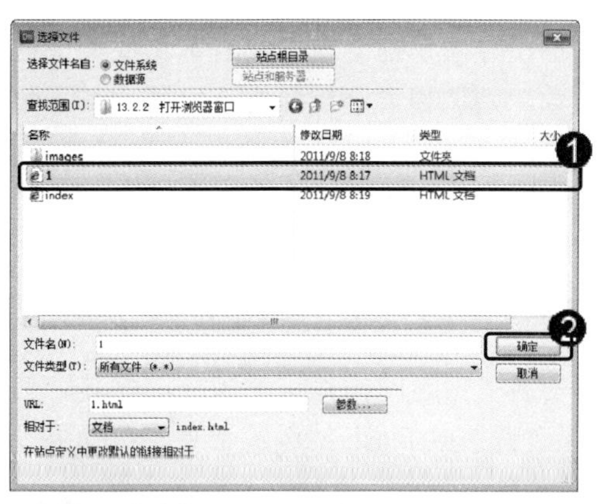

图 13-8

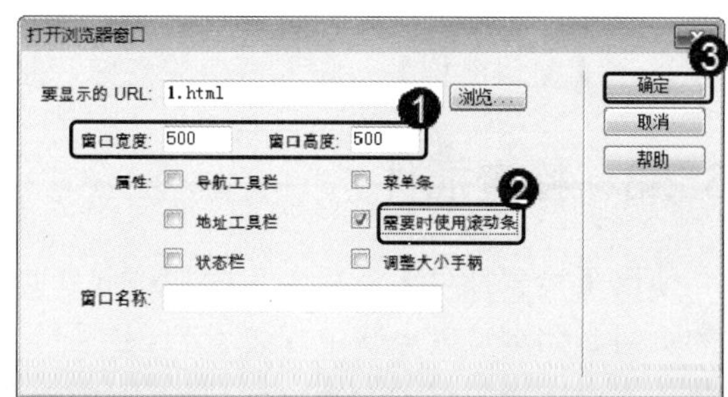

图 13-9

第 6 步 在菜单栏中选择【文件】→【保存】命令，保存页面。在工具栏中单击【在浏览器中预览】按钮，即可在浏览器中预览页面效果，如图 13-10 所示。

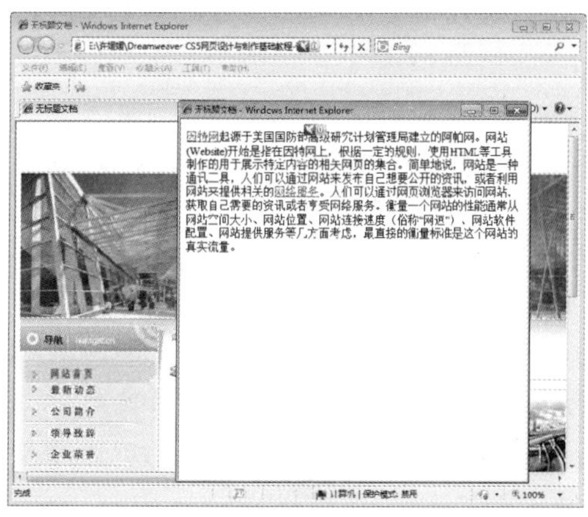

图 13-10

在【打开浏览器窗口】对话框中可以进行如下设置。

- 【要显示的 URL】：单击【浏览】按钮选择一个文件，或输入要显示的 URL。
- 【窗口宽度】：指定窗口的宽度(以像素为单位)。
- 【窗口高度】：指定窗口的高度(以像素为单位)。
- 【导航工具栏】：是一行浏览器按钮(包括【后退】、【前进】、【主页】和【新载入】)。
- 【地址工具栏】：是一行浏览器选项(包括地址文本框)。
- 【状态栏】：是位于浏览器窗口底部的区域，在该区域中显示消息。
- 【菜单条】：位于浏览器窗口上显示菜单，如果要让访问者能够从新窗口导航，应该显示设置此选项。如果不设置此选项，则在新窗口中用户只能关闭或最小化窗口。
- 【需要时使用滚动条】：指定如果内容超出可视区域应该显示滚动条，如果不显示设置此选项，则不显示滚动条。如果【调整大小手柄】选项也关闭，则访问者将不容易看到超出窗口原始大小以外的内容。

- 【调整大小手柄】：指定调整窗口的大小，方法是拖动窗口的右下角或单击右上角的最大化按钮。如果未显示设置此选项，则调整大小控件将不可用，右下角也不能拖动。
- 【窗口名称】：输入窗口的名称，此名称不能包含空格或特殊字符。

13.2.3 检查插件

使用【检查插件】行为，可根据访问者是否安装了指定的插件这一情况，将其转到不同的页面。如浏览者电脑中安装了 Flash 插件，那么就播放 Flash 给浏览者观看；如果没有安装，就直接将浏览者带到没有 Flash 的页面。下面详细介绍检查插件的操作方法。

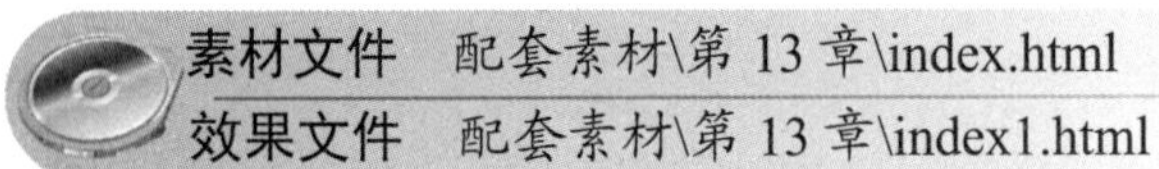
素材文件 配套素材\第 13 章\index.html
效果文件 配套素材\第 13 章\index1.html

第 1 步 启动 Dreamweaver CS5，在菜单栏中选择【文件】→【打开】命令，打开素材文件，如图 13-11 所示。

图 13-11

第 2 步 选中检查插件文本，在【属性】面板的【链接】下拉列表框中输入#，为文字设置空链接，如图 13-12 所示。

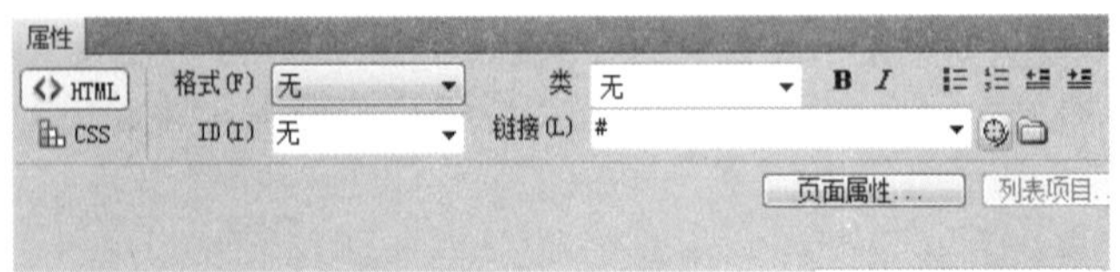

图 13-12

第 3 步 在菜单栏中选择【窗口】→【行为】命令，打开【行为】面板。在【行为】面板中单击【添加】按钮+，在弹出的快捷菜单中选择【检查插件】命令，如图 13-13 所示。

第 4 步 弹出【检查插件】对话框，①单击【如果有，转到 URL】文本框右边的【浏览】按钮，添加 Flash.html；②单击【否则，转到 URL】文本框右边的【浏览】按钮，添加 1.html；③单击【确定】按钮，如图 13-14 所示。

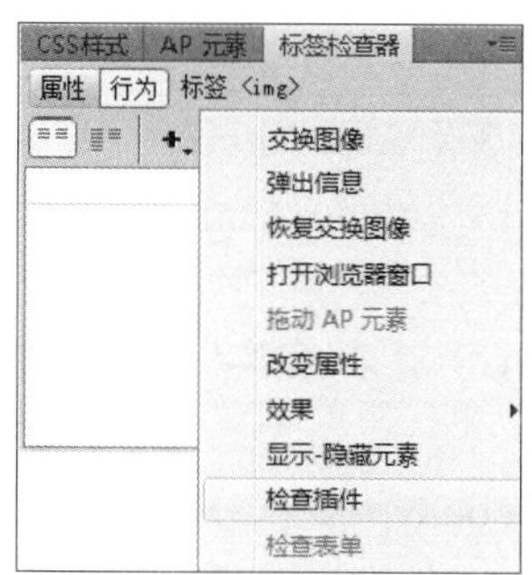

图 13-13

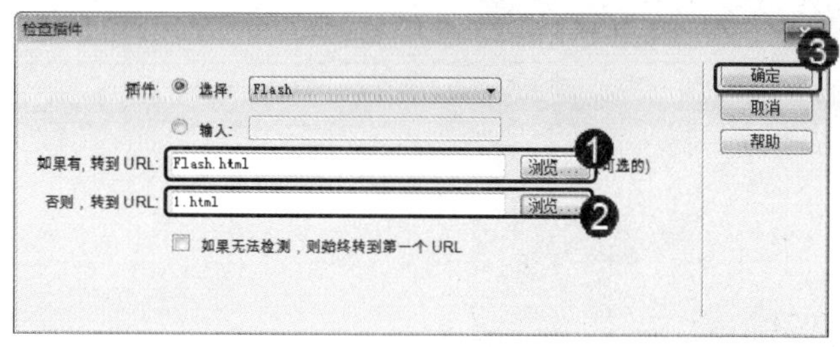

图 13-14

第 5 步 在【行为】面板上，①单击展开【触发事件】下拉按钮；②选择 onClick 选项，如图 13-15 所示。

第 6 步 在菜单栏中选择【文件】→【保存】命令，保存页面。在工具栏中单击【在浏览器中预览】按钮，单击【检查插件】链接后，转到 Flash 页面。可见检测到了 Flash 插件，如图 13-16 所示。

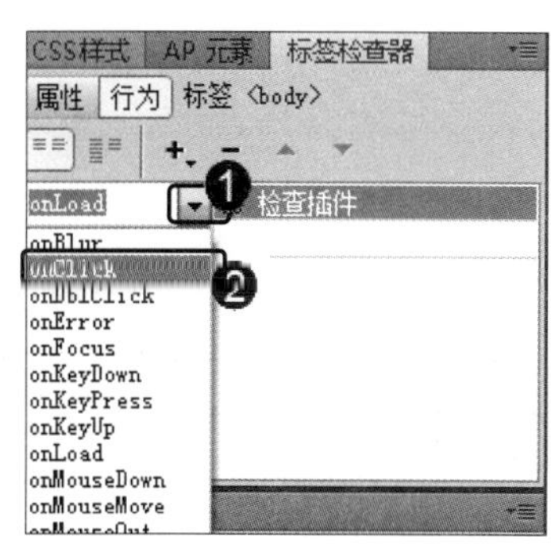

图 13-15

图 13-16

13.2.4　设置状态栏文本

【设置状态栏文本】动作，可在浏览器窗口底部左侧的状态栏中显示消息，例如，可以使用此动作在状态栏中说明链接的目标，而不是显示与之关联的 URL。下面详细介绍设置状态栏文本的操作方法。

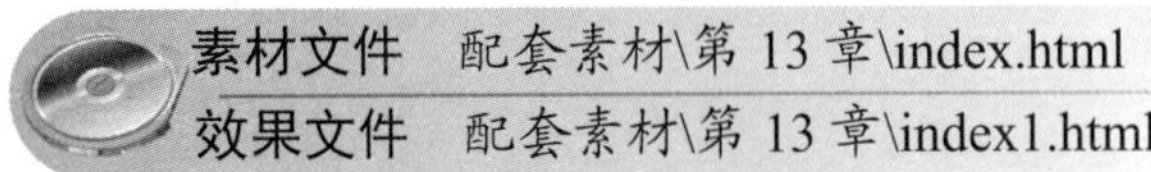
素材文件　配套素材\第 13 章\index.html
效果文件　配套素材\第 13 章\index1.html

第 1 步 启动 Dreamweaver CS5，在菜单栏中选择【文件】→【打开】命令，打开素材文件，如图 13-17 所示。

第 2 步 单击窗口左下角的<body>标签，如图 13-18 所示。

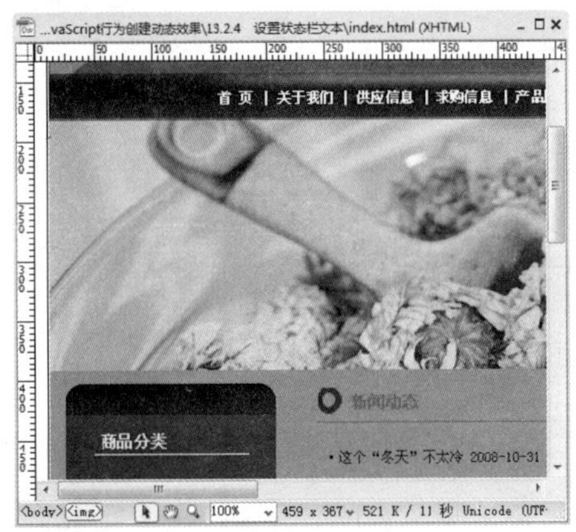

图 13-17

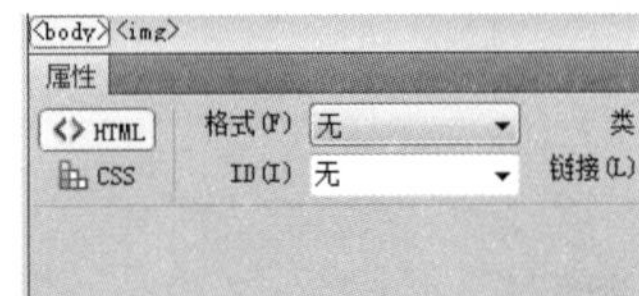

图 13-18

第 3 步 在菜单栏中选择【窗口】→【行为】命令，打开【行为】面板。在【行为】面板中单击【添加】按钮，在弹出的快捷菜单中选择【设置文本】→【设置状态栏文本】命令，如图 13-19 所示。

第 4 步 弹出【设置状态栏文本】对话框，①在【消息】文本框中输入文本；②单击【确定】按钮，如图 13-20 所示。

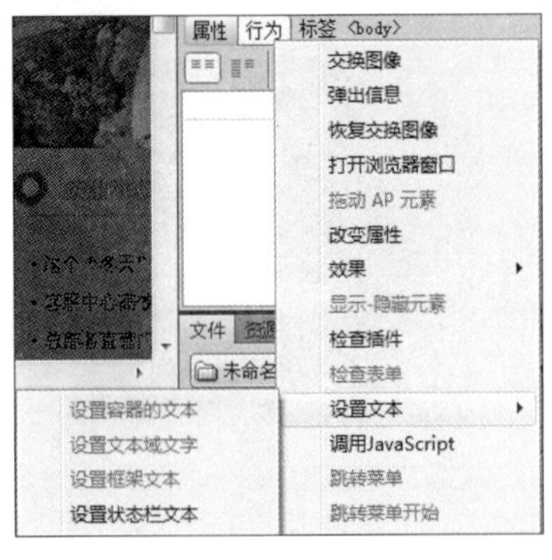

图 13-19

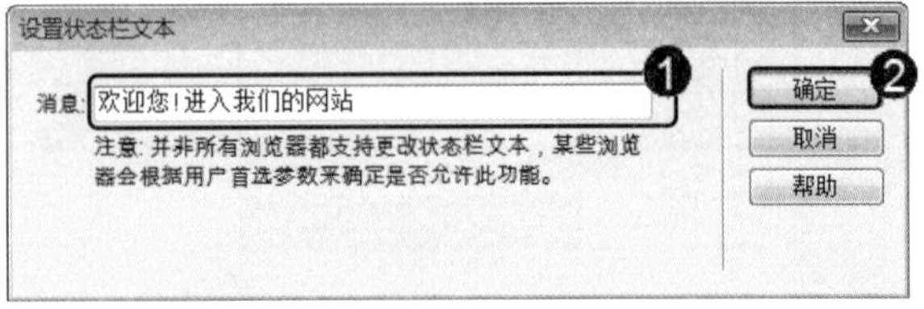

图 13-20

第 5 步 在菜单栏中选择【文件】→【保存】命令，保存页面。在工具栏中单击【在浏览器中预览】按钮，即可在浏览器中预览页面效果，可见网页左下角的文本，如图 13-21 所示。

图 13-21

13.2.5　预先载入图像

在浏览网页中图像的时候，有些图像在网页被浏览器下载的时候不能被同时下载，要显示这些图片就需要再次发出下载指令，影响了浏览者浏览。此时，可使用【预先载入图像】行为先将这些图片载入到浏览器的缓存中，避免出现延迟。下面详细介绍其操作方法。

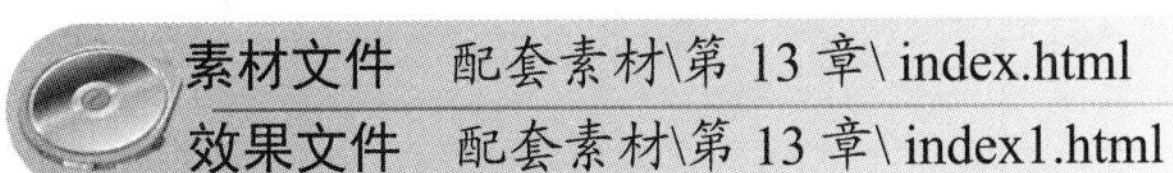
素材文件　配套素材\第 13 章\ index.html
效果文件　配套素材\第 13 章\ index1.html

第 1 步 启动 Dreamweaver CS5，在菜单栏中选择【文件】→【打开】命令，打开素材文件，如图 13-22 所示。

图 13-22

第 2 步 在菜单栏中选择【窗口】,【行为】命令，打开【行为】面板。在【行为】面板中单击【添加】按钮，在弹出的快捷菜单中选择【预先载入图像】命令，如图 13-23 所示。

第 3 步 弹出【预先载入图像】对话框，①单击【浏览】按钮；②单击【确定】按钮，如图 13-24 所示。

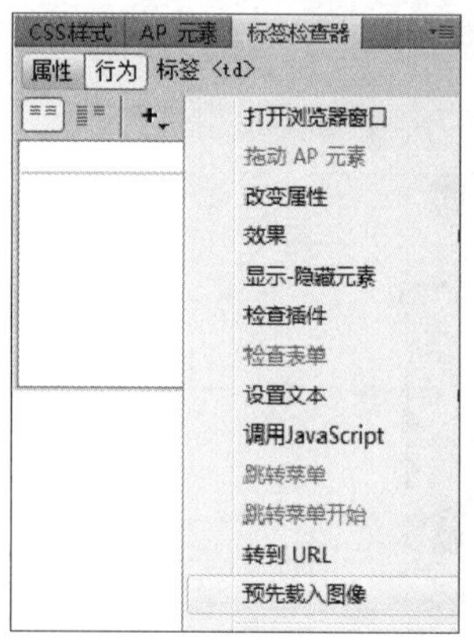

图 13-23

图 13-24

第 4 步 弹出【选择图像源文件】对话框，①选择文件；②单击【确定】按钮，如图 13-25 所示。

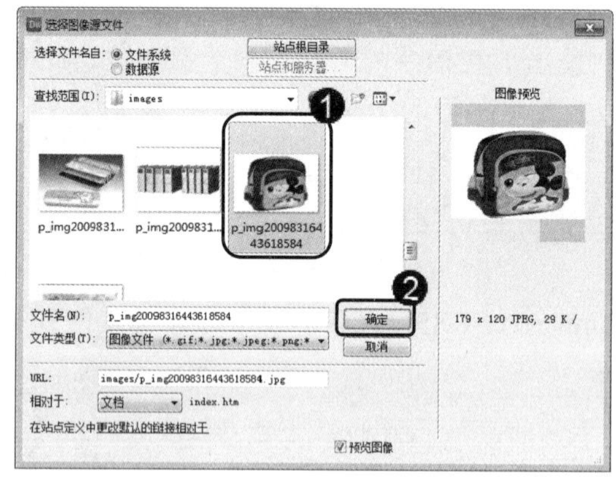

图 13-25

第 5 步 在【预先载入图像】对话框中已经显示添加文件，单击【确定】按钮，如图 13-26 所示。

图 13-26

第 6 步 在菜单栏中选择【文件】→【保存】命令，保存页面。在工具栏中单击【在浏览器中预览】按钮，即可在浏览器中预览页面效果，如图 13-27 所示。

图 13-27

13.2.6　转到 URL

【转到 URL】动作在当前窗口或指定的框架中打开一个新页，此动作对通过一次单击更改两个或多个框架的内容特别有用。下面详细介绍其操作方法。

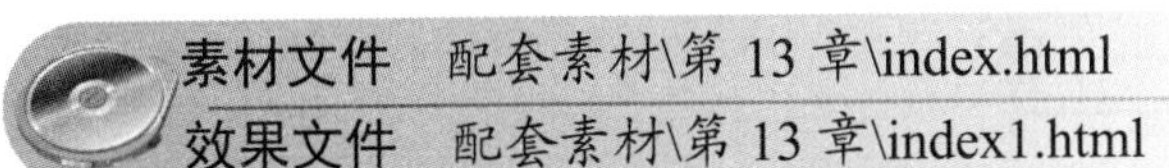

第 1 步 启动 Dreamweaver CS5，在菜单栏中选择【文件】→【打开】命令，打开素材文件，如图 13-28 所示。

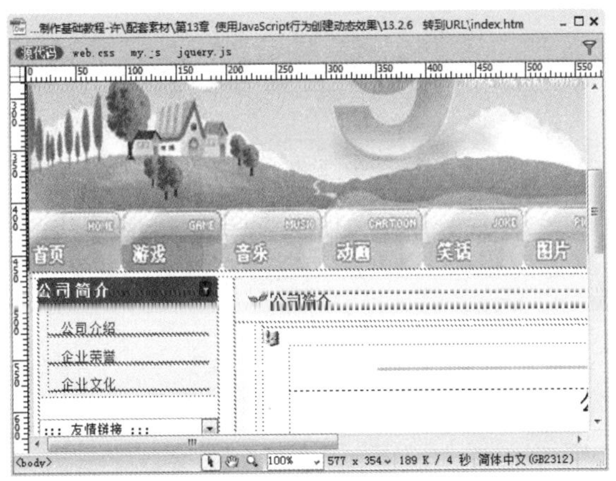

图 13-28

第 2 步 在菜单栏中选择【窗口】→【行为】命令，打开【行为】面板。在【行为】面板中单击【添加】按钮+，在弹出的快捷菜单中选择【转到 URL】命令，如图 13-29 所示。

第 3 步 弹出【转到 URL】对话框，①单击【浏览】按钮；②单击【确定】按钮，如图 13-30 所示。

图 13-29

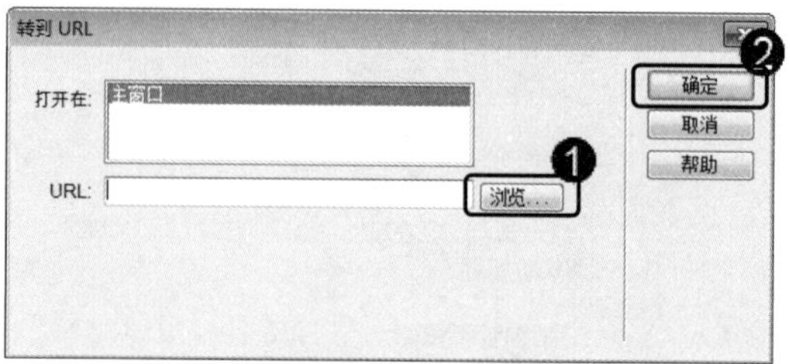

图 13-30

第 4 步 弹出【选择文件】对话框，①选择文件；②单击【确定】按钮，如图 13-31 所示。

第 5 步 在【转到 URL】对话框中单击【确定】按钮，如图 13-32 所示。

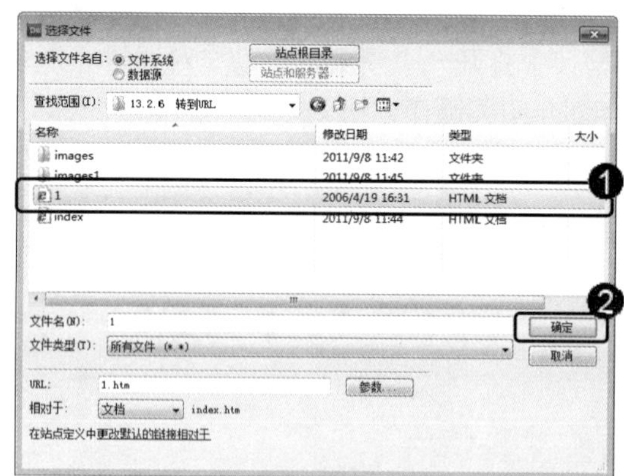

图 13-31

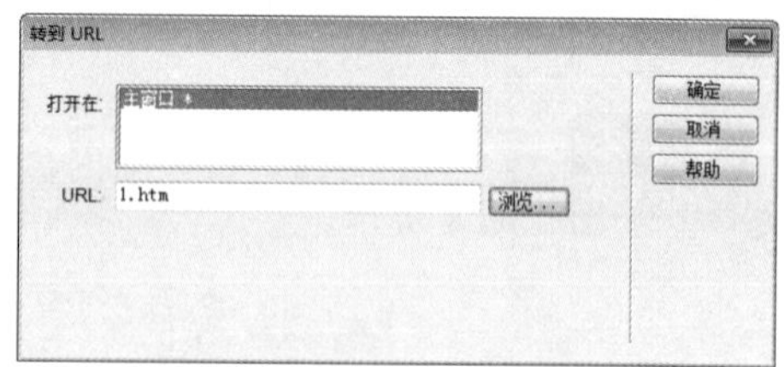

图 13-32

第 6 步 在菜单栏中选择【文件】→【保存】命令，保存页面。在工具栏中单击【在浏览器中预览】按钮，即可在浏览器中预览页面效果，如图 13-33 所示。

图 13-33

13.2.7　显示/隐藏元素

【显示/隐藏层】行为用于改变一个或多个层的可见性，此行为可用于交互时显示信息。下面详细介绍显示/隐藏元素的操作方法。

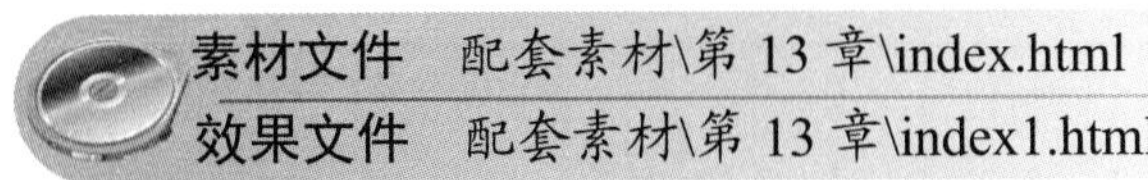

第 1 步　启动 Dreamweaver CS5，在菜单栏中选择【文件】→【打开】命令，打开素材文件。在菜单栏中选择【插入】→【布局对象】→AP Div 命令，如图 13-34 所示。

图 13-34

第 2 步　调整 AP 元素的位置，设置背景颜色，并插入 3 行 1 列表格，输入相应的文本，如图 13-35 所示。

第 3 步　选中“首页”文本，在菜单栏中选择【窗口】→【行为】命令，打开【行为】面板。在【行为】面板中单击【添加】按钮 +，在弹出的快捷菜单中选择【显示-隐藏元素】命令，如图 13-36 所示。

图 13-35

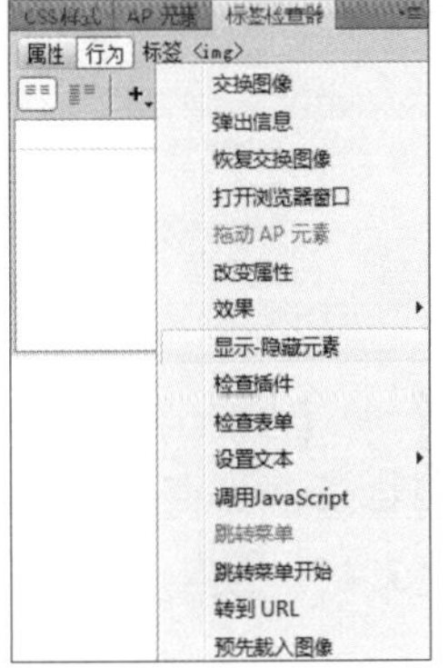

图 13-36

第 4 步 弹出【显示-隐藏元素】对话框，①在【元素】列表中选择元素编号；②单击【显示】按钮；③单击【确定】按钮，如图 13-37 所示。

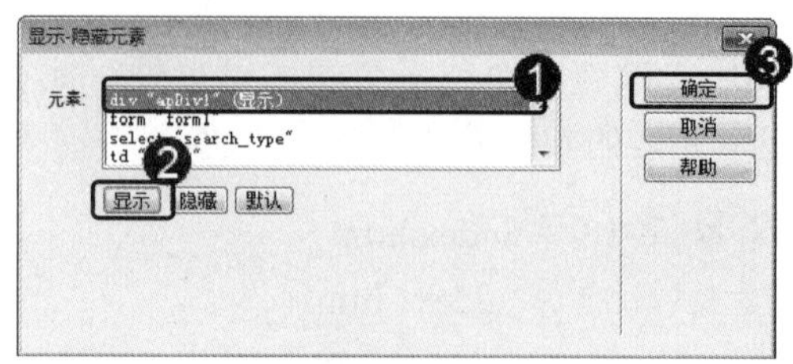

图 13-37

第 5 步 将【显示-隐藏元素】行为的事件更改为 onMouseOver，如图 13-38 所示。

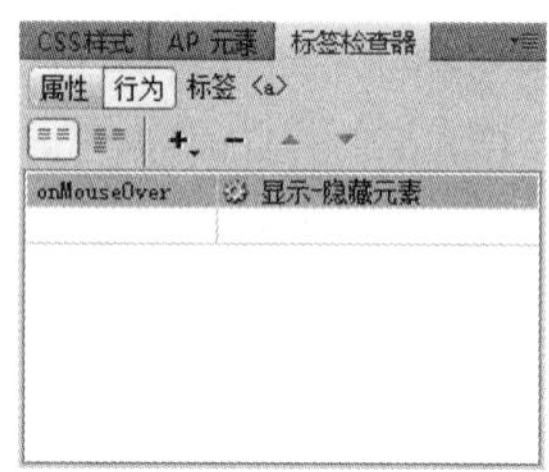

图 13-38

第 6 步 打开【行为】面板，在【行为】面板中单击【添加】按钮，在弹出的快捷菜单中选择【显示-隐藏元素】命令，如图 13-39 所示。

第 7 步 弹出【显示-隐藏元素】对话框，①在【元素】列表中选择元素编号；②单击【隐藏】按钮；③单击【确定】按钮，如图 13-40 所示。

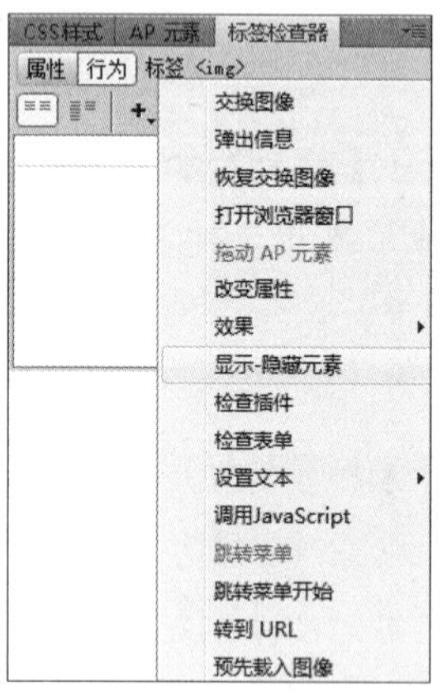

图 13-39

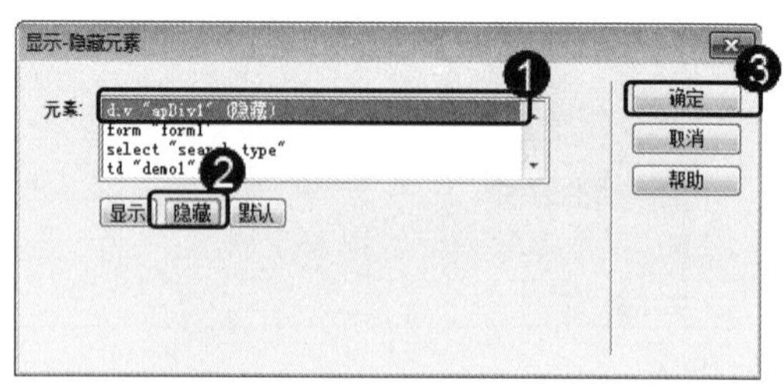

图 13-40

第 8 步 将【显示-隐藏元素】行为的事件更改为 onMouseOut，如图 13-41 所示。

第 9 步 在菜单栏中选择【文件】→【保存】命令，保存页面。在工具栏中单击【在浏览器中预览】按钮，即可在浏览器中预览页面效果，如图 13-42 所示。

图 13-41

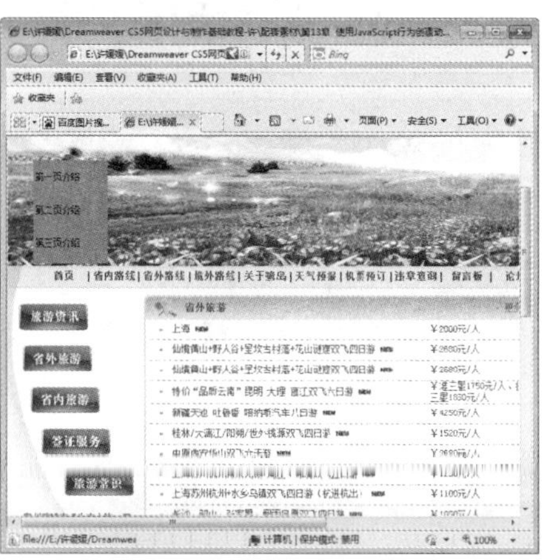
图 13-42

13.2.8　设置容器的文本

在应用容器文本的交互行为后，可根据指定的事件触发交互，将容器中已有的内容替换为更新的内容。下面详细介绍设置容器文本的操作方法。

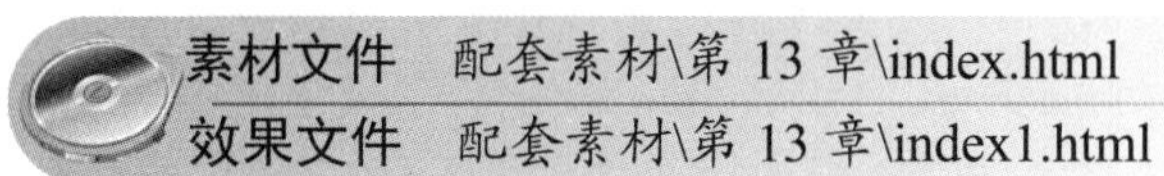
素材文件　配套素材\第 13 章\index.html
效果文件　配套素材\第 13 章\index1.html

第 1 步　启动 Dreamweaver CS5，在菜单栏中选择【文件】→【打开】命令，打开素材文件，如图 13-43 所示。

第 2 步　在菜单栏中选择【插入】→【布局对象】→AP Div 命令，在网页中插入 AP 元素，如图 13-44 所示。

图 13-43

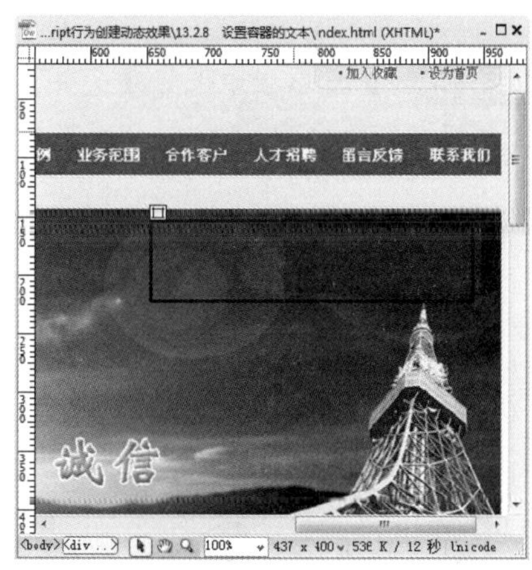

图 13-44

第 3 步　在【属性】面板中，单击展开【溢出】下拉列表，选择 visible 选项，如图 13-45 所示。

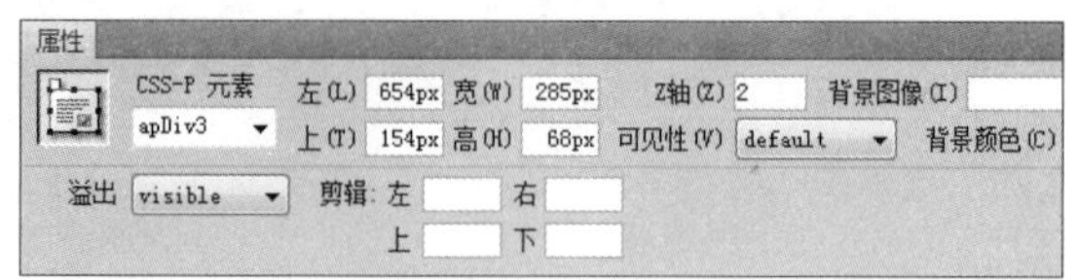

图 13-45

第 4 步 打开【行为】面板，在【行为】面板中单击【添加】按钮，在弹出的快捷菜单中选择【设置文本】→【设置容器的文本】命令，如图 13-46 所示。

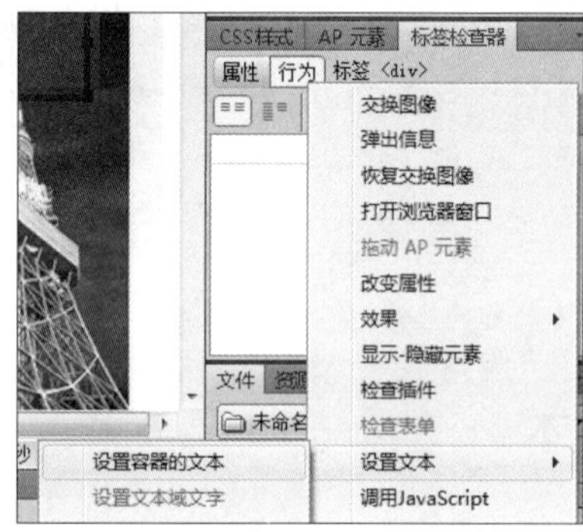

图 13-46

第 5 步 弹出【设置容器的文本】对话框，①在【新建 HTML】文本框中输入文本；②单击【确定】按钮，如图 13-47 所示。

图 13-47

第 6 步 在菜单栏中选择【文件】→【保存】命令，保存页面。在工具栏中单击【在浏览器中预览】按钮，即可在浏览器中预览页面效果，如图 13-48 所示。

图 13-48

请根据本节学习的使用 Dreamweaver 内置行为方面的知识，设置状态栏文本，测试一下学习效果。

13.3　实践案例与上机指导

通过本章的学习，读者基本可以掌握使用 JavaScript 行为创建动态效果以及一些常见的操作方法。下面通过练习操作，以达到巩固学习、拓展提高的目的。

13.3.1　实现打印功能

JavaScript 是 Internet 上较流行的脚本语言，能够增强用户与网站之间的交互；另外，利用 JavaScript 函数还可以实现打印功能。下面详细介绍其操作方法。

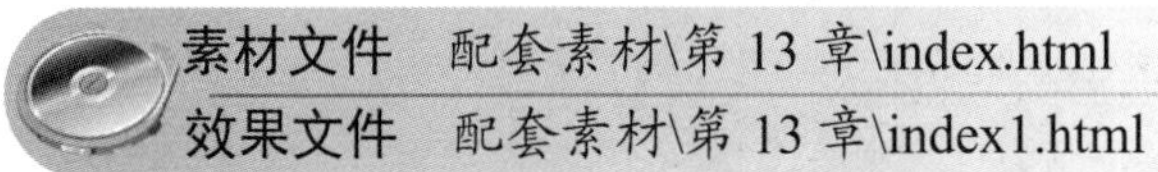

第 1 步 启动 Dreamweaver CS5，在菜单栏中选择【文件】→【打开】命令，打开素材文件，如图 13-49 所示。

第 2 步 切换至【代码】视图，在<body>和</body>之间输入相应的代码，如图 13-50 所示。

图 13-49

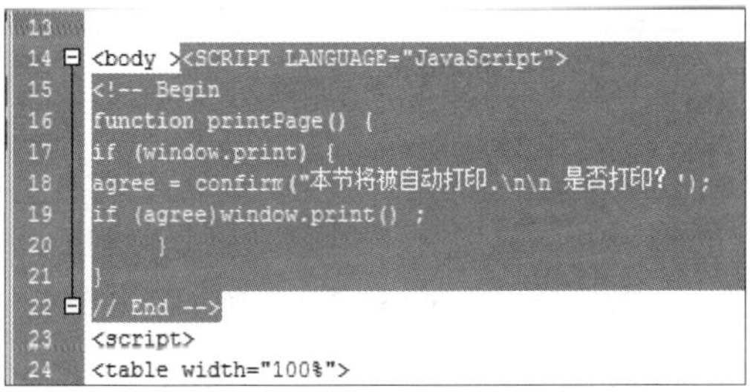

```
<body ><SCRIPT LANGUAGE="JavaScript">
<!-- Begin
function printPage() {
if (window.print) {
agree = confirm("本节将被自动打印.\n\n 是否打印? ");
if (agree)window.print() ;
       }
}
// End -->
<script>
<table width="100%">
```

图 13-50

第 3 步 切换至【拆分】视图，在<body>语句中输入代码 OnLoad="printPage()"，如图 13-51 所示。

```
    margin-top: 0px;
}
</style>
</head>

<body OnLoad="printPage()"><SCRIPT LANGUAGE="JavaScript">
<!-- Begin
function printPage() {
if (window.print) {
agree = confirm('本页将被自动打印. \n\n是否打印?');
if (agree) window.print();
   }
}
// End -->
</script>
<table width="100%">
  <tr>
    <td><img src="images/indexaa.jpg" width="1028" height="615" /></td>
  </tr>
</table>
</body>
</html>
```

图 13-51

第 4 步 在菜单栏中选择【文件】→【保存】命令，保存页面。在工具栏中单击【在浏览器中预览】按钮，即可在浏览器中预览页面效果，如图 13-52 所示。

图 13-52

13.3.2 实现关闭窗口功能

JavaScript 动作允许使用【行为】面板指定一个自定义代码，也可以编写或者使用各种免费获取的 JavaScript 代码。下面详细介绍实现关闭窗口功能的操作方法。

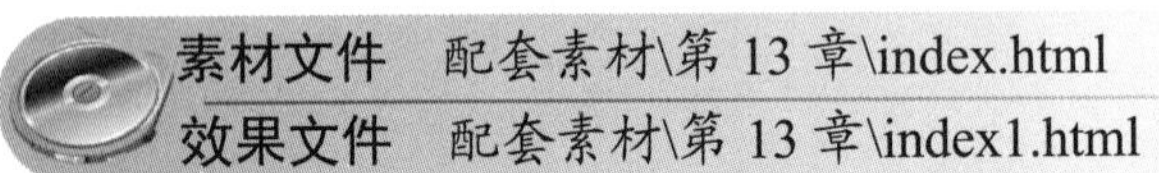
素材文件 配套素材\第 13 章\index.html
效果文件 配套素材\第 13 章\index1.html

第 1 步 启动 Dreamweaver CS5，在菜单栏中选择【文件】→【打开】命令，打开素材文件，如图 13-53 所示。

第 2 步 在菜单栏中选择【窗口】→【行为】命令，打开【行为】面板。在【行为】面板中单击【添加】按钮。在弹出的快捷菜单中选择【调用 JavaScript】命令，如图 13-54 所示。

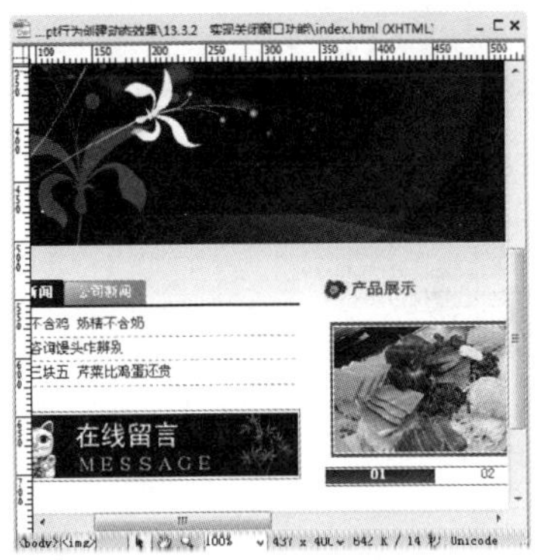

图 13-53

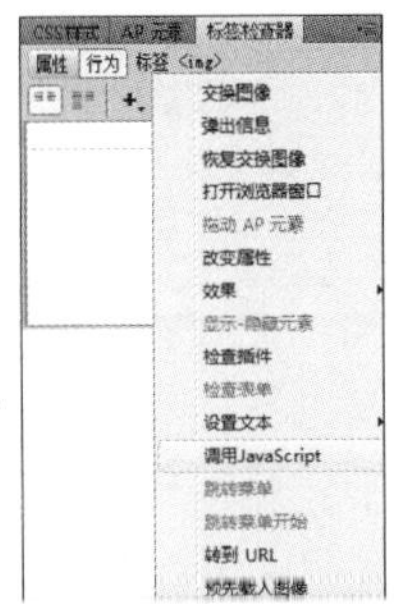

图 13-54

第 3 步 弹出【调用 JavaScript】对话框，①在 JavaScript 文本框中输入 window.close()；②单击【确定】按钮，如图 13-55 所示。

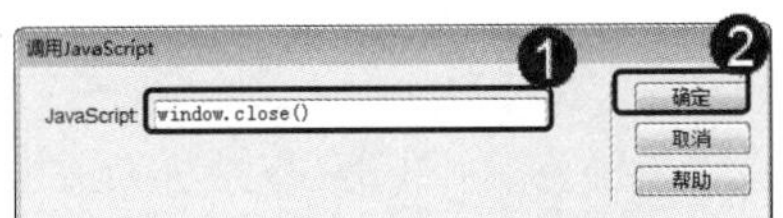

图 13-55

第 4 步 在菜单栏中选择【文件】→【保存】命令，保存页面。在工具栏中单击【在浏览器中预览】按钮，即可在浏览器中预览页面效果，如图 13-56 所示。

图 13-56

13.3.3 创建自动滚屏网页效果

在一篇长篇幅的网页中，可以创建滚屏网页，以方便浏览者浏览。下面详细介绍创建自动滚屏网页效果的操作方法。

素材文件 配套素材\第 13 章\index.html
效果文件 配套素材\第 13 章\index1.html

第 1 步 启动 Dreamweaver CS5，在菜单栏中选择【文件】→【打开】命令，打开素材文件，如图 13-57 所示。

图 13-57

第 2 步 转换至【代码】视图，在<head>和</head>之间输入代码，如图 13-58 所示。

```
<META name=GENERATOR content="MSHTML 8.00.6001.18904">
<script language="JavaScript">
<!-- locate = 0;
// 定义滚动函数scroller()
function scroller() {
// 控制显示页面的长度，这里是460像素，可以自由修改
if (locate !=460 ) {
locate++;
scroll(0,locate);
clearTimeout(timer);
// 设置自动滚屏时间间隔，5为滚动速度，单位为毫秒，可以自由修改
var timer = setTimeout("scroller()",5);
timer;
}
}
// -->
</script></HEAD>
<BODY OnLoad="Scroller()" >
```

图 13-58

第 3 步 转换至【拆分】视图，将<body>语句改为<BODY OnLoad="Scroller()" >，表示当打开网页时，调用 OnLoad 事件，实现自动滚屏，如图 13-59 所示。

```
}
// -->
</script>
<BODY OnLoad="Scroller()" >
<img src="images/734866_153754054788_2.jpg" width="832" height="1000" />
</body>
</html>
```

图 13-59

第 4 步 在菜单栏中选择【文件】→【保存】命令，保存页面。在工具栏中单击【在浏览器中预览】按钮，即可在浏览器中预览页面效果，如图 13-60 所示。

图 13-60

13.4　思考与练习

一、填空题

1. 行为是由事件和该事件触发的__________组成的，其功能很强大。

2. 动作是最终产生的动态效果，可以是____________、____________、变换图像等。

3. 在 Dreamweaver CS5 中，行为实际上是插入到网页内的一段 JavaScript 代码，由____________、____________和___________构成。

4. __________动作，可在浏览器窗口底部左侧的状态栏中显示消息。

二、判断题

1. 事件用于指定选定行为动作在单一情况下的发生。 (　　)

2. 【弹出提示消息】显示一个带有指定消息的 JavaScript 警告，因为 JavaScript 警告只有一个按钮，所以使用此动作可以提供信息。 (　　)

三、思考题

1. 如何转到 URL？

2. 如何弹出提示信息？

第14章

站点的发布与推广

本章要点

- 网站测试
- 上传发布网站
- 网站运营与维护
- 常见的网站推广方式

本章主要内容

本章主要介绍上网测试、上网发布网站、链接到远程服务器和文件上传下载等知识与技巧，同时还讲解了网站运营与维护等，最后还针对实际的工作需求，讲解了常见的网站推广方式、注册搜索引擎、电子邮件推广、通过留言板和博客推广、互换友情链接和 BBS 论坛宣传。通过本章的学习，读者可以掌握站点的发布与推广方面的知识，为深入学习 Dreamweaver CS5 知识奠定基础。

14.1 网站测试

测试站点主要是为了保证在目标浏览器中页面的内容能正常显示，网页中的链接能正常进行跳转，即文档中没有断开的链接；测试站点的另一个目的是使页面下载时间缩短。本节将详细介绍网站测试方面的知识。

14.1.1 检查浏览器兼容性

检测浏览器的兼容性是检查文档中是否有目标浏览器所不支持的任何标签或属性等元素，当目标浏览器不支持某元素时，在浏览器中会显示不完全或功能运行不正常。下面详细介绍检查浏览器兼容性的操作方法。

第 1 步 启动 Dreamweaver CS5，打开准备检查浏览器的网页。在菜单栏中选择【窗口】→【结果】→【浏览器兼容性】命令，打开【浏览器兼容性】面板，如图 14-1 所示。

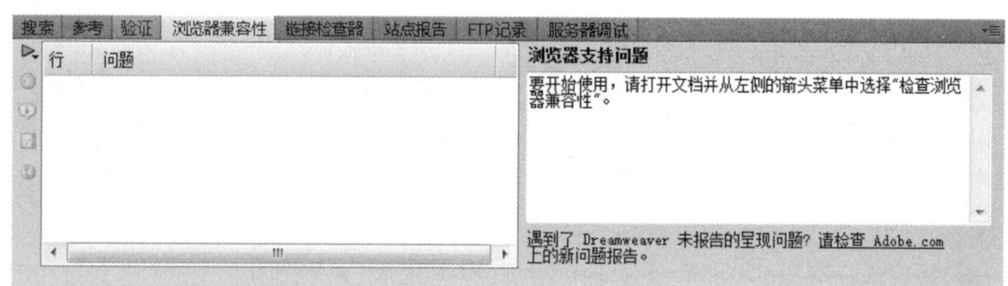

图 14-1

第 2 步 在【浏览器兼容性】面板中，①单击绿色三角按钮；②在弹出的快捷菜单中选择【检查浏览器兼容性】命令，如图 14-2 所示。

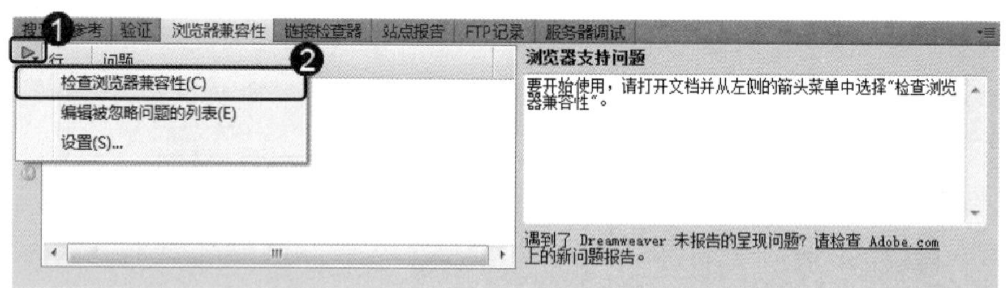

图 14-2

第 3 步 此时，将对本地站点中所有文件进行目标浏览器检查，并显示检查结果。在面板左侧中单击某一个问题，右侧将显示该问题的详细解释，如图 14-3 所示。

第 4 步 在【浏览器兼容性】面板中，①单击绿色三角按钮；②在弹出的快捷菜单中选择【设置】命令，如图 14-4 所示。

第 5 步 弹出【目标浏览器】对话框，①对【浏览器最低版本】进行设置；②单击【确定】按钮，如图 14-5 所示。

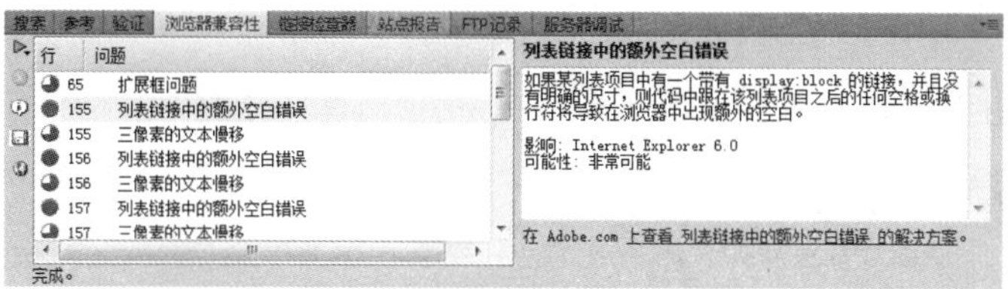

图 14-3

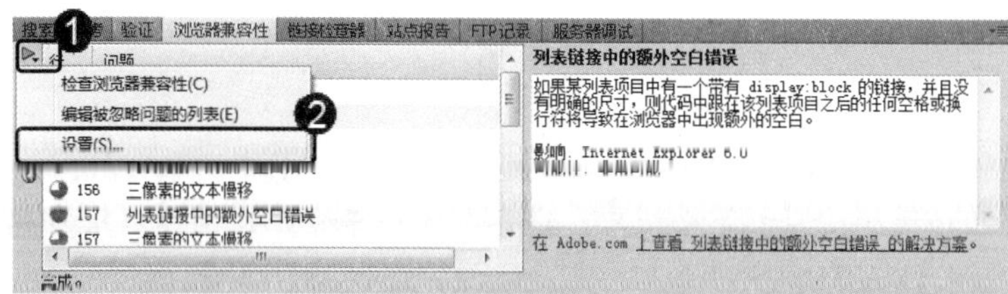

图 14-4

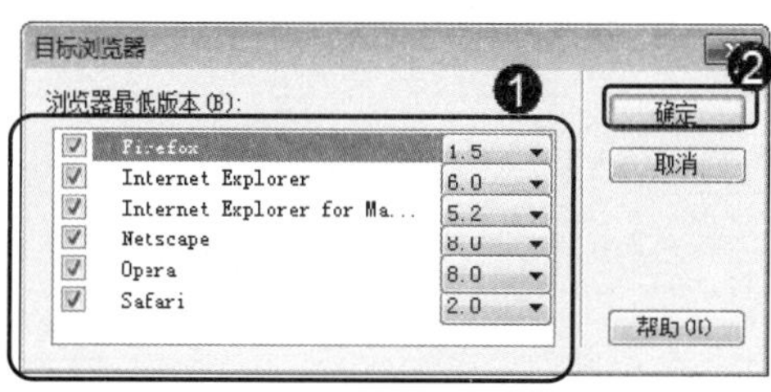

图 14-5

知识精讲

在【浏览器兼容性】面板中，选择某一个检查出的问题后，还可以单击【查看***某问题的解决方案】链接文字，可以链接 Adobe 的官方网站，并自动查找该问题的解决方法。

14.1.2　检查链接

在发布站点前应确认站点中所有文本和图形的显示是否正确，并且所有链接的 URL 地址是否正确，即当单击链接时能否到达目标位置。下面详细介绍检查链接的操作方法。

第 1 步　启动 Dreamweaver CS5，打开准备检查链接的网页。在菜单栏中选择【窗口】→【结果】→【链接检查器】命令，打开【链接检查器】面板，如图 14-6 所示。

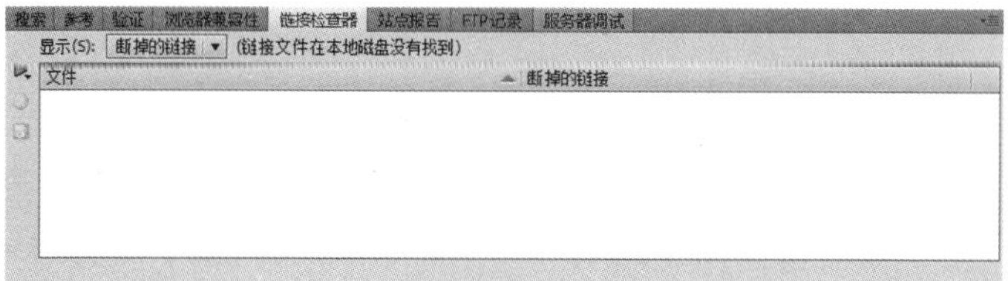

图 14-6

第 2 步 在【链接检查器】面板中，①单击绿色三角按钮▶；②在弹出的快捷菜单中选择【检查整个当前本地站点的链接】命令，如图 14-7 所示。

图 14-7

第 3 步 在【链接检查器】面板中，即可显示检查结果。通过以上步骤即可完成检查链接的操作，如图 14-8 所示。

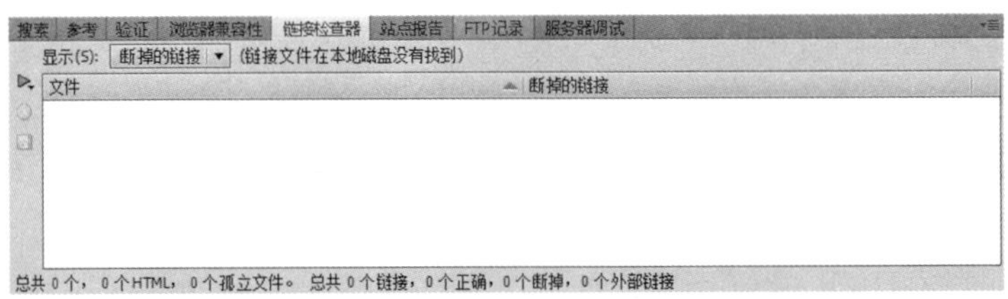

图 14-8

14.1.3　创建站点报告

在测试站点时，可以使用【报告】命令来为一些 HTML 属性编译并产生报告。下面详细介绍创建站点报告的操作方法。

第 1 步 启动 Dreamweaver CS5，打开准备检查链接的网页。在菜单栏中选择【站点】→【报告】命令，如图 14-9 所示。

第 2 步 打开【报告】对话框，①在【选择报告】列表框中选择报告类型；②单击【运行】按钮，如图 14-10 所示。

图 14-9

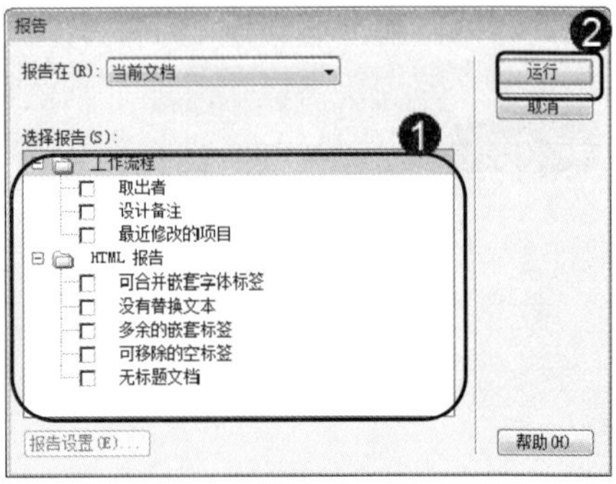

图 14-10

第 3 步 生成站点报告，弹出【站点报告】面板。在面板中，显示站点报告，如图 14-11

所示。

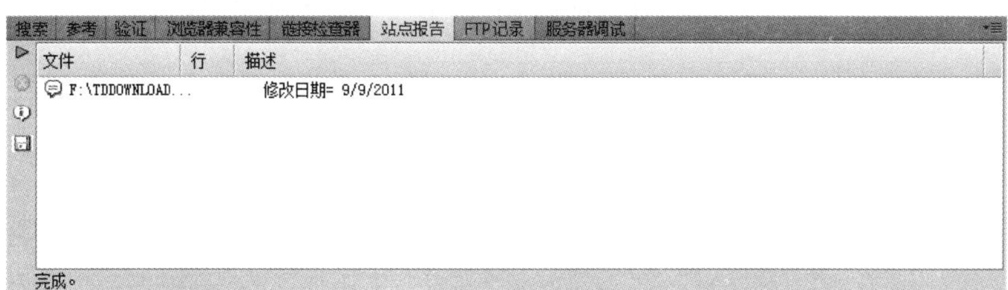

图 14-11

考考您

请根据本节学习的网站测试方面的知识，检查浏览器兼容性，测试一下学习效果。

14.2　上传发布网站

网站制作完毕后，就可以正式上传到 Internet，在上传网站前，应先在 Internet 上申请一个网站空间，这样才能把所做的网页放到 WWW 服务器上，供全世界的人观看。本节将详细介绍上传发布网站方面的知识。

14.2.1　链接到远程服务器

在定义完毕远程服务以后，便可以链接到远程服务器，以便进行上传及维护工作。下面详细介绍链接到远程服务器的操作方法。

第 1 步 启动 Dreamweaver CS5，打开【文件】面板。在该面板中单击【展开以显示本地和远程站点】按钮，如图 14-12 所示。

第 2 步 弹出站点管理窗口，在工具栏中单击【链接到远端主机】按钮，如图 14-13 所示。

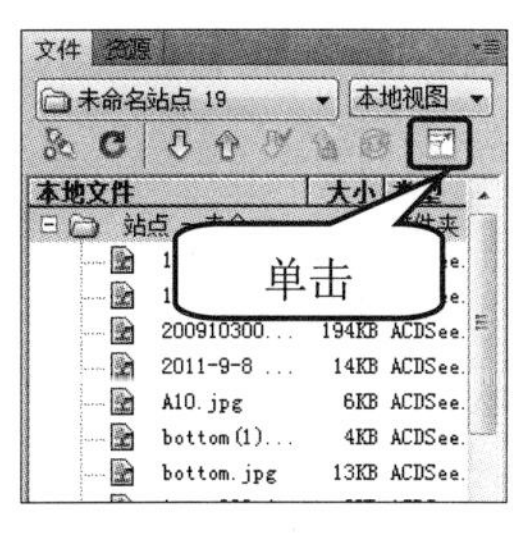

图 14-12

图 14-13

第 3 步 在站点管理的左侧窗口中将显示远程服务器的目录，如图 14-14 所示。

图 14-14

14.2.2 文件上传

使用 Dreamweaver CS5 制作网页，可以使用 Dreamweaver 自带的上传工具上传文件。下面详细介绍文件上传的操作方法。

第 1 步 启动 Dreamweaver CS5，在站点管理窗口中选中准备上传的文件或文件夹，单击【上传】按钮，如图 14-15 所示。

第 2 步 Dreamweaver CS5 会自动将选中的文件或文件夹上传到远程服务器，然后，在远端站点即可显示刚刚上传的文件，如图 14-16 所示。

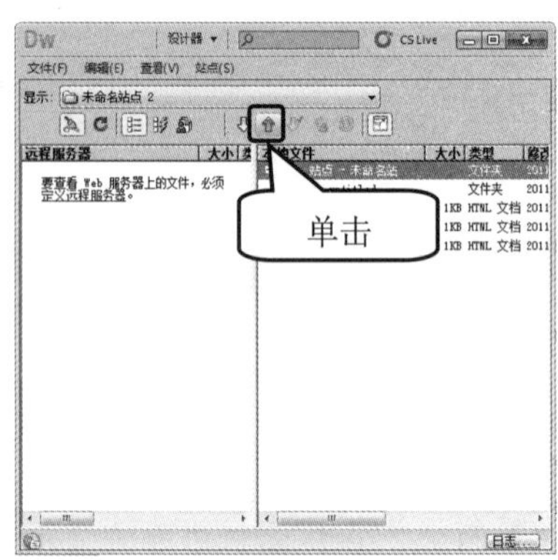

图 14-15

图 14-16

14.2.3 文件下载

启动 Dreamweaver CS5，在站点管理窗口中，单击【链接】按钮，选择准备下载的文件或文件夹。单击【获取文件】按钮，即可将远端服务器上的文件下载到本地计算机中，如图 14-17 所示。

在上传和下载文件时，将自动记录各种 FTP 操作。在菜单栏中选择【窗口】→【结果】→【FTP 记录】命令，即可打开【FTP 记录】面板，查看 FTP 记录。

考考您

请根据本节学习的上传发布网站方面的知识，链接到远程服务器，测试一下学习效果。

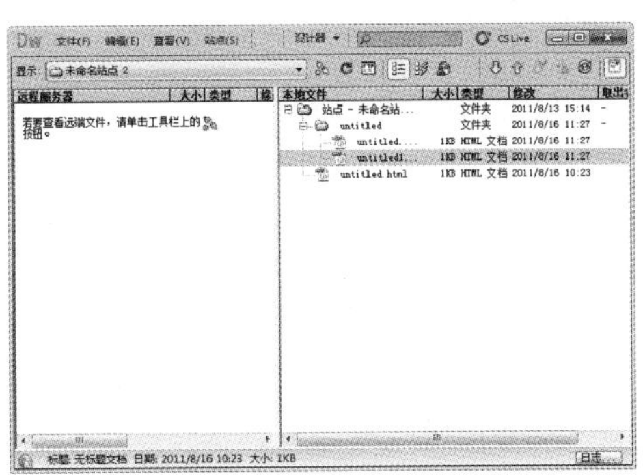

图 14-17

14.3　网站运营与维护

随着网络应用的深入和网络营销的普及，越来越多企业意识到网站并非一次性投资建立一个网站那么简单，更重要的工作在于网站建成后的长期更新、维护及推广过程。本节将详细介绍网站运营与维护方面的知识。

14.3.1　网站的运营

想要把一个网站做好并不是一件容易的事情，很多人也在问，如何做好网站运营，这当然不是一件容易的事情。简单来说，做好网站运营，至少应该注意以下 5 个方面。

1. 想法和创意

技术不是最重要的，但却是你做网站运营的基本前提和条件。在做网站运营时，必须和客户、程序员、设计人员沟通，如果一点技术都不懂，想法就无法被很好地实现，因此网站的语言、架构、设计这些方面多少都要熟悉。不要认为外行会比技术人员差，很多人知道怎么设计，但是却没有很好的想法和创意，前提是要懂一点点技术。

2. 全方位运作

做网站运营要了解传统经济，如果在传统行业有些人脉和资源更好，要清楚，网站运营不是一个单独的产品，不管是公司运营还是个人网站，运营得依然是传统的服务或者产品，而网站只是另一个渠道。网站运营者所做的是通过互联网先进技术与传统行业相结合，为客户提供一种更为方便的服务。

所以，网站运营切忌只搞网络线上活动而脱离线下的运作；否则，只会离目标客户越来越远，陷入错误的模式。

3. 广告人的思维和策划能力

做网站运营同样也是在宣传，传统的广告在包装上、设计上都是非常有经验和冲击力的，广告人的思维和策划能力，能够更快地接近客户，更迅速地把产品销售出去。如果不懂得去宣传什么，找东西找起来很麻烦，或者来过之后从此不再记得，那网站没有很好的用户体验，也不可能留住用户。

4. 生产与销售

做网站运营的实质还是生产与销售，要产生赢利，就必须分析目标群体，需求什么，网站能提供什么，用户能从站点上得到哪些方便、价值、信息。需要在需求和市场分析方面做足工作，这样才不会盲目。了解清楚了市场，才能知道如何精准推广，如何在网站上有的放矢促进销售。网站推广不止是 SEO，不是把网站做好，权重提高就可以了。其实网络推广和线下推广一样，重要的是思路，多借鉴传统行业的推广点子，会事半功倍。

5. 需求分析

做好网络营销也需要去关注和学习竞争对手和同行，要做到取长补短，最好是深入了解一个行业，熟悉一种运营模式的网站，不管是分析他们的盈利模式还是用户群体，只有这样才能在运营中不断进入，变得有竞争力。学会吸收竞争对手的优点来不断完善自己，也是一个合适的网站运营人员必不可少的。

其实运营网站和经营一个公司在本质上没有很大的区别，这两者都涉及产品设计研发、市场推广和销售、人员的管理培训、财务管理等很多方面，所以做网站运营是一个系统而庞大的工作，需要不断地学习、不断地创新。

上面提到的只是网站运营中粗框架上的建议，想要运营好网站，在框架确立后，就需要去完善网站上的方方面面了。新时代的竞争激烈，胜出的企业总是赢在细节，所以说需求的分析是很重要的。

14.3.2 网站的更新维护

在网站优化中，网站内容的更新维护是必不可少的，由于每个网站的侧重点不同，网站内容更新维护也是有所不同的。下面详细介绍其内容。

第一，网站内容更新维护的时间。网站内容的更新维护时间形成一定的规律性后，百度蜘蛛也会按照更新时间形成一定的爬行规律，而在这个固定的时间段里更新文章，往往是很快就被收录的，因此，如果条件允许的话，网站内容更新尽量在固定时间段进行。

第二，网站内容更新维护的数量。网站每天更新多少篇文章才好，其实百度对这个并没有什么明确要求，一般个人网站的话每天更新七八篇也就行了。网站每天更新最好也是按照固定的量进行。

第三，网站内容的质量。这是网站更新维护最关键的一点，网站内容质量要涉及用户体验性和 SEO 优化技术。对于 SEO 优化技术，文章的标题写法是内容更新的关键，一个权重高的网站往往会因一篇标题写得好的文章而带来不少的流量，标题的一般写法应突出文章内容主题思想。

网站内容的更新维护需要持之以恒，更需要在这个持之以恒的过程中保持活力。

考考您

请根据本节学习的网站运营与维护方面的知识，浅谈网站的更新维护，测试一下学习效果。

14.4　常见的网站推广方式

常见的网站推广方式包括注册搜索引擎、电子邮件推广、通过留言板和博客推广、互换友情链接和 BBS 论坛宣传。本节将详细介绍常见的网站推广方式方面的知识。

14.4.1　注册搜索引擎

搜索引擎推广是指利用搜索引擎、分类目录等具有在线检索信息功能的网络推广网站的方法。搜索引擎可以分为网络蜘蛛型搜索引擎和基于人工分类目录的搜索引擎，前者包括搜索引擎优化、关键词广告、竞价排名、固定排名、基于内容定位的广告等多种形式，而后者则主要是在分类目录合适的类别中进行网站登录。随着搜索引擎形式的进一步发展变化，也出现了其他一些形式的搜索引擎，不过大都是以这两种形式为基础。

搜索引擎推广的方法分为多种不同的形式，常见的有登录免费分类目录、登录付费分类目录、搜索引擎优化、关键词广告、关键词竞价排名、网页内容定位广告等。

从目前的发展趋势来看，搜索引擎在网络营销中的地位依然重要，并且受到越来越多企业的认可，搜索引擎营销的方式也在不断发展演变，因此应根据环境的变化选择搜索引擎营销的合适方式，如图 14-18 所示。

图 14-18

14.4.2　电子邮件推广

以电子邮件为主要的网站推广手段，常用的方法包括电子刊物、会员通讯、专业服务商的电子邮件广告等。

基于用户许可的 E-mail 营销与滥发邮件(Spam)不同，许可营销比传统的推广方式或未经许可的 E-mail 营销具有明显的优势，比如可以减少广告对用户的滋扰、增加潜在客户定位的准确度、增强与客户的关系、提高品牌忠诚度等。

根据许可 E-mail 营销所应用的用户电子邮件地址资源的所有形式，可以分为内部列表 E-mail 营销和外部列表 E-mail 营销，或简称内部列表和外部列表。

内部列表也就是通常所说的邮件列表，是利用网站的注册用户资料开展 E-mail 营销的方式，常见的形式如新闻邮件、会员通讯、电子刊物等。外部列表 E-mail 营销则是利用专业服务商的用户电子邮件地址来开展 E-mail 营销，也就是以电子邮件广告的形式向服务商的用户发送信息。

14.4.3 资源合作推广

通过网站交换链接、交换广告、内容合作、用户资源合作等方式，在具有类似目标网站之间实现互相推广的目的，其中最常用的资源合作方式为网站链接策略，利用合作伙伴之间网站访问量资源合作互为推广。

每个企业网站均可以拥有自己的资源，这种资源可以表现为一定的访问量、注册用户信息、有价值的内容和功能、网络广告空间等。利用网站的资源与合作伙伴开展合作，实现资源共享，共同扩大收益的目的。

在这些资源合作形式中，交换链接是最简单的一种合作方式，调查表明也是新网站推广的有效方式之一。交换链接或称互惠链接，是具有一定互补优势的网站之间的简单合作形式，即分别在自己的网站上，放置对方网站的 LOGO 或网站名称，并设置对方网站的超级链接，使得用户可以从合作网站中发现自己的网站，达到互相推广的目。

交换链接的作用主要表现在以下几个方面：获得访问量、增加用户浏览时的印象、在搜索引擎排名中增加优势、通过合作网站的推荐增加访问者的可信度等。

交换链接还有比是否可以取得直接效果更深一层的意义，一般来说，每个网站都倾向于链接价值高的其他网站。

14.5 实践案例与上机指导

通过本章的学习，读者基本可以掌握站点的发布与推广以及一些常见的操作方法。下面通过练习操作，以达到巩固学习、拓展提高的目的。

14.5.1 导航网站登录

现在国内有大量的网址导航类站点，如 http://www.hao123.com，http://www.265.com 等。在这些网址导航类做上链接也能带来大量的流量，不过现在想登录上像 hao123 这种流量特别大的站点并不是件容易的事，如图 14-19 所示。

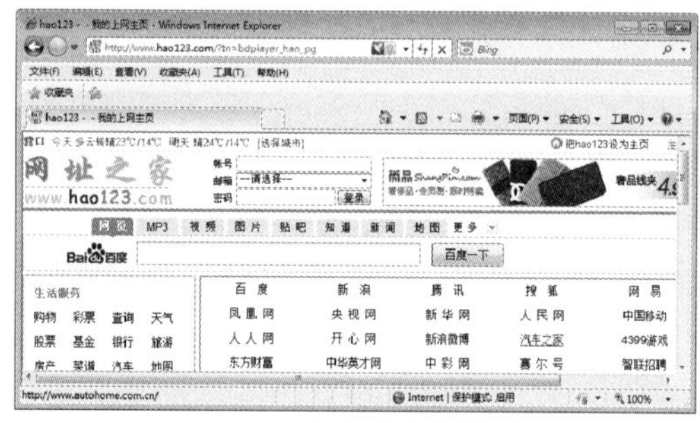

图 14-19

14.5.2　病毒性营销方法

病毒性营销方法并非传播病毒，而是利用用户之间的主动传播，让信息像病毒那样扩散，从而达到推广的目的。

病毒性营销方法实质上是在为用户提供有价值的免费服务的同时，附加上一定的推广信息，常用的工具包括免费电子书、免费软件、免费 FLASH 作品、免费贺卡、免费邮箱、免费即时聊天工具等可以为用户获取信息、使用网络服务、娱乐等带来方便的工具和内容，如果应用得当，这种病毒性营销手段往往可以以极低的代价取得非常显著的效果。

14.6　思考与练习

一、填空题

1. 测试站点主要是为了保证在____________中页面的内容能正常显示，网页中的链接能正常进行_______。

2. 在发布站点前应确认_______中所有文本和图形的显示是否正确，并且所有链接的 URL 地址是否正确，即当单击链接时能否到达____________。

3. 在测试站点时，可以使用____________命令来为一些 HTML 属性编译并产生报告。

4. 网站制作完毕后，就可以正式上传到________。在上传网站前，应先在 Internet 上申请一个________，这样才能把所做的网页放到 WWW 服务器上，供全世界的人观看。

二、判断题

1. 检测浏览器的兼容性是检查文档中是否有目标浏览器所不支持的任何标签或属性等元素，当目标浏览器不支持某元素时，在浏览器中会显示不完全或功能运行不正常。（　）

2. 在网站优化中，网站内容的更新维护是必不可少的，由于每个网站的侧重点不同，网站内容更新维护也是有所不同的。（　）

3. 以电子邮件为主要的网站推广手段，常用的方法包括电子刊物、会员通讯、专业服务商的电子邮件广告等。（　）

三、思考题

1. 如何进行文件下载？

2. 如何做到网站的更新维护？